素粒子論の
ランドスケープ2

大栗博司 著

数学書房

はじめに

　数学書房から，私の解説記事をまとめた『素粒子論のランドスケープ』を出版していただいてから今年で5年になります。

　この5年の間には，50年前に予言されたヒッグス粒子が発見され素粒子の標準模型が完成し，また100年前に予言された重力波が直接観測されて宇宙に新しい窓が開くなど，素粒子物理学や宇宙物理学では大きな進歩がありました。私の研究する超弦理論の研究でも，量子情報理論との深い関係が明らかになりつつあり，重力の謎の解明に新しい角度からの挑戦が始まっています。

　こうした科学の発展を，広く一般の方々にお伝えするために，過去5年の間に，自然界の基本法則に関する3部作『重力とは何か』，『強い力と弱い力』，『大栗先生の超弦理論入門』，数学に関する『数学の言葉で世界を見たら』，仏教学者との対話『真理の探究』を上梓しました。日本科学未来館が制作し，私が監修としてお手伝いした3D科学映像作品『9次元からきた男』も，国際プラネタリウム協会の2016年最優秀教育作品賞に選ばれるなど，高い評価をいただいています。

　このような科学アウトリーチの一環として，雑誌への寄稿や対談・座談会の企画をお引き受けしてきたところ，数学書房の横山伸さんから，これらの記事をまとめて出版しようというご提案を受けました。横山さんには，前回の『素粒子論のランドスケープ』でもお世話になったので，続編になります。読者の便宜のために，前回のように，星の数で記事の難易度を表すことにしました。前回は3段階でしたが，今回はより幅広い媒体に書いた一般向けの記事が多いので，2段階にしました。正確な定義はありませんが，☆は高校生でも気軽に読

i

める記事，☆☆は理系に興味のある学生や社会人を想定したものです。星を割り振ってみると，☆のついた記事が20本，☆☆が5本で，大部分は気楽に読んでいただけると思います。異なる難易度の記事が混ぜてありますので，ちょっと難しいと思う記事にも挑戦してみてください。

　各々の記事のはじめには，記事を書いた経緯などの解説をつけました。また，本書の末尾には専門用語の解説を書きましたので，ご参考になさってください。

　前回の『素粒子論のランドスケープ』に続き，本書のご提案をいただき，丁寧に編集をしてくださった横山伸さんに感謝します。記事の執筆の際に有益なコメントをいただいた皆さん，ここに全員の名前をあげることはできませんが，ありがとうございます。本書への記事の転載を許可してくださった出版社の皆さんにもお礼を申し上げます。

　物理学は，自然界の現象の背後にある基本法則を見極め，それを使ってさらに広い範囲の現象を理解することも目的とする学問です。米国でロケットの開発と打ち上げを業務とする民間会社を経営しているイーロン・マスクはインタビューの中で，大学で物理学を専攻して学んだ「基本原理に立ち返って考える」方法がビジネスでも役に立ったと語っていました。東野圭吾の推理小説『ガリレオ』シリーズで物理学者湯川学が難問を解決できるのも，基本原理に立ち返るからでしょう。本書の記事を読んで，基礎原理から考える大切さと楽しさを感じ取っていただけると幸いです。

2017年11月

大栗博司

目次

素粒子論年表

目次

第Ⅰ部　重力と超弦理論を語る

超弦理論が予言する驚異の宇宙 ☆　　　　　　　　　　　　　　　　　2

ブラックホールに落ちるとどうなるか？ ☆　　　　　　　　　　　　　22

重力とは何か ☆　　　　　　　　　　　　　　　　　　　　　　　　　26

大江健三郎、三浦雅士、原広司との座談会：空間像の変革に向けて ☆　34

一般相対論と量子力学の統合に向けて ☆☆　　　　　　　　　　　　　56

重力理論と量子もつれ ☆☆　　　　　　　　　　　　　　　　　　　　69

誤り訂正符号と AdS/CFTの関係 ☆☆　　　　　　　　　　　　　　　75

エドワード・ウィッテン京都賞受賞記念座談会：超弦理論の20年を振り返る ☆☆　78

第Ⅱ部　重力波の観測

アインシュタインの予言が実証されるか ☆　　　　　　　　　　　　118

重力波の直接観測で宇宙の新しい窓が開いた ☆　　　　　　　　　　122

重力波の直接観測 3つの意義 ☆　　　　　　　　　　　　　　　　　132

三浦雅士との対談：世界の見方を変える ☆　　　　　　　　　　　　137

第Ⅲ部　ヒッグス粒子と対称性の自発的破れ

ヒッグス粒子とみられる新粒子ついに「発見」 ☆　　　　　　　　　188

素粒子論年表

■1609 ガリレオが望遠鏡を宇宙に向ける					
■1687 ニュートンが『力学の体系』を出版					
■1784, 1795 ミッチェルとラプラスが、ブラックホールの存在を予言					
■1789 ラボアジェが質量の保存則を発見					
■1798 キャベンディッシュが実験室内の質量間の万有引力を測定					
■1808 ドルトンが『化学の新体系』を出版					
■1861 電磁気のマックスウェル方程式					
■1877 ボルツマンがエントロピーの統計的解釈を与える					
■1897 トンプソンが電子を発見					
■1900 黒体放射のプランクの法則					
■1904 長岡の原子模型					
■1905 アインシュタインの奇跡の年					
①特殊相対性理論					
②光電効果を説明する光量子仮説					
③ブラウン運動の理論					
■1915 一般相対性理論の完成					
■1925 ハイゼンベルグの量子力学					
■1926 シュレディンガー方程式					
■1928 ディラック方程式					
■1934 湯川の中間子論					
1600	1700	1800	1900	1930	1950

ヒッグス粒子と対称性の自発的破れ ☆ 195

追悼 南部陽一郎博士 ☆ 204

ヒッグス粒子発見の次に来るもの ☆ 227

第Ⅳ部　数学との関係

場の量子論 ☆☆ 232

役に立たない研究の効能 ☆ 245

杉山明日香との対談：科学を知れば、もっと豊かになれる ☆ 249

第Ⅴ部　研究所の運営、異分野との交流

アスペン物理学センター ☆ 260

ピーター・ゴダード、村山斉との鼎談：研究所の役割、数学と物理学の関係 ☆ 263

落合陽一、四方幸子との鼎談：アートとサイエンスの可能性 ☆ 284

第Ⅵ部　朝日新聞 WEBRONZA

ついに太陽系脱出 ボイジャー36年の強運 ☆ 298

内側から見た米国の大学入試制度 ☆ 303

「現在の基準で過去を裁く」ことの是非 ☆ 307

用語解説 314　　　人名索引 326　　　事項索引 331　　　初出一覧 338

■1948 ファインマン、シュビンガー、朝永によるくりこみ理論の完成

■1957 超伝導の BCS 理論

■1960 南部の自発的対称性の破れの理論

■1964 ゲルマンとツバイク、クォーク模型を独立に提唱

■1971 トフーフトとベルトマンによる非可換ゲージ理論のくりこみ可能性の証明

■1973 小林 - 益川理論

■1973 グロス、ウィルチェック、ポリツァーによるゲージ理論の漸近自由性の発見

■1974 米谷とシャーク、シュワルツが、弦理論が重力理論を含むことを発見

■1974 ホーキングがブラックホールの蒸発機構を発見

■1984 第 1 次超弦理論革命
①アノマリー相殺機構
②ヘテロ型弦理論の構成
③カラビ-ヤウ多様体を使ったコンパクト化による素粒子の統一模型の構成

■1995 第 2 次超弦理論革命
①超弦理論の双対性の発見
②D - ブレーン構成法の発見
③ブラックホールの量子状態の数え上げ

■1997 マルダセナが AdS/CFT 対応を提案

■1999 暗黒エネルギーの存在が確認される

■2008 LHC稼働を始める

■2012 ヒッグス粒子発見

■2015 重力波初観測

| 1950 | 1970 | 1980 | 1990 | 2000 |

第Ⅰ部

重力と超弦理論を語る

超弦理論が予言する驚異の宇宙

大学受験生向けの隔月誌『大学ジャーナル』に，2013 年 10 月から 2014 年 10 月まで 6 回連載された超弦理論の解説記事です。大学を目指して頑張っている受験生に，基礎科学の素晴らしさを伝えたいと思い，ご協力しました。その後，この『大学ジャーナル』には，日米の大学受験制度の比較についての記事も掲載していただきました。

難易度：☆

1. イントロダクション

超弦理論とは何か？

超弦理論という言葉は，物理が好きな人なら聞いたことがあるかもしれません。名前は知っていても，それが一体どのようなものなのかご存知の方はそれほど多くないと思います。

いきなり超弦理論の解説に入る前に，まずは最近の物理学界のホットトピックについて見てみましょう。2013 年に，ヒッグス粒子の予言がノーベル賞を受賞して大きな話題になりました。この発見は，一体何がそんなに重要だったのでしょうか？

素粒子の世界には，あらゆる素粒子の性質を記述した「標準模型」という理論があります。これはあくまで理論ですので，当初からすべてが実験で確かめられていたわけではなく，中には存在が明らかになっていない粒子も含まれていました。それが今回のヒッグス粒子の発見により，標準模型が予言する全ての粒子が見つかったことになるのです。こうして，標準模型の正しさが検証されました。

私が研究している超弦理論も，この標準模型と深く関わっています。標準模型には 17 種類の素粒子があるのですが，この素粒子を，更に基本的なもので説明しようというのです。それが「弦理論」です。

　物理学には還元主義と呼ばれる立場があります。自然を細分化し一番基本的な法則を見つけ出して，そこからすべてのものを導き出そうという立場のことです。原子がわかれば分子がわかりいろいろな化学反応がわかる。原子核と電子の性質から原子の周期表を導くことができる。このように自然界は階層構造になっていて，基本的な性質を見ようと思ったらより細かいところを調べようという思考なのです。超弦理論で扱う弦は，陽子や中性子を構成しているクォークよりも，さらに基本的な構成要素です。

　超弦理論のことを学んでいくと，不思議な世界がいろいろと拓けてきます。弦というミクロなものから，ブラックホールの性質までわかってしまう。どうして私たちの住む世界が 3 次元なのかについても，超弦理論は答えを与えてくれるかもしれない。中でも最も驚くべき発見は，空間は実は幻想であったということです。

　とはいえ，いきなりそんな結論だけお話ししても納得はできないと思います。この連載では，一つずつステップを重ねて，超弦理論が教えてくれる世界の秘密に迫っていきます。

理論物理学者という仕事

　物理学という学問は，19 世紀後半から徐々に専門分化してきて，第二次大戦が終わる頃にはついに実験をする人と理論を考える人に分かれていきました。実験技術が進歩し大掛かりになり，また理論で使う数学も高度になったため，それぞれフルタイムでとりかからないといけない規模になってきたからです。

超弦理論が予言する驚異の宇宙　　3

こうした二つの大きな流れの中で，私が選んだのは理論の分野でした。元々「物事の根本はなんだろう？」という問いに興味があったからです。さらに，数学が好きだったので，数学を応用して自然のことがわかるというのが素晴らしいと思ったのです。小学生の頃に湯川秀樹博士の伝記を読みましたが，そこに陽子と中性子がどうやって引きつけ合い原子核を作っているのかという謎を解く鍵を，寝ている時に思いついたと書いてありました。それを見て，「寝ながら仕事ができてノーベル賞がとれるんだ！」と思い，物理学はいい分野だなと思ったのです。今思えば，それも勿論日々の思索と実験の積み重ねに立脚しているわけですけれどね。

これを読んでいるみなさんの中にも『宇宙はどうやってできたのか』『私はどうしてこの宇宙にいるのか』『宇宙はこれからどうなっていくのか』『自然界の一番の基本法則は何か』といった根源的な疑問を持つ人が多いと思います。私はずっとそんな疑問を感じていて，そういう方向の学問をしたいと思っていましたから，それを職業にできたことはとても幸運だと思っています。

私は岐阜の田舎町出身で，大学に行くまでは宇宙の根源的な疑問を共有できる同好の士もあまりいませんでした。大学に入ってからの 4 年間は人生で一番勉強したと思います。そのまま京大の大学院に進んだのですが，ちょうどそのころ，1984 年に，超弦理論で大きな発展がありました。そこでこの世界に飛び込みました。当時はこの分野を研究している人も少なく，突然フロンティアが開けたような感じがしました。それ以来，30 年間ずっと，この分野の研究に携わっています。

超弦理論は私たちの宇宙の見方を根底から覆す革命的な理論ですが，それを説明するには，20 世紀の物理学に起こった二つの大きな進歩についてお話しなければいけません。アイン

シュタインの重力の理論と，ミクロな世界を記述する量子力学です。この二つの理論はいずれも 100 年近く前に完成したものですが，未だに二つの間には矛盾が残されています。この矛盾を解消する非常に有力な候補が，超弦理論なのです。

これから始まる連載では，これら二つの 20 世紀の物理理論からスタートして，素粒子理論の大きな柱となっている「標準模型」や素粒子の間に働く「4 つの力」，さらには超弦理論の最先端の話題までお話していこうと思います。

次回はアインシュタインによる重力の理論を解説します。楽しみにしていて下さい。

2. 伸び縮みする時間と空間
—アインシュタインの重力の理論

古典物理学を支配した絶対時間／絶対空間

そもそも，空間や時間とは一体何なのでしょうか。古代ギリシアのアリストテレスは，「時間というのは物事の変化の仕方をはかるもので，変化がないときには時間がない。空間とは移動していくものの位置を測るもので，ものがないときには空間というものは存在しない」と言いました。彼の有名な言葉に「自然は真空を嫌悪する」というものがありますが，これはただ単に真空をつくるのが難しいという意味ではなく，そもそもものがない純粋な空間，すなわち真空というものは存在し得ない，という考えに基づいているのです。

ところがニュートンは力学の体系を作るためにその考え方をひっくり返して，絶対時間／絶対空間という全く新しい考え方を提示しました。空間や時間は予め存在する絶対的な枠組みであって，その中で物理現象が起きているのだ，という考え方です。

超弦理論が予言する驚異の宇宙　　5

現代に生きている私達はニュートンの思想に支配されていて，絶対時間や絶対空間が自然な考え方だと思っています。例えば街のそこかしこに時計があり，どれも同じ時間を指しているのがその現れです。

　ところが，アインシュタインは更にこの考え方に異議を唱えました。1905 年に彼が発表した特殊相対論は，時間と空間は予めあるものではなく誰がどうやって観測するかによって変わるものであると主張します。この理論に基づけば，走っているものは時間が遅れることになります。例えば私が東京から博多まで新幹線で行くときも，厳密に時間を測ると 1 ナノ秒くらい遅れるのです。一体どうしてそのような不思議なことが起こるのでしょうか？

速さが変わらないなら時間と空間が変わるしかない？

　アインシュタインは，光と同じ速さで並走したら光はどう見えるかを考えました。当時，光とは電場と磁場の波であると既に理解されていました。電磁気の法則を説明するマクスウェルの理論からは，光の速さというのはどのように見ても変わらないということが導かれます。

　一方でニュートンの理論では，ものの速さは見る人の走っている速さで変わると唱えます。それは日常感覚では当たり前で，走っている電車を見る時，プラットホームから見送る時と，その電車と同じ速さで並んで走るもう 1 台の電車から見た時では違って見えて，後者では止まって見えるはずです。このように，どういうふうに見るかでものの速度が変わって見えるというのは，ニュートンの絶対時間・空間を仮定すると自然に導かれるものです。ところが，それを仮定すると，どのように見ても同じ速度に見えるという光の性質と矛盾してしまう。アイン

シュタインはこの二つのつじつまを数学的にどうにか合わせようとしました。

実は、「どのように観測しても光の速さが変わらない」という方が正しいことは、ほぼ同じ時期にマイケルソンとモーリーの実験でもわかっていました。ただし、アインシュタインは、あまりその実験には影響されなかったといわれています。むしろ彼はニュートンとマクスウェルの理論の数学的な整合性の方に興味があったようです。その結果、光の速さを変わらないようにするためには、どんな速さで観測するかによって時間の進み方や空間の長さが伸びたり縮んだりするというとんでもない事実を、純粋に思考の力だけで発見したのです。

特殊相対性理論は、速度一定の観測者が見た光についての理論だったのですが、それから10年間、アインシュタインはその理論に加速運動をしている観測者を含めようと苦心しました。この過程で、加速度と重力とが等価であるという発見を成し遂げ、完成させた一般相対論では、重力が働いていることでも時間や空間の性質が変わるということを明らかにしています。

人工衛星が証明する相対性理論の正しさ

相対性理論は、実は日常生活にも役立っています。例えばスマートフォンにも使われているGPS技術。アメリカの空軍が打ち上げた衛星が30個程あり、地球上から天を見上げたときには、少なくとも4個は見えるようになっています。GPSでは、この4個の衛星からの信号を元に時刻と現在地を算出しています。空間の座標 (縦・横・高さ) と時間を指定するには、4つの衛星からの信号をどの位置でどの時刻に受け取ったのかという情報が必要です。そのためには衛星が非常に精密に時間を測っていないといけない。

ところが相対論の二つの効果で、衛星の時間の進み方が変

超弦理論が予言する驚異の宇宙　　7

わってしまうのです。一つは速度の効果です。衛星が地上から静止して見えるためには地球と同じ速さで回っていなければなりません。もう一つは重力の効果です。地球より遠いところを飛んでいるので，地表と比べて衛星に働く重力は弱い。速度と重力の二つの効果が合わさると，少しずつ時間がずれていくことになります。日常生活には影響が出ないような僅かな時間ですが，この僅かな時間に基づいて距離を計算すると，相当な距離のずれが生じてしまいます。アインシュタインの理論を使ってこのずれを補正することで，GPS は正確に動いているのです。

　アインシュタインにより作られた重力の理論は，それまでの常識を覆す画期的な発見でした。しかし 20 世紀に起こった革命はそれだけにとどまりません。もう一つの驚くべき発見は，ミクロな世界で起こりました。次回は，ミクロな世界の驚くべき性質を明らかにした量子力学についてお話します。

3. 不確定なミクロの世界—量子力学

ハイゼンベルグの不確定性原理

　みなさんが高校で習うニュートン力学は，20 世紀に発見された二つの新たな理論によって変更を受けました。一つは前回ご説明した，アインシュタインの重力の理論 (相対性理論) です。もう一つはミクロな世界の理論，量子力学です。物理学に変革をもたらした量子力学ですが，実はとてもマイナーな問題への取り組みから見つかりました。

　19 世紀末，物理学の分野は「物理学では見つかるものは全て見つかってしまった，ほとんどのことは説明できるからあとは細かな計算などのマイナーな問題しか残っていない (トムソン，のちのケルビン卿)」と言われるような状況でした。しかしそんな状況でも，わからないことがありました。それは，も

のを熱した時に色が変わる現象でした。

　産業革命も後期に入った 19 世紀，特にドイツなどで鉄鋼産業が非常に盛んになっていました。鉄鋼では，鉄を溶かして精錬します。この際，その光る色を見て鉄の温度を測っていました。鉄を熱すると段々赤く，続いて青白く，最後は白くなります。この現象から光の色と温度との関係が物理学の問題として考えられましたが，ニュートンの理論ではまったく説明がつきませんでした。これはマイナーな問題のように思えますが，物理学者は基礎的な理論は自然界の全てのことを説明できると考えていますので，一つでも説明できないことがあると大問題なのです。

　この問題は，エネルギーが飛び飛びの値を持つ (すなわち量子である) とすることで説明がつきました。一つのマイナーな問題にこだわって，量子力学という大きな枠組みの理論を発見してしまったのですから，物理学者は偉いと思います。

　量子力学とニュートン力学との一番の違いはその自然観です。ニュートン力学は，ある時点での状態が決まれば未来のことが完全に決まるという自然観を持っています。一方，量子力学が明らかにしたのは，ミクロの粒子から位置や速さといった情報を読み出そうとすると，一定の不確かさが必ず生じるということでした。これは観測技術の制約などではなく，自然が持つ性質です。このことは発見者の名前からハイゼンベルグの不確定性原理と呼ばれています。

　不確定性原理によれば，ボールを投げたときの位置と速さが二つ同時には決まらなくなります。また，キャッチボールをするとき，ニュートン力学なら飛んで行くボールの軌跡は一つに決まりますが，量子力学では様々な軌跡がありえるのです。ぐるっと地球を一周してくるボールもあるかもしれない。そういう可能性を全部含めて考えることになります。自然は確率的

にしか決まらないという不確定さが，量子力学によって生まれた新たな世界観だったのです。

未だ統一されない二つの理論

こうして20世紀に，一般相対論と量子論という二つの大きな理論が揃いました。自然界のただ一つの基本法則を追求する物理学者にとって，重力の理論と量子論の二つを含む，より大きな体系があると考えるのが自然ですが，それぞれの理論が完成してから100年近く経った今でも，二つを統一する理論はまだ完成していません。

この二つの理論は独立に進歩してきました。

なぜかというと，重力はとても弱い力なので量子力学を考える際に，無視してもよかったからです。例えばテーブルに置かれたコップがテーブルに沈まないのは，コップの中にある電子と机の中にある電子が電磁気力によって反発し，それ以上近づけないためです。電磁気の力が重力と同じくらい弱ければ，重力によってコップはテーブルを通り抜けるでしょう。そうならないのは，電磁気力が重力よりもはるかに強いからです。あるいは，鉄のクリップをテーブルに置いて上から小さい磁石を近づけると，クリップが磁石に引き寄せられます。ほんの数グラムの磁石の力が，地球全体の及ぼす重力に勝ってしまう，そのくらい重力は弱いのです。

しかし，宇宙の根源的な構造を考える上で，量子力学と一般相対論の隔絶をこれ以上無視できなくなりました。そこで二つを統合する有力な理論として，私の専門である「超弦理論」が登場しました[*1]。

超弦理論で扱うのは，分子や原子よりも更に小さな素粒子の

---

*1　特殊相対論と量子論の統合は「場の量子論」という形で達成されている。

世界です。素粒子はこの宇宙に存在する4つの力によって物質を形作っています。次回はその「4つの力」と「素粒子の標準模型」の話を通じて，素粒子の秘密に迫ります。

4. 素粒子の世界の謎に迫る—4つの力と標準模型

強い力と弱い力

　19世紀半ばには重力に加えて，電磁気力の存在もわかっていました。ところが，力はそれだけではありませんでした。20世紀になって，原子核の中のことまでわかってくると，そこには今まで知られていなかった二つの力が働いていることが明らかになりました。この二つの力はあまり遠くまで働かないため19世紀まで見つかってこなかったのです。それが「強い力」と「弱い力」。情けない名前ですが，それぞれ電磁気力より強い／弱いためにこのように名づけられました。

　まずは強い力からご説明します。「これ以上分けられない一番基本的な粒子」のことを素粒子とすると，原子核を構成する陽子や中性子ですら素粒子ではないのです。陽子や中性子は更に細かく，クォークと呼ばれるものに分けることができます。クォークが強い力で引きあって陽子や中性子を作っている。つまり強い力とは，陽子や中性子を作る力なのです。湯川秀樹博士が発見した核力，つまり陽子や中性子が引き合って原子核を作っている力も，強い力から導かれる力です。

　さて，続いて弱い力です。こちらは原子核からの放射線の原因になっている力です。原発事故で有名になってしまった放射性物質にも，太陽が燃える原動力にも弱い力は関わっています。この弱い力は，今までに出てきた力と異なり，粒子の運動を変えるだけではなく，その種類をも変えるのです。例えば中性子に弱い力が働くと，陽子と電子と反ニュートリノに変化

します。弱い力の発見によって，力という考え方が拡張されて
「ものの状態を変えるもの」も含まれるようになりました。

　物理学者は，こうして明らかになった4つの力が素粒子に働
くことによって，自然界のあらゆる現象が生み出されているの
だと考えています。

標準模型の二つの問題

　では，4つの力が働く素粒子はどこまで解明されているので
しょうか。つい最近，ヒッグス粒子の発見がノーベル賞を受賞
して大きな話題になりました。これまでわかっている素粒子の
世界を説明する「標準模型」という理論があるのですが，ヒッ
グス粒子の発見により標準模型が予言する全ての粒子が見つ
かって，理論の正しさが検証されたのです。

　しかし，その標準模型も，二つの理由から完全ではないと言
われています。一つはここ20年くらいの観測によって，標準
模型で説明できる物質，つまり私たちに馴染みの深い原子や電
子は，宇宙のわずか5％にすぎないことが明らかになったので
す。残りの95％は，標準模型の表に入っていないものででき
ています。

　例えば暗黒物質，これは標準模型の表に入っていない新しい
種類の素粒子というのが有望な説です。まだ直接検出されてい
ないのでどんなものかはわかりませんが，私たちの宇宙には，
暗黒物質が，現在知られている物質の5倍くらいあることがわ
かっています。

　19世紀に天文学者のフリッツ・ツビッキーが，銀河団の運動
が知られている物質だけでは説明できないことに気がつきまし
た。その後ベラ・ルービンという天文学者も，銀河の回転の仕
方が同じように今わかっている物質だけでは説明できないと言
い出したのです。

銀河が潰れないで形を保っているのは，回転することによる重力と遠心力がつりあっているからです。遠心力は回転速度の2乗に比例するので，重力が弱くなれば回転速度も遅くなると考えられます。そこで，よく見る銀河の模式図のように，銀河の質量の密度は中心あたりが高く，外にいくほど低くなっていると仮定しましょう。遠心力が，このような質量分布による重力とつりあうためには，銀河の回転速度は中心から遠ざかるほど遅くなるはずです。つまり，遠方の星ほどゆっくり回転していると予言できる。ところがルービンが回転速度を実際に測ったところ，思ったほど速度が遅くなっていないことが明らかになりました。その事実からルービンは，銀河は外側ほど物質が少なくなっているように見えるが，実際は見えない物質が外側にあるのではないか？と考えました。それが暗黒物質です。

　今では暗黒物質よりもっと多い，暗黒エネルギーという不思議なエネルギーがあることもわかっています。その本性が何であるのかを解き明かすのは，いよいよ量子力学と重力の理論を統一した理論の出番です。このことは標準模型が完全ではないもう一つの理由「標準模型は重力を含んでいない」に関係します。

　そもそもどうして量子力学で重力を含む理論をつくるのが難しいのかというと，量子力学の世界ではいろいろな物事が不確定になってしまうからなのです。ここで「自由度」という用語を導入しましょう。例えばボールを投げる時，ボールの運動を記述するためには，縦，横，高さの3つの位置座標と，同じく縦方向，横方向，高さ方向への速度を指定する3つの速度が必要です。この場合「6つの自由度がある」といいます。ものの状態を表すために必要な数字とも言えます。

　アインシュタインの重力理論では，実は空間や時間の性質が自由度になります。物質があると空間や時間の性質が変わるた

め，空間や時間自身が自由度となるのです。それに量子力学を組み合わせようとすると，空間や時間すら不確定になってしまいます。

不確定な時間や空間の中で素粒子がどのような運動をするのかを記述する理論は作れません。ということは，重力と量子論を統合するためにはもう一度空間と時間を考えなおさないといけません。それに唯一成功している理論が，超弦理論なのです。いったいどんな理論なのか，次回以降で紹介しましょう。

5. 隠された謎の次元に迫る
―超弦理論／トポロジカルな弦理論

空間の次元が決まる

今回から，いよいよ本題の超弦理論の話に入ります。超弦理論は，陽子や中性子を構成しているクォークよりも，更に基本的な構成要素である「弦」というものの振る舞いを調べる学問です。超弦理論には面白い話題がたくさんありますが，そのうちの一つに空間の次元が決まってしまうというものがあります。

超弦理論以前の物理の理論では，次元の数はいくつでも構いませんでした。例えばニュートンの運動方程式だとボールの座標は通常3次元で表されますが，これは3である必要がなくて，4次元でも5次元でもニュートン方程式を書くことができます。アインシュタインの重力の理論でも同様に，次元は自由に決めることができるのです。そうすると，私たちの住んでいる空間が3次元だとすれば，それは何故なのか？ 4や5では何故ダメだったのか？という根源的な疑問が浮かんできます。物理学者はいろいろなことを根源的な理由から導きたいと考えていますので，この3という数字にも何か理由があるのではな

いかと思うわけです。そんな物理学者の疑問に応えるかのように，超弦理論では空間の次元が理論によって決まります。

　さて，これで次元の謎が解けたと一息つきたいところですが，ここでまた一つ奇妙な問題が生じます。なんと超弦理論で決められた次元は9次元もあるのです。次元が9個あるということは，私たちの位置を決めるのに9つの数字がいる，空間の座標が9つもある，ということです。縦・横・高さで表せる位置の他に6つ余っている次元があるのですが，実はこういうことは日常でもあります。例えば待ち合わせのため場所を決めようとすると，碁盤の目のようになっている京都なら「四条」「河原町」「高島屋の6階」と3つ(縦・横・高さ)を指定すれば足ります。でも待ち合わせの相手に奢ってもらおうと考えていたなら，相手の財布の中にお金がいくらあるのかも気になります。そうすると興味のある数字(座標)は4つになるわけです。隠された次元があるというとなにか凄くミステリアスなものに感じるかもしれませんが，財布の中身が気になる待ち合わせと同じようなことなのです。

トポロジカルな弦理論

　超弦理論を研究していく中で，素粒子の標準模型の謎とされていることが，6次元の性質に書き込まれているとわかってきました。例えば標準模型では，クォークは6種類あるのですが，2つずつペアになっていて3家族(世代)に分かれています。さらに電子とニュートリノがあるのですが，そのペアにも親戚がいる。電子と同じ性質を持っていながら質量だけが違うミューオンとそれの仲間のミューニュートリノ，タウという粒子とそれのペアのタウニュートリノです。同じような組み合わせが3回繰り返しているのです。こうして素粒子のファミリーが何故3なのかという謎も新しく出て来ました。実はこの3という数

字が，超弦理論では，6次元の「形」で決まっているのです。そこで私は，その6次元の性質をよく調べることで，もっと深い標準模型の性質を導きたいと研究を始めたのです。

　それは困難な道のりでした。そもそも6次元は想像することすら出来ないので，高度な数学が必要になります。距離の測り方さえもわからない空間の中で，どうやってその性質を解明するのかという問題に頭を悩ませました。大学院に入って10年くらい経ったころ，ようやく「トポロジカルな弦理論」を作り上げました。トポロジーはレオンハルト・オイラーという数学者が創始したのですが，彼が取り組んだケーニヒスベルクの7つの橋という有名な問題があります。これは川にかかった7つの橋を二度渡ることなく全て渡りきることができるか，つまり一筆書きの問題だったのですが，数学の問題として解く場合には，橋がどのように繋がっているかだけが重要で，橋の形や長さ，位置などが正確にわからなくても構いません。このように大雑把に捉えることで，一筆書きが出来るか出来ないかという性質を浮かび上がらせるのです。橋の形などを変えていっても図形全体が持つ変わらない性質を扱うのがトポロジーです。「6次元の距離の測り方がわからなくてもいいんじゃない」と開き直って，その中でわかることを探ろうとしたのです。

　実は今でも，その6次元の空間の上(の多様体)において距離をどのように測ればいいのかはわかっていません。もっと空間の深い性質を探ることができれば，現在測ることでしか求められない素粒子の質量を理論によって導くといったこともできるかもしれません。それはまだ手探りの状態ですが，現在のトポロジカルな方法からわかることもたくさんあります。

　私はこの手法を用いて超弦理論を研究していく中で，さまざまな驚きに出会ってきました。そのうちの1つは，空間は幻想であったということです。最終回では，この話をしたいと思い

空間は幻想である

ブラックホールに落ちた本の行方

　ボールを投げ上げる時，ある速度より速くなると，重力に打ち勝って地球から飛び出してしまいます。この速度を脱出速度と呼び，星が小さくて重いほど脱出速度は速くなっていきます。さらに極端に重く，コンパクトで密度が高い星を考えれば，脱出速度が光速を越えてしまい，光すら逃げられなくなります。これがブラックホールです。宇宙には実際にそういう天体がいくつも見つかっています。天の川銀河の中心にも，太陽の約 400 万倍の質量を持つ大きなブラックホールがあることが知られています。

　重力の理論によると，ブラックホールからは光はもちろん，あらゆるものが出て来られないはずですが，スティーブン・ホーキングは量子力学で考えるとそうはならないことを発見しました。彼はブラックホールから熱が出てくることを理論で示したのです。この熱は「ホーキング放射」と呼ばれています。

　この熱に関連して，ホーキングは他の物理学者と賭けをしました。ブラックホールに飲み込まれた情報は消えてなくなるのかどうか，という賭けです。ブラックホールに本を投げ入れたとしましょう。重力の理論では，ブラックホールに落ちた本の情報は二度と出てくることはありません。一方，量子力学では，情報は勝手に消えることはありません。投げ込んだ本の情報がブラックホールの中に残るなら，ブラックホールはどんどん情報を貯めこむことができ，有限の大きさのブラックホールに無限の情報を詰め込むことが可能になってしまいます。どこかで情報が出て来なければ矛盾するのです。この「ブラック

超弦理論が予言する驚異の宇宙　17

ホールの情報問題」は長らく議論の対象となっていました。

　ブラックホールの周囲には「事象の地平線」があります。事象の地平線とは，脱出速度が光速と等しくなる場所のことで，そこより内側のものは見ることができません。そのため，弦が事象の地平線をちょうど横切るとき，地平線の内側に入った部分は見えなくなります。外からは事象の地平線に開いた弦が張り付いたように見えるはずです。この弦の運動を調べることで，ブラックホールの状態の総数(=情報量)が計算できるということがわかりました。

　結局，ブラックホールの中に入った情報は失われることはなく，「情報は失われる」に賭けたホーキングは賭けの約束通り，勝者に百科事典を贈りました。

2次元平面に映し出された3次元空間

　ブラックホールの情報問題を解き明かす過程で物理学は「空間は幻想である」という驚くべき発見に辿り着きました。

　ブラックホールの状態の総数を計算してみると，その体積ではなく，表面積に比例していることがわかりました。3次元のブラックホールの中で起きていることが，2次元の表面だけで決まってしまうのです。まるで事象の地平面の中の出来事が表面に映し出され，そこに記録されているかのようです。

　この考えをさらに一般化すると，3次元空間での出来事はすべて2次元のスクリーンに投影されたものと同じだと見なすことができます。この考えは，2次元平面で3次元の情報を記録するホログラムになぞらえて「重力のホログラフィー原理」と呼ばれています。この原理では，私達が現実のものとして感じている縦・横・高さを持った3次元空間は，2次元平面上の弦の運動から出て来ていると説明することができます。私達が現実のものとして感じている温度が，実は分子の運動から出て来

るもので，個々の分子の中を探しても見つからない幻想である
のと似ています。

　さらに，スクリーンに映し出された世界には，重力が含まれ
ていません。そのため，この考えを応用すれば，一般相対性理
論と量子力学との二律背反を気にすることなく，物理の問題を
解くことができます。超弦理論は，3次元空間の重力と量子力
学の問題を，2次元の量子力学だけの問題に翻訳したのです。

ブラックホールの防火壁問題

　超弦理論にはまだまだ未解決な問題がたくさんありますが，
近年，話題になっているのが「ブラックホールの防火壁問題
(firewall paradox)」です。出発点は，ブラックホールの事象の
地平線をロケットで越えようとすると，乗っている人にはどう
見えるのかという疑問でした。アインシュタインが相対性理論
の前提とした「等価原理」が示す通り，自由落下する物体の中
では重力が消えてしまいます。ジェットコースターで落ちると
きに浮いたような感覚になるのと同じ現象です。ブラックホー
ルに引き込まれるのも同様で，ロケットに乗った人に働く重力
は消えてしまいます。そうなると，ブラックホールが十分に大
きければ，事象の地平線を超えるときには何も起きない，つま
りロケットの中にいる人は地平線を超えたことに気がつかない
はずです。ブラックホールの中心にある特異点に到達するまで
は，重力が無限大になるような奇妙な現象は起こらないと予想
されます。

　ところが，この予言は量子力学と矛盾します。量子力学では
情報を多数の人とシェアすることができないという原理があ
り，「量子力学の一夫一婦制」と呼んでいます。ニュートンの理
論のもとでは情報は何人とでも共有できますが，量子力学の世
界では，私がある人と情報をシェアして二人の間が強く結びつ

いたら，同じ情報を別の人と共有することはできないのです。まるで二人だけの秘密で成り立っている夫婦関係のようです。重力のホログラフィー原理では，ブラックホールから出て来る粒子は全くランダムというわけではなく，粒子の間に情報をシェアする関係があるとされています。

　先ほどアインシュタインの理論から予言されたように，事象の地平線を通り抜けても特別なことは起きないとすると，地平線の中にある粒子とすぐ外にある粒子の間にも関係があることになります。もしその間に二つの情報を完全に断ち切るような壁があるなら，ロケットはそこにガツンとぶつかってしまうからです。

　そうすると，一つの粒子が地平線の周りで二箇所と関係を持って，一夫一婦制と矛盾してしまいます。量子力学と相対論との両方を正しいとすると，この矛盾が生じるのです。つまり，どちらかの理論が間違っているわけです。

　理論物理学の研究というと，一般の人にはイメージが掴みにくいかもしれませんが，現場では，まさにこのようにして理論が争いを繰り広げているのです。このように理論の間に緊張関係が生まれるのは，物理学にとってはありがたいことです。ニュートンの理論では説明できないことがあったから，量子力学が生まれた。量子力学と相対論が矛盾したから，超弦理論が考えられた。このようにして，物理学の最先端は更新されていくのです。

　相対性理論や量子力学の話から始まって，最先端の物理学の論争までお話ししてきたこの連載も今回で最終回です。現代物理学の世界はいかがだったでしょうか？この連載を読んでもっと詳しく知りたいと思った人は，ぜひ，大学で素粒子論の扉を叩いてみて下さい。以下に紹介する私の著書も，みなさんの理解を深める手助けとなるでしょう。

【参考文献】

[1] 『重力とは何か アインシュタインから超弦理論へ，宇宙の謎に迫る』
    幻冬舎新書

[2] 『強い力と弱い力 ヒッグス粒子が宇宙にかけた魔法を解く』幻冬舎新書

[3] 『大栗先生の超弦理論入門』講談社ブルーバックス

ブラックホールに落ちるとどうなるか？

　岩波書店の雑誌『科学』の 2014 年 6 月号の特集「科学エッセイの楽しみ」に掲載されたものです。『科学』創刊時の編集者のひとりであった寺田寅彦にちなんだ企画で，様々な分野の 30 名の科学者が寄稿しました。寺田は，X 線を使った結晶に関する先駆的な業績とともに，「金平糖の角」など身近な物理現象の研究でも知られていますが，夏目漱石の弟子として科学と文学を融合した随筆も多く発表しています。私は日常生活とかけ離れた現象を研究しているので，編集室からご依頼のあった「身近なことがら」についての話題というわけにはいきませんでしたが，「ブラックホールに落ちるとどうなるか」という素朴な疑問について考えてみました。この記事は，岩波科学ライブラリーの『科学者の目，科学の芽』と題したアンソロジーにも再録されました。難易度：☆

　地球の上にいる私たちには重力はいつも同じ強さで同じ方向に働いているが，宇宙の中ではもっと多様な重力現象が起きている。月の表面の重力は地上の約 6 分の 1 だし，最近は国際宇宙ステーションからのニュースなどで無重力状態の映像を見ることも多い。これらは重力が弱くなっている状態だが，では，重力が強くなっていくとどうなるだろうか。

　地球の表面から秒速 11 km で石を投げ上げると，石は地球の重力を振り切って宇宙に飛び去っていく。これを地球からの脱出速度という。重力の強い天体からは，大きな速度でないと脱出できない。ニュートンの運動方程式によると，脱出速度は天体の質量と半径の比の平方根に比例するので，質量を大きく，半径を小さくすれば，脱出速度は大きくなる。18 世紀の終わりごろに，英国のジョン・ミシェルとフランスのピエール＝

シモン・ラプラスは，密度の高い星の中には，脱出速度が光の速さを超えるものがあるかもしれないと考えた。光すら逃げ出せないのなら，そのような天体は暗黒だ。

　この予言は，アインシュタインの重力理論によって，より確かなものになった。1915 年 11 月にアルベルト・アインシュタインが重力の理論である一般相対論を完成した直後に，カール・シュワルツシルトはその方程式にひとつの解を見つけた。この解は，質量がある一点に集中しているときに，その周りの時間や空間がどのようになっているかを表すものだった。そして，ミシェルとラプラスが予言した半径より内側からは，光が外に飛び出すことができないことがわかった。自然界には光より速いものはないと考えられているので，この半径の内側に入ったものは，外の世界に戻るどころか，外と連絡を取ることもできなくなる。この「引き返せなくなる場所」のことを事象の地平線と呼ぶ。そして，事象の地平線で包まれた天体がブラックホールだ。

　ブラックホールは，この宇宙に実際に存在している。質量が太陽の数十倍程度の天体は，寿命を終えて超新星爆発を起こすと，重力崩壊によって事象の地平線の中に縮んでしまう。たとえば，最初にブラックホールと確認されたはくちょう座 X-1 は太陽の 10 倍程度の質量を持っており，その後，数多くのブラックホールが確認されている。また，ここ 10 年ほどの観測で，私たちの天の川銀河の中心には，太陽の 400 万倍の質量をもつ巨大ブラックホールがあることが明らかになった。

　このようなブラックホールに落ちていくと，事象の地平線を越えるときに何が起きるのか。一般相対論の枠内では，「特別なことは起きない」が答だ。

ブラックホールの周りの様子は，滝に向かって流れが速くなっていく川にたとえることができる。私たちはその中で泳いでいる魚だ。魚の泳げる速さには限界があるとして，これを光の速さのたとえとする。川の流れが緩やかなときには，魚は上流にも下流にも進むことができるが，流れがある速さを超えると魚はどんなにがんばっても下流に押し流されてしまう。これが魚にとっての事象の地平線だ。いったん地平線を越えると，魚は上流に戻ることはできなくなる。

　しかし，この地平線を越えるときに，魚は特別なことは感じない。まわりの風景がみえなければ，止まった水の中でじっとしていても，流れている川の水の中で同じ速さで流されていっても，魚には違いはわからない。だから，地平線を越えたことにも気づかない。滝に落ちてしまうまでは。

　これと同じように，ブラックホールに落ちていく人も，事象の地平線を越えるときには特別なことは感じない，ブラックホールの中心の特異点にぶつかるまでは。数年前までは，これが正しい答だとされていた。

　今から40年前の1974年，スティーブン・ホーキングは，一般相対論と量子力学を組み合わせると，事象の地平線のあたりでふしぎなことが起こることを理論的に示した。光さえ逃げ出せないはずのブラックホールが，温度を持ち，放射を放っているというのだ。しかも，放射の温度はブラックホールが小さくなるほど高くなる。ブラックホールは放射によってエネルギーを失い，ついには蒸発してしまうことになる。

　量子力学では物理系の状態は一定の規則で時間発展していくが，そのときに重要なのは，時間発展の途中で情報が失われないということだ。ブラックホールも，その初期条件の情報を担っている。ブラックホールが蒸発してしまったときに，その

情報も消え去るとすると，量子力学の時間発展の規則と矛盾する。

　この矛盾は，1990 年代の後半になって，一般相対論と量子力学の統合に成功した超弦理論によって解消された。ブラックホールからの放射は厳密な熱放射ではなく，ブラックホールの初期条件の情報を運び去ることができることが示されたのだ。

　ところが数年前，ジョセフ・ポルチンスキーを中心とするグループが，新たな問題を指摘した。放射された光や粒子がブラックホールの情報を担っているということは，放射とブラックホールとが，量子力学的に「からみあっている」ことになる。ポルチンスキーらは，事象の地平線を越えるときに何事も起きないとすると，遠くに飛び去った放射とブラックホールとが「からみあっている」ということと矛盾することを指摘した。この問題は，現在盛んに議論されており，まだ決着の見通しは立っていない。

　シュワルツシルトがブラックホール解を発見してから一世紀になるが，ブラックホールに落ちるとどうなるかという素朴な疑問は，まだ解決していない。

重力とは何か

　学士会は 1886 年に帝国大学の同窓会として設立され，その活動のひとつとして隔月に『學士會会報』を発行しています。この記事は，900号 (2013 年 5 月発行) に掲載されたものです。最初は当時発見されたばかりのヒッグス粒子について書いてみたのですが，どうも気に入らなかったので，その原稿は捨てて，拙著『重力とは何か』をご紹介する記事を書きました。

　アインシュタインの一般相対性理論の重要な予言のひとつである重力波について，「これを地球上で直接観測しようという実験が，世界各地で始まっています。ガリレオが望遠鏡をはじめて夜空に向け，宇宙の扉を開いてから 400 年の間，人類はもっぱら光によって宇宙を観察してきました。宇宙からの重力波が観測できるようになると，光に変わる新しい方法で宇宙を見ることができるようになります」と書いていますが，この重力波はこの記事が出てからほんの 2 年後に，カリフォルニア工科大学とマサチューセッツ工科大学が共同運営している重力波天文台 LIGO によって直接観測されました。重力波については，本書第 2 部もご覧ください。　　　　　　　　　　　　　難易度：☆

　　私たち自身や私たちの周囲にあるすべての物を地球につなぎとめている重力。誰でも日常的に感じている力ですが，あらためて考えてみると不思議な性質がたくさんあります。そして，この重力の研究は，宇宙はどのようにして始まったのか，これからどうなるのか，そもそも私たちはなぜ宇宙に存在するのかといった深遠な謎とも深く関わっています。また，昨年ヒッグス粒子が発見されて話題になった素粒子物理学の最先端の問題を解くためにも，重力の理解が欠かせません。ニュートン，アインシュタインの時代に続き，第三の黄金時代を迎えているとされる重力研究の現状をご紹介しましょう。

重力の不思議

　そもそも，重力が「力」であると認識されたのは，近代になってからです。古代ギリシアの哲学者アリストテレスは，物質そのものに本来の場所に戻る性質があると考えました。エサを探しに行った鳥が自分の巣に帰るように，一旦上に投げ上げられた石も本来の居場所である地面に戻ろうとするというわけです。このアリストテレスの説は 17 世紀のはじめごろまで信じられており，ニュートンが，物体の運動を変えるものはすべて「力」であると明確に定義することで，ようやく重力が力の仲間入りをしました。

　重力の性質の中でも特に不思議なのは，重力が「弱い」ということです。私たちを地球に縛り付けている力ですから，弱いと言われて意外に感じる人も多いと思います。しかし，磁石の力と比較すると，重力の弱さがわかります。机の上に鉄製のクリップでも置いて，上から磁石を近づけると，クリップは跳び上がって磁石にくっつくでしょう。当たり前の現象ですが，そのクリップには，地球の重力も働いています。60 億× 10 億× 10 億グラムというとてつもない重さの地球が下から引っ張っているのに，ほんの数グラムの小さな磁石の引力のほうが強いのです。

　私たちが日常生活で磁気の力よりも重力を意識することが多いのは，重力には引力しかないからです。磁気の力には引き付けあう力と反発しあう力があり，私たちのまわりでは，この二つがほぼ打ち消しあっています。それに対して重力は引力だけなので，地球全体からの影響が合わさって，私たちに大きな力が働くのです。

　重力が弱いということは，現在の宇宙の姿とも深く関わっています。宇宙は，今から 138 億年ほど前に生まれたと考えられ

ています。しかし，もし重力の働き方が少しでも違っていたら，宇宙は，生まれたと思ったら重力の重みで瞬時に潰れてしまったり，また逆にあっという間に膨張して冷え切ってしまい，生命はおろか星ができることさえない，暗い虚無の世界が永遠に続く世界だったと考えられています。宇宙が長い時間をかけて星や銀河を作り，私たちのような生命体を生み出すことができたのは，重力が「ちょうどよい強さ」だったからです。

2. アインシュタインの人生最高のおもいつき

　17世紀の科学革命の端緒を開いたガリレオの有名なエピソードのひとつにピサの斜塔の実験があります。これが実際に行われたかどうかについては，科学史家の間でも意見が分かれていますが，ガリレオが「重いものも軽いものも，重力の中では同じ速さで落ちる」ことを指摘したのは事実です。重力は重いもののほうに強く働くはずなので，落ちる速さが重さによらないというのは不思議です。地上では空気抵抗が邪魔になるので，たとえば鳥の羽はゆっくり落ちます。しかし，1971年にアポロ15号のスコット船長が，空気のない月面で鳥の羽とカナヅチを同時に落としてみたところ，ガリレオが主張したように，全く同じ速さで落下しました。

　このガリレオの発見は，ニュートンの重力理論にも取り入れられますが，彼の主著『プリンピキア』でも事実として述べられているだけで，その理由は説明されていませんでした。アインシュタインは，ガリレオの発見について深く考え，1907年に，自ら後年になって「最高のひらめき」と呼んだアイデアを得ました。

3. 落ちていくときには，自分の重さを感じない

　たとえば，エレベータが下降するとき，ちょっと体が浮くように感じることがあるでしょう。もっと極端な例としては，飛行機が上空でエンジンを止め自由落下をすると，機内にいる人たちは体が宙に浮きます。窓から外を見ると自分たちが落下していることがわかりますが，窓がなければフワフワと浮かんでいるとしか思えません。

　逆に，重力を増やすこともできます。エレベータが上方向に加速しているときには，乗っている人は下方向に押しつけられる力を感じます。この力は重さに比例するので，あたかも重力が増えているかのようです。ニュートンの理論では，これを「見かけの重力」と呼びますが，アインシュタインはこれが重力の本性であると考えました。重力のあるなしは，どのような速で観察をしているかによって変化するというのです。

　ところで，アインシュタインはその2年前の1905年に，「特殊相対論」を発表し，走っているものの中では，時間がゆっくり進んだり，距離が伸び縮みしたりすることを指摘しています。これを，彼の「最高のひらめき」と組み合わせることで，重力の働きを，時間の遅れや，空間の伸び縮みとして理解できるのではないか。アインシュタインは，その後8年間かけてこのアイデアを方程式にまとめ，1915年に重力を時間や空間の性質として理解する「一般相対論」を完成させます。

4. 役に立つ相対論

　アインシュタインの相対論は，難しい理論の代名詞とされているので，私たちの日常生活とは何の関係もないと思われるかもしれません。しかし，カーナビやスマートフォンの地図に使われている GPS には，相対論が応用されています。GPS は人

重力とは何か　29

工衛星からの信号を受けて時間と場所を割り出しますが，地球からの重力の弱い上空を，高速度で飛行する人工衛星の中では，相対論の効果で時間にずれが生じます。これを計算に入れないと，1日の間に，距離にして12kmもの誤差が出てしまうのです。

　また，アインシュタインの理論は，時間や空間の伸び縮みが波のようにして伝わっていく「重力波」を予言します。二つの恒星が重力のために組になって，お互いの周りをグルグルまわっている連星から，重力波が発生していることは，間接的に証明されています。そこで，これを地球上で直接観測しようという実験が，世界各地で始まっています。

　ガリレオが望遠鏡をはじめて夜空に向け，宇宙の扉を開いてから400年の間，人類はもっぱら光によって宇宙を観察してきました。宇宙からの重力波が観測できるようになると，光に変わる新しい方法で宇宙を見ることができるようになります。プラズマなどによって遮られてしまう光とは異なり，重力波はすべてを貫通し，一度発生すると減衰することがないため，謎の天体ブラックホールの正体や，宇宙誕生直後の姿が明らかになると期待されています。日本でも，神岡鉱山の地下1kmに「KAGRA(かぐら)」という装置を作る計画が進んでいます。

5.　重力と量子力学を統合する超弦理論

　アインシュタインの重力理論と並ぶ，20世紀物理学のもう一本の大黒柱に，量子力学があります。これは，トランジスターやレーザーなど，現代生活を支える電子工学の基礎となっている理論でもあります。

　重力理論と量子力学は別々の理論で，これまで分業をして物理世界を説明してきました。重力理論は，太陽系，銀河系や宇

宙の大規模構造といったマクロの世界，量子力学は，原子や素粒子などのミクロの世界の問題を解くために使われてきたのです。しかし，宇宙の始まりでは空間が極限まで押しつぶされているので，重力だけでなく，ミクロな世界の量子力学も同時に必要になります。宇宙創成の謎を解くためには，重力理論と量子力学の二つの理論を統合する必要がある。これによって，自然界のすべての現象の基礎となる究極の統一理論が完成すると期待されているのです。

　重力理論と量子力学の統合は，数多くの物理学者が挑戦しては挫折した難問ですが，この 30 年ほどの間に大きな進歩がありました。「超弦理論」と呼ばれる理論が登場したのです。これまでの素粒子論では，物質の基本単位は大きさのない点粒子であると考えらてきましたが，超弦理論ではこれを 1 次元に拡がった「弦」だと考えます。「ひも理論」とか「ストリング理論」と呼ばれることもありますが，同じ物です。

　現在分かっている素粒子には，電子，クォーク，ニュートリノ，光子など，さまざまな種類があります。これまでの素粒子論では，大きさのない点粒子に，これらの名前が付いていると考えていました。名札があるわけではないので，考えてみるとふしぎなことです。

　ところが，超弦理論には，一種類の「弦」しかありません。バイオリンの弦が，振動することでさまざまな音程や音色を奏でるのと同じように，超弦理論の弦も，振動の仕方によって電子になったりクォークになったりするというのです。この振動状態の一つとして，重力を伝える粒子である「重力子」が含まれていることは，1970 年代に発見されました。そして，その 10 年後に，電子やクォークをどのように組み込めばよいかがわかり，重力理論も素粒子理論も含んでいるということで，超弦理論は究極の統一理論の有力候補となったのです。

6. 空間は幻想

　その後の超弦理論の発展は，私たちの時間や空間についての考え方を大きく変えることになりました。アインシュタインの「最高の思いつき」は，重力のあるなしは観測の仕方によるというものでしたが，超弦理論では，重力はおろか，空間の次元の数さえも見方によって変化すると考えます。私たちの住む3次元の空間のある領域で重力の働く様子は，すべてその空間の果てに設置されたスクリーンに投影されて，その上の2次元の現象として理解できるというのです。

　たとえば，あなたがいま部屋の中で『學士會会報』のこの記事を読んでいるとします。そこには当然，重力が働いています。超弦理論によると，そこにある家具や空気やあなた自身のことも，この部屋の壁に投影して表現することができます。重力のあるなしが観測の仕方によるだけでなく，私たちが暮らしているこの空間そのものが幻想であり，2次元の平面の上で起きていることを，3次元空間で起きているように幻想しているのだというのです。

　突拍子もない話ですが，たとえば，ホーキングが1974年に提示した「ブラックホールの情報問題」は，この理論によって解決しました。また，超弦理論の考え方は素粒子の統一理論に限らず，物性物理学や原子核物理学などのさまざまな分野に応用されるようになり，その有効性は実証されつつあります。

　重力はきわめて身近な力でありながら，自然界の基本法則のかなめであり，自然の最も深く揺るぎのない真実とつながっています。ですから，お伝えしたい話題がたくさんあり，この記事にはとても書ききれません。そこで，さらに興味のある方々のために，科学解説書『重力とは何か』(幻冬舎新書) を昨年上梓しました。

また，自然界には重力のほかに，電磁気の力，さらに 20 世紀に発見された「強い力」と「弱い力」があります。重力以外のこの三つの力を説明する「素粒子の標準模型」は，昨年のヒッグス粒子の発見によって完成しました。理論物理学者が紙と鉛筆で予言した粒子が，巨大実験施設で発見されたことは，自然には発見されるべき合理的な法則があり，それは人知によって解き明かすことができるという科学者の信念を裏付けるものでした。この発見の意義については，『重力とは何か』の姉妹書『強い力と弱い力』(幻冬舎新書) をご覧ください。

　超弦理論は，この完成したばかりの「素粒子の標準模型」に重力を組み込むことのできる唯一の理論です。まだまだ発展途上の理論ですが，現在進行中の暗黒物質，暗黒エネルギーの探索や，宇宙初期からの重力波の検出実験によって，近い将来に超弦理論を使った宇宙論が直接検証できるようになると期待されています。重力の根源的な問題を解明しようとするこの分野は，現在活気にあふれています。これからの発展にご注目ください。

大江健三郎，三浦雅士，原広司との座談会
空間像の変革に向けて

大江健三郎×大栗博司×三浦雅士×原 広司 (司会) *1

　千葉県の市原湖畔美術館で行った，小説家の大江健三郎さん，建築家の原広司さん，評論家の三浦雅士さんとの座談会の記録です。岩波書店の雑誌『世界』の 2015 年 1 月号に掲載されました。

　大江健三郎さんは，拙著『重力とは何か』，『強い力と弱い力』，『超弦理論入門』を読んでくださっていて，ご自身の付箋やマーカーの傍線がたくさんついた本をお持ちになり，お話でも引用してくださいました。

　今回の座談会は，原さんの「WALL PAPERS(壁紙)」展の一環として開かれたものでした。原さんは，建築家として，現代物理学が「空間とは何か」をどう考えているかに興味をお持ちのようでした。

　雑誌『ユリイカ』創刊に参画され，『現代思想』編集長として日本の「ニュー・アカデミズム」の火付け役ともなった三浦雅士さんは，拙著『重力とは何か』や『超弦理論入門』を，書評や評論で取り上げてくださっています。三浦さんとは，この座談会の後何度かお会いする機会があり，劇作家の山崎正和さんとの鼎談は，サントリー財団のオピニオン誌『アステイオン』に掲載されました。平凡社の文芸誌『こころ』に掲載された三浦さんとの対談は，本書 (137 ページ) に再録されていますので，そちらもご覧ください。　　　　　　　　　　　　　　難易度：☆

1. 世界の見方を変えるテキスト

　　原　10 月から市原湖畔美術館で始まった「WALL PA-PERS」展では，古代ギリシアのホメロスやアリストテレス

---

　*1　大江健三郎 (おおえ・けんざぶろう) 作家。1935 年生まれ。
　　　三浦雅士 (みうら・まさし) 文芸評論家。1946 年生まれ。
　　　原 広司 (はら・ひろし) 建築家。1936 年生まれ。

から，現代日本の——きょう来て下さった大江さんの作品まで，2500年におよぶ人類の歴史の中で編み出されたさまざまな書物を，写経，つまり書き写して，「壁紙」として展示しています。

本日のテーマでもある「空間とは何か」は，僕が建築をつくる上で，一つの課題でありつづけてきました。建築の歴史は，たとえば世界の集落のように，宇宙像の歴史を映し出してもいます。世界史に輝くこれらのテキストは，僕の空間理解において不可欠のものです。もちろん，時間的な制約や著作権上の問題がありますから，取り上げたのは，本来参照すべきテキストの一部です。

壁紙の構想は，ここにおられる大栗さんのご本に誘起されたとも言えます。

「空間は幻想である」。大栗さんは『大栗先生の超弦理論入門』(講談社ブルーバックス) の中で，こう言っておられます。それが何を意味するのか，これからご本人にうかがいますが，僕が建築を設計するときに認識している空間は，まさにそうした性質のものだと思っていました。

それから，これも大栗さんの本で紹介されていますが，「暗黒物質 (ダークマター)」「暗黒エネルギー (ダークエネルギー)」をめぐる研究の進展にも注目しています。重力の大半がそれら得体の知れないものから生起しているという事実は，世界像を覆す契機のはずです。人間がこれまで認識してきた世界に，とんでもない欠落があったことを示しているわけですから。

このほかにも，大栗さんが研究されている素粒子物理学の分野では，2012年，CERN (欧州原子核研究機構) がヒッグス粒子を発見して，大きく報じられました。CERN が建築したLHC (大型ハドロン衝突型加速器) は壮大なものですが，世界各地にそうした最新鋭の実験施設がつくられ，科学の新しい世

原 広司さん

界を背負おうとする機構や組織が強化されていく一方で,私を含めて一般の大衆は,そこから遠ざかっているのではないかという感じも抱いています。おそらく科学者たちも,国際的な動向から外れないよう真剣になればなるほど,分野ごとの専門性,あるいは閉鎖性は高まっていく。

僕はもちろん,物理学の素人ですが,「こういう発見があった」と成果の報告にふれるだけではなく,その発見が何を意味するのか,宇宙や生命のしくみにかかわる話をもっと知りたいとつねに思っています。宮沢賢治は,『銀河鉄道の夜』でそうした宿題を出していますし,詩人の谷川俊太郎さんもダークマターに注目しています。そういうわけで,今日は皆さんと一緒に大栗さんの話を直接うかがって,勉強したいと思っています。

そして,この座談会を皮切りに,空間とは何かを考えるさまざまなセミナーを行なう予定です。まずは大江さんに,その始まりの言葉をいただきたいと思います。

大江 初めに,原さんは私にとってどういう人かといいま

すと，私がなぜ四国の森の中の人間として，その森について小説を書くのかを，明快に分析された人です。トポロジーという言葉も流行っていない頃でしたが，ある人間が，ある場所にいて，その場所との関係の中で，どのように彼らしい表現をしていくのか。生まれた場所に別れを告げて，都市へと出て行き，また帰って行く，その過程に光を当てて論じられたのです。

「WALL PAPERS」展でも，『万延元年のフットボール』の中の，森の中での出来事について，短い文章を寄せて下さっています。それを読まれると，私にとってその場面がどんなに重要か，原さんがそのことをいかに巧みに描かれたか，理解していただけるでしょう。

人の文章を書き写すという行為を，常にやってきた人間として，原さんが一年をかけてつづけてこられた写経には，大きな意味があると考えています。一つの文章を書き写すということは，それを書いた人を自分に強く引き寄せ，重ねた上で，批判のありかを，テキストにそくして自覚していくことであるからです。

その意味で，この展示は，原さんがどういう本を読んで自分をつくってきたか，彼の批評はどういうふうにあるかも，よくわかる構成になっています。これから皆さんが原さんの作品に入って行かれる，その出発点を教えてくれます。

二番目に，原さんの書かれた『集落の教え100』(彰国社) は，私に強く影響を与えている本です。原さんが世界中を歩いて，印象に残った集落，人間が住んでいる場所の，写真を撮って，その特徴を記している。この100の「教え」には，人間が集落をつくって生きることの意味，また，世界全体の展望の中で，自分の集落のあり様をはっきり自覚するためのヒントが含まれています。

もう一つ，原さんの建築についていいますと，この展覧会の

大江健三郎，三浦雅士，原広司との座談会：空間像の変革に向けて　　37

大江健三郎さん

図録(『HIROSHI HARA : WALL PAPERS——空間概念と様相をめぐる〈写経〉の壁紙』,現代企画室)の中に,印象的な一枚の写真があります。大阪のビルディング(梅田スカイビル)の,夕暮れの光景をとらえたものですが,私はその悲しみに打たれたのです。そこには,建築家としてどう生きるか,どういう都市の中で人間は生きるのか,原さんの全体の思考がはっきり表現されていました。

2. 「人間のモデル」を提示する

大江 さて,この場でお話しするように原さんに誘われて,私も,大栗さんの本を読みました。

それが独特の文章なんです。私たちは,物質の一番小さな要素,素粒子を,点としてイメージしてきたけれども,実際にはある長さや,広さを持つ,一種の弦によって,素粒子はできている。そういう視点から,場所や次元の問題を説明されている。

難しいことを書いておられるのではないんです。しかし,その文章をいま自分が読んでいる,確かに受け止めていると,読

み手に自覚させるように語られている。それに乗って読み進むうち新しい理解を経験します。

たとえば，こういう文章で書かれています。「素粒子の研究に『模型』を使うというのは不思議な言葉遣いですが，『標準模型』とは，どのような種類の素粒子が，どのように力を及ぼし合ってミクロな世界を作っているかを，最新の実験のデータをもとにまとめた理論のことです」（『重力とは何か』，幻冬舎新書）。

ここで「模型」という文字には，「モデル」と読みが添えられています。どのように新しい物理学も，研究者が言語によってモデルをつくり，同時代の人間に理解させる。その過程が，科学の展開となる。

文学もそうです。その中に幾つかの，大切なモデル，人間とはこういうものだという模型をつくりたいから，私たちは小説を書いている。物理学者も作家も，人間とは何かを表す具体的な標準模型をそれぞれにつくり，私らはそれを受け取っている。それを手がかりにして自分の標準模型をつくるのが，生きるということだと思います。

三浦　私が現代の日本人作家から受け取った最初の標準模型は，まさに，『万延元年のフットボール』でした。

1967年，私は二十歳でしたが，盲腸で入院していて『万延元年のフットボール』を手にし，読み始めてやめられなくなり，徹夜して読み通しました。それまではドストエフスキーやカミュ，ヘンリー・ミラーといった翻訳ものや古典しか読んでいませんでした。同時代の日本にこれほどの水準の作家が現存することに衝撃を受けたのです。

四国の小さな谷間の村が，神話的な世界を媒介に，宇宙的な広がりをもつことになるというのは，後に話題になるカルペンティエールやガルシア＝マルケスらの魔術的リアリズムを先取

三浦雅士さん

りしていると、私ははっきり感じました。その後、1969年から『ユリイカ』というリトル・マガジンの編集をするのですが、同時代の日本人作家としてははじめて大江さんを、それも「その神話的世界」という副題のもとに特集したのです。

同じ衝撃を原さんの建築からも受けました。1970年代の初めだったと思いますが、ご自身で設計されたお宅にうかがったときに、玄関のドアを開けて中に入った瞬間、外に出たという感覚をもった。外と内が反転するというか、まるでメビウスの帯、いや、クラインの壺を全身で体験したような感じでした。家の中が階段状に下へと続く街並みのようになっていて、いちばん下が明るい広場になっているのです。これと同じ体験を、みなさんも京都駅でするでしょう。中に入ると丘陵が広がっているという感じです。

大江さんも原さんも独特な空間感覚、宇宙感覚をもっています。それが多くの人を惹きつける。大きなものが小さくなり小

大栗博司さん

さいものが大きくなる,内と外が反転する。二人とも谷間の村に育っています。谷は,古代中国の例を引くまでもなく,母性の,ひいては宇宙の模型として感受される。これが二人の共通点です。

　大栗さんの本を読んだときにも,同じ衝撃を受けたのです。現代物理学の最先端が,大江さんの文学,原さんの建築と同じように,ある種の反転を体験させるところにまで来ているのだ,と思いました。それで,物理学の本を読んで同じような体験をしたときのことを思い出した。それは朝永振一郎さんの『物理学とは何だろうか』(岩波新書)を読んだときの体験です。光が粒子であるとともに波動であるという事実を受け入れてからは,人間は宇宙像をもはや自然な人間的感覚では把握できなくなる。けれど,この飛躍はすでにボルツマンが熱力学を創始した段階から始まっているのだ。そこでボルツマンは,古典力学という決定論の世界と,熱学という偶然性の世界を──つまり,正反対のものを結びつけている。この段階で,人間は,日常感覚では捉えきれない世界に接するようになった。その延長上に,大栗さんの『重力とは何か』をはじめとする著作がある

わけです。そこで受ける印象が、大江さんの文学、原さんの建築が与える印象にきわめて近いことに、私は強い衝撃を受けました。

3. ミクロ・マクロの概念がなくなる？

大栗 空間が幻想であるとはどのような意味なのか。暗黒物質、暗黒エネルギーとは何なのか。原さんから、二つの質問をいただきました。まず、最初の問いについてお話ししたいと思います。

展示されている原さんの壁紙には、アリストテレスによる『自然学』のトポスに関する文章が含まれています。アリストテレスは、物質で満たされていない純粋な空間はあり得ないと考え、「自然は真空を嫌悪する」という有名な言葉を残しています。この時空概念は、その後2000年もの間、ヨーロッパを支配しました。

しかし17世紀になって、ニュートンが力学の理論を完成するために、物質から独立した「絶対空間」、「絶対時間」の概念を導入します。たとえば皆さんは、どこでも一様に時間が流れ、空間が存在するとお考えだと思いますが、その基礎にはこのニュートン理論があります。

20世紀に入ると、今度はアインシュタインの相対性理論によって、時空概念に第二の革命が起きます。彼は、特殊相対論と一般相対論をつくりましたが、特殊相対論は、ものを観測する仕方によって、時間や空間が変わってくることをいっています。一般相対論は、時間や空間の性質は、その中に物質やエネルギーがあれば、それによって変化する。だから、空間は静的に最初から存在するものではなくて、物質と一緒にどんどん変化していく、ダイナミカルなものである——そういう考えを

打ち出しました。

そこからは，現実的な問題が幾つか浮かび上がってきます。たとえば，いまは「世界標準時」があり，世界中の時計はそれを基準に動いていますね。ところが，アインシュタインの理論によると，重力が強く働くと時間の進み方が変わる。山の上と谷では重力が違いますから，最近の一京分の一秒まで計れる時計では違いが検出されます。そのため，世界標準時をぴったり揃えられなくなったのです。

しかし，私が「空間は幻想である」と申しましたのは，こうした事態を指しているわけではありません。それは，もう少し深い意味を持っています。

古代ギリシアの哲学者のデモクリトスは，「私たちは習慣によって，甘味があったり，苦味があったり，熱かったり，冷たかったり，色があったりすると思うが，現実に存在するのは原子と真空だけである」といいました。味や色や温度は幻想だというこの主張は，現代の科学者の考えに近いものです。私たちは，この考えをさらに推し進めて，空間そのものも幻想ではないかと考えています。

空間は私たちが認識する世界を理解するための枠組みの一つです。私たちが，視覚，聴覚などで情報を収集し，行動を決めていくときには，得られた情報を整理し分類しなければなりません。こちらに三浦さんがいる，向こうには大江さんがいる——そうやって，情報に「タグ付け」して理解する枠組みが空間なのです。

ところがアインシュタインの理論まで行くと，空間そのものも私たちの世界を表す情報の一部に組み込まれる。そして，この枠組み自身が変化するわけです。

ここで重要なのが，アインシュタインの理論と並んで，20世紀物理学のもう一つの柱と言われている量子力学です。ミクロ

な世界の法則を扱う量子力学では，世界をめぐるあらゆる情報が，全部平等に扱われるようになります。

　それはどういうことなのか。ニュートン力学では，ある与えられた空間の中で，粒子の位置が情報とされます。この情報が方程式として記述され，変化していくわけです。アインシュタイン理論では，先ほど述べたように，そういう粒子の位置とともに，空間の形自体も情報として変化します。ただし一連の方程式では，空間に関する情報と，その中の粒子の位置に関する情報は，別のものとして区別されている。その意味で，アインシュタインの理論も，依然として量子力学以前の，古典物理の範疇にあります。

　一方，量子力学では，たとえば粒子の位置は一義的に決まっていません。空間の形も，ミクロの世界に行くと，常に揺れ動いている。そうすると，量子状態を指定する情報は，空間の形や粒子の位置ではなく，それらをまとめて「量子波動関数」に書き込まれた情報なのです。この量子情報の世界では，粒子の位置に関する情報と，空間の形に関する情報は互いにやりとりしたり，混ざったりする。

　こうした現象が，いま，理論的に——具体的に言えば超弦理論の登場によって，明らかにされつつあります。素粒子物理学の最先端を研究していると，重力の理論と，量子力学のどちらも重要になることがあります。超弦理論は，両者を矛盾なく統合するために，物質の基本単位が，粒ではなく，1次元的に広がったひものようなものであると考える理論で，究極の統一理論の最有力候補として期待されています。

　たとえば，液体の水を冷やせば固体の氷になり，温めると気体の蒸気になりますが，こうして水の性質が変わっていく現象を，物理の世界では「相転移」と言います。超弦理論の計算では，空間の性質も相転移で変わりうる。私たちは3次元の世界

に暮らしていると思っていますが，その次元ですら変化し得るのです。

空間の形は，私たちが日常生活を送っている，量子力学的な揺らぎが無視できるマクロな世界では，もちろん，しっかりとした絶対的な存在としてある。しかし，ミクロの世界では，そうした確定した意味を持たないということです。

もう一つ重要な話があります。よりミクロな世界を探ることで，より根源的な世界に近づくという発想は，ガリレオ，ニュートン以来の400年の物理学の進歩によって裏付けられてきました。原子→原子核と電子→陽子と中性子→クォークと，玉ねぎの皮をむくように，物質の基本単位が探求されてきたわけです。

しかし，ミクロ，マクロという概念は，空間を前提としています。空間自身が量子力学で揺れ動いて，場合によっては次元すら変わってしまうときに，ミクロ，マクロに区別はあるのだろうか。

よりミクロな世界を追究することで，より根源的な理論に行く——そうした科学の歩みが，超弦理論まで行くと完結してしまうかもしれない。それが「空間は幻想である」と述べた意味です。

4. 宇宙は異形の存在である

大栗 今度は第二の問いについて考えてみたいと思います。宇宙に大量に存在するという暗黒物質，暗黒エネルギーは，実験的には，さらに最先端の問題です。

遡ってお話しすると，ニュートンによる科学革命のもっとも偉大な発見は，地球上の法則と天界の法則が，同じであると指摘したことです。「万有引力」の言葉どおり，地球の上でリン

ゴが木から落ちる法則も，地球の周りを月が回っているという法則も，一つの方程式で記述できるようになった。「はやぶさ」が小惑星に行って戻って来たのも，ニュートンの重力理論の運動方程式にしたがっていると言えます。ニュートンによって，別世界と思われていた地上と天界が理論的に統一され，宇宙がぐっと身近なものになったのです。

ところが，過去15年ぐらいの宇宙物理学の観測によって，やはり宇宙は異形の存在であることがわかってきました。

暗黒物質の存在が初めに予想されたのは1930年代のことです。たくさんの銀河が集まる銀河団全体の光の量から計算した質量よりも，銀河団の運動から計算した質量のほうがはるかに大きかったのです。銀河団の中に，何か目に見えない重力源があるとしか考えられません。

もう一つの暗黒エネルギーは，宇宙の加速的膨張を引き起こす存在とされています。宇宙はビッグバンで始まって以来，ずっと膨張してきたと考えられていますが，最近になって，その仕組みは，通常の物質や暗黒物質だけでは説明できないことがわかってきました。一般相対性理論によれば，物質の重力によって，宇宙の膨張は減速するはずです。ところが，2011年のノーベル物理学賞の対象となった遠方の超新星の観測によって，宇宙の膨張が逆に加速していることが突き止められました。そして，膨張を加速させるエネルギーの正体は不明なので，暗黒エネルギーと呼ばれています。

宇宙の異形性を明らかにした研究上での大きな進展として，宇宙の形を正確に測れるようになったことも挙げられます。

私たちは小学校で，三角形の内角の和を測ると180度になると学びますね。ところが，地球の表面のように，丸いところの上で三角形を書いて内角を足すと，180度より大きくなる。たとえばバリ–北極–ナイロビ間を結ぶ三角形の内角の和は，全

部で270度になる。この事実は、逆に、三角形を描いてその内角の和を測ると、点を結んでいるところの形を予測できることを示しています。

天体物理学者は、過去15年ぐらいの間、この考え方を基に、宇宙の形を測ってきました。137億年前の、超高温だった時代の痕跡——ビッグバンの「残り火」を観測し、そこから来た光と、地球からの光の角度を測って、一辺が100億光年の三角形を宇宙に描いた。この観測によって、おどろくべき発見がありました。宇宙は、3次元方向に平坦——つまり、まっ平らであると判明したのです。

アインシュタインの理論では、空間の曲がり方は、その中の物質やエネルギーで決まります。空間がフラットであるとは、宇宙の中のエネルギーが、宇宙が膨張する運動エネルギーとピッタリつりあっていることを意味します。

ここから宇宙の中の全物質や、エネルギーの量がわかったのですが、地球上にある原子のような物質は、宇宙の中では5％にすぎない。その5倍以上の、27％は暗黒物質、残りの68％は暗黒エネルギーだといわれています。

つまり、宇宙にある物質のうち、95％は素粒子の標準模型でも説明できない、未知なる存在なのです。これは私のような物理学者にとって「新大陸の発見」ともいうべきエキサイティングな話題です。世界が何でできているのか、大体わかっていると思いこんでいたところに、じつは、宇宙にはまったく馴染みのない世界が広がっていることが明らかになった。

原　たくさん質問したいことが出てきました (笑)。このダイアグラム (次頁の表) は、1 mを基準に、プラス、マイナスそれぞれ対数表示して、対象の寸法、距離をみたものです。

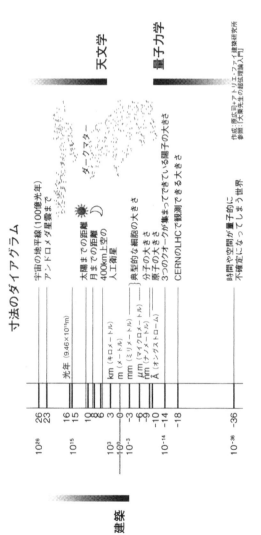

図1 寸法のダイアグラム

大栗さんはご本の中で，10 億× 10 億× 10 億 m より先の世界では，アインシュタイン理論の「実力不足」が露呈する，他方で (10 億× 10 億) 分の 1 m より極微の世界は，時間や空間が量子的に不確定になると説明されています。この表からも，いわゆる最大の視点と最小の視点は，どこかでつながっているように思えるのですが。

大栗　量子力学は，この表で言えば下の方向——ミクロな世界に行って，より基本的な法則を立てようとしてきました。ミクロな世界を見ることには，エネルギーが高い状態を見るという意味もあります。この点を，まずは，頭の隅に置いておいて下さい。例を挙げるならば，CERN は，冒頭で原さんが仰ったように，円周が山手線ほどもある巨大な加速器で，陽子をかぎりなく光速に近いところまで加速して衝突させてできる素粒子を研究しているわけです。

そして，先ほど触れましたとおり，宇宙は膨張しつづけています。しかし，地球から宇宙を見るとき，そこで観測できるのは，過去の宇宙の様子です。100 光年先の星の場合であれば，空に映っているのは 100 年前の様子である。そうやって宇宙の過去を遡ると，宇宙はだんだん小さくなり，密度が高くなって，温度が上がります。温度が高いとは，その中を走り回っている粒子が，非常に高いエネルギーで移動している状態を意味しています。

ですから，宇宙を見るとは，もちろんマクロな世界を対象にしていますが，エネルギーの高い世界へ遡った，もっともミクロの世界を知るきっかけを得ることでもある。表で言えば，「一番上と一番下が重なっている」わけですね。

三浦　こうした暗黒物質や暗黒エネルギーも，いずれ超弦理論で説明されるのでしょうか。

大栗　そう期待はしています。

宇宙観測から，暗黒物質の条件がわかってきていますが，超弦理論から予言される粒子は，現在のところ，その性質を満たしています。暗黒物質をつくる未知の素粒子を捕まえようとする実験は，世界の各地で行なわれていて，予言が本当に検証されるかどうか，注目されています。あるいは，宇宙の 68 ％は暗黒エネルギーであると判明しました。これは，宇宙がまっ平らになるためにちょうど必要な量ですが，なぜピッタリそうなっているのかは謎です。これを解く鍵と言われているのが，日本の佐藤勝彦さんらが提唱したインフレーション宇宙論です。

5.「恒星間旅行」から考える

原 最後に，これは皆さん関心をお持ちと思いますが，なぜ地球に似た生命体の存在する星は見つからないのでしょう。

大栗 地球外に生命体がある可能性は高いと思いますが，知的生命体が地球を訪れるのは難しいでしょう。SF の世界でよくある恒星間の旅行は，現実には困難だということが，一つの理由です。もう一つは，太陽が膨張して，50 億年後に地球が滅びるといわれていますが，地球ができ，生命が誕生して，ヒトへと進化するまで，すでに 45 億年ぐらいかかっています。つまり地球の寿命の中間点で，やっと一回，知的生命体ができた。

現在，私たちは，もしかしたら地球を滅ぼしてしまうかもしれない，さまざまな事態を引き起こしています。福島の原子力発電所の事故でもそれは指摘されましたし，化石燃料の消費量によって地球上の気候が変わることもあるかもしれません。そうやって知的生命体が地球の上に失われると，地球の滅亡までに，もう一回それが生まれるチャンスがあるかどうかは，ぎりぎりの線だと思います。

NASA のケプラー衛星によって，すでに何千もの太陽系外惑星が見つかっています。中には，恒星との距離，水，空気，磁場といった条件が整っていて，生命体が存在する星もあるかもしれない。しかし，惑星が滅びる前に，技術を発展させて恒星間旅行ができるようになるケースは，きわめてまれでしょう。

　原　要するに，本当に稀少な現象の中に僕らは生きているのですね。そうした事実をふまえて，世界の見方を，再武装しなければいけないのではないか。僕は，デカルトやニュートンを源とする今日の都市や建築で支配的な「均質空間」に対してきたつもりですが，「空間は幻想である」や「ダークマター」などは，空間像を変革する上で，大いなる希望なのです。

　宇宙の誕生は，さらに昔のことですが，ヒトの文明が始まった 40 万年前から，地球が持続するこれからの 50 億年までを，100 歳を生きる人間の一生にたとえれば，今日のわれわれは，生まれてほんの 2, 3 日経っているに過ぎない。そして，「壁紙」でカバーしたこの 2500 年は，25 分足らずです。ヒトの未来は永く，やがて世界は，さまざまにわかってくるのです。僕は，人間は自然の記録者，記録係だと定義できると思う。諸科学はもとより，文学も建築もそうした役割を担っている。そこで，いま，どのような記録が可能なのか。我々はもうちょっと真面目に生きて (笑)，文化のあり方を考え直さないといけない。

　三浦　大栗さんから初めに，空間そのものが情報であるというお話がありましたが，それは，ある意味で，クーンのパラダイム論のようなものを思い起こさせる視点だと感じました。さらに，情報としての空間が，一つの枠組みになって働くのだと言われたとき，その枠組みを仮にパラダイムに置き換えるならば，パラダイムというのは，我々が普段考えるよりも，もっと複雑なのではないか，そう受け止めています。

　もう一つは，たとえばアインシュタイン理論で，空間とは情

報であるという場合の，その情報について考えていくと，僕がこれまで言語について考えてきたこととすごく重なってくると思いました。

　あるとき，日本文学研究者のドナルド・キーンさんに，キーンさん本人と，その全集，どちらをキーンさんと考えればよいのかとお尋ねしたことがあります。すると，即座にそれは全集，書かれたものが自分であると答えられて，確かにそうだと感じました。たとえば，僕は，ここにおられる大江さん本人ではなく，その作品，小説を通して，大江さんという人に出会っているわけです。このことを突きつめると，生身の人間より，むしろ言葉，言語が先行して存在するという考えにたどり着くのではないか。

　そもそも人が誰かと喋ることができるのは，自分を離れたところから，いわば上から見て，相手の立場にも立つことができるからです。「あなたは」と語りかけられるのは，認識のうえでは，お互いの立場が入れ替え可能だからですね。

　しかし，そうやって相手の立場に立つという行為は，単純化していえば，すでに動物の中にもある。肉食動物が草食動物を追いかけることができるのは，他方で，相手がどんなふうに逃げて行くかを俯瞰できるからです。すると実際には，自然の中には言語的なものさしが初めからビルトインされているのではないか。

　大栗さんの本を読んでいると，その発端の段階で，宇宙そのものがきわめて言語的——少なくとも，言語的なものを内包する形であったのではないかという気がするのです。

6. 科学的とは何か

大栗 言語が人間に先行して存在するかどうかはわかりませんが，言語が認識に重要なのは確かだと思います。私たち理論物理学者は，数学の言葉で世界を見ています。日本語などの自然言語では，日常の経験を超えた科学の最先端を表現しきれない部分があるからです。

私たちが行なっている基礎研究は，数百年の単位では人間の役に立つことがあると期待していますが，直ちに実用にはならない。ある種の文化事業であるとも言えるでしょう。宇宙はどうやって始まって，どう終わるのだろう。私たちはどうしてここにいるのか。そういう好奇心にかられて研究をしているわけです。

そうして得られた知識は，皆さんの文化的な財産にし，共有していかなければいけないと思っています。私の『重力とは何か』や『超弦理論入門』は，最先端の研究者が数学の言葉で見た世界を，日本語に翻訳し，より広い社会の方々に理解していただく試みでした。

大江 大栗さんは，新しく，かつ深いことを，歴史にもそくして語りかけられた。高度なお話ですが，その文章と同じく確実なスタイルで，皆さん熱心に耳を傾けられ，私も熱中して聞きました。

しかし，いま，科学が私たちの未来を決定しているとして，それはどのようにということなのか。将来について科学的に考えるならば，核兵器の爆発か，資源が枯渇するか，あるいは放射能ですっかり汚染されてしまうか，自分たちの子どもがこの国で暮らしつづけることができない時代が来つつある。それは，いま多くの人間の共通の感情としてあると思います。

そういう点で私が思い出すのは，太平洋戦争に負けた時期の

大江健三郎，三浦雅士，原広司との座談会：空間像の変革に向けて　53

ことです。なぜ負けたか。そこで科学は大切だという考えが，一般の市民の中に，東京に始まって，私たち四国の小さな村の新制中学の子どもにまで，ありました。

　その現実的な展開に二つ動機づけがありました。一つは1949年に，湯川秀樹さんがノーベル物理学賞をおとりになった。いまも，この賞を日本の学者がとると社会が興奮しますが，とくにあの時は，私たちの前に新しい光がさしたのです。

　もう一つは，大人たちの自覚からみれば，1945年の終戦まで，科学的なものを信頼しないというより，科学を超えたものにこそ望みを託すという反科学主義が，日本の文化を覆っていたからです。それがなければ，日本はもっと早く戦争をやめたか，そもそも戦争に向かわなかったでしょう。ところが，大きな新聞も含めて，神風が吹くかもしれない，という期待があった。800年前に外国の侵略があったとき大台風が襲って，攻めて来る敵国の軍艦を全部沈めてしまった。あの神風が吹くはずという話が，真面目な大人のものになった。

　結局，戦争の結末に向かって，いかなる神風が吹くこともなく，科学そのものの結実だった原子爆弾，核兵器が落とされた。

　そしていまの窮状において，何かいいことが起こるかもしれないという気分が，しかも科学によってはこの困った状態は乗り越えることはできないからと，不思議なものに望みを託すような気運が，この国の人間に生まれ始めているのではないか。それを私は恐れています。

　しかし，今日の話合いのような場が日本中で多くもたれたら，科学の本当の力を信じる態度が再建されるのではないか。

　それはたとえば，原発にはっきり反対するという運動の中で可能です。原発以外のエネルギーを我々は開発できないのか。それができることは，もうはっきりしている。その方向に行こうじゃないか。それは反科学主義ではなくて，もっと人間的な，

現場での科学の積み重ねの展開を信じようということです。私たちは，あの戦後の窮状で湯川さんがノーベル賞をもらったときの明るい気持をもう一度持ちなおす。科学的な方向性の気力を持つ，それが新しい時代をつくり出すこともあると私は信じたいと考えます。

　私たちは 70 年前，核兵器で攻撃された唯一の国民だったが立ち直った。そして経済的な繁栄もありましたが，それだけではありません。あらためて文化的な実力を日本人が発揮する下地が，70 年の間に築かれてもいるのではないか。その証拠に，たとえばいま新しい科学の状態について大栗さんが話され，その研究に多くの日本人も参加していることを示されるのに，私たちが期待を込めて聞きいる。とても，いい空間が出来上がっていると思いました。

　私は，地方につくられた小さい美術館で，それを実感できた。心強いことだと思います。

　原　今日はありがとうございました。

＊ 本座談会は，2014 年 11 月 15 日，市原湖畔美術館 (千葉県市原市) で行われました。「HIROSHI HARA : WALL PAPERS」展は同館にて開催 (12 月 28 日〔日〕まで)。展覧会の詳細は http://lsm-ichihara.jp をご覧ください。

一般相対論と量子力学の統合に向けて

　2015 年は，アインシュタインが一般相対性理論を発表して 100 年になる記念の年でした。そこで，日本物理学会誌 2 月号に，「一般相対論の成立からその後の 100 年の研究の進展と最新の動向をひとめぐりし，これからの物理学の行く先を眺望する」特集が企画されました。私にも「量子重力，超弦理論，ブラックホールの量子論」について，「一般の物理学会員にとっても読みやすい包括的なレビューを」と依頼され書いたのがこの記事です。　　　　　　　　　　　　　難易度：☆☆

　一般相対論と量子力学の統合は，現代物理学の大きな課題のひとつである。この記事では，これを達成する究極の統一理論の最も有望な候補である超弦理論の現状，特にアインシュタインらの指摘した「量子もつれ」にかかわる最近の話題について解説する。

1. はじめに

　一般相対論は，アルベルト・アインシュタインのおそらく最も著名な業績であろう。今回の特集は彼が 1915 年にベルリンのプロイセン科学アカデミーにおける連続講義で重力場の方程式 (アインシュタイン方程式) を発表してから 100 周年を記念するものである。しかし，20 世紀から現在にいたる物理学において一般相対論と並ぶもう一本の主柱であった量子力学の創設と発展においても，アインシュタインは重要な役割を果たしている。

　そもそも，アインシュタインのノーベル賞受賞理由は 1905

年に発表された光電効果の理論であり，これによりプランク
が5年前に提唱していた光の粒，すなわち光子の概念が確立し
た。また，1909年には，光について，波と粒子の双対性の考
え方を提唱している。

　一般相対論発表の翌年の1916年には，原子のスペクトル線
の説明として，光子の自然放出，誘導放出・吸収のプロセスを
提案し，これらの強度の目安はアインシュタイン係数と呼ばれ
ている。さらに翌年の1917年には，一般相対論の研究で蓄積
した幾何の知識を活用して，ボーア・ゾンマーフェルト量子化
条件を相空間の座標変換で不変な形に表現した。この論文で
は，今日「量子カオス」と呼ばれている現象が予期されてい
る。また，1925年には，サティエンドラ・ボーズから送られ
てきた論文に触発され，ボーズ・アインシュタイン凝縮を予言
した。

　1920年代の半ばに現在の量子力学の枠組みが出来上がり，
コペンハーゲン解釈が主流になってくると，アインシュタイン
はその批判の急先鋒となる。ソルベー会議などで繰り広げられ
たニールス・ボーアとの論争は，量子力学の理解を深めるのに
役立った。アインシュタインは，後年オットー・ハーンに，「私
は，量子の問題については，一般相対論についての100倍考え
てきた」と語っている。

　アインシュタインは，量子力学への疑問を明確に表現するた
めに，1935年にボリス・ポドルスキー，ネーサン・ローゼンと
ともに，「量子力学の物理的実在の記述は完全か？」と題した
論文を発表した。ここで指摘された「量子もつれ」の現象は，
ジョン・スチュワート・ベルによる不等式を使った定式化によ
り検証可能になり，1981年のアラン・アスペらによる2個の
光子を使った実験によって確立した。

　アインシュタインらが指摘した量子もつれの現象は，一般相

一般相対論と量子力学の統合に向けて　57

対論と量子力学を統合する試みの急所を突くものである。一般相対論は，時空間の曲がり方によって重力を説明する理論であり，物理現象が時空間の局所的な性質を積み上げて理解できることを仮定している。これに対し，量子もつれの現象は，遠くに離れた2点の間にも関係を与える。最近の研究により，一般相対論に本質的な時空間の局所性と，量子力学の非局所的なもつれの間の関係が，この2つを統合する上での大きな問題として浮上してきた。この記事では，一般相対論と量子力学を統合する最も有望な理論とされる超弦理論の現状，特に量子もつれにかかわる最近の話題について解説する。

2. 量子重力の困難

　一般相対論と量子力学を組み合わせた量子重力理論の完成は，20世紀からの宿題である。この問題の難しさは，いろいろなレベルで語ることができる。

　正準形式で表現できる古典力学系があると，形式的には量子化の方法をあてはめることができる。古典力学のポアソン括弧に対応する作用素の交換関係を設定し，それを表現するヒルベルト空間を考えるというわけである。アインシュタインの重力理論にも正準形式が使える。しかし，量子化の手続を実行しようとすると，紫外発散の問題に突き当たる。

　電磁場のような「場」の自由度を使う量子論 (場の量子論) の紫外発散は，くりこみの方法で処理される。重力を除く自然界の3つの力 (強い力，電磁気力，弱い力) を記述する「素粒子の標準模型」もくりこみ可能な理論である。坂田昌一，梅沢博臣，亀淵迪の定理によると，くりこみ可能であるためには，相互作用の結合定数の質量次元が0または正でなければならない。しかし，アインシュタインの重力理論では，ニュートン定

数で決まる重力の結合定数が負の質量次元を持つために，くりこみの処方が使えないのである。

これは，単なる技術的な問題ではなく，重力と他の力の本質的な違いを表している。

自然界は，距離のスケール (＝エネルギーのスケール) によっていくつかの階層に分かれており，階層ごとにそれを記述する法則がある。より短いスケール (＝より高いエネルギー) の階層の法則がより基本的であり，長いスケールの法則はそれから数学的に導かれるものとされる。たとえば，陽子や中性子の性質やその間に働く核力は，クォークとその間に働く強い力から導かれる。ある理論が，それよりもより基本的な理論から導かれるときには，前者は後者の「有効理論」であるという。

このような階層構造の存在は，くりこみの処方と密接な関係がある。相対論的な場の量子論の有効理論は，十分に低いエネルギーではくりこみ可能な理論で近似できることが知られているからである。素粒子の標準模型にも適応範囲があり，より高エネルギーの現象，短距離の現象を理解するためには，より基本的な理論が必要になると考えられている。標準模型のくりこみ可能性は，より基本的な理論を知らなくても，この模型に特有なエネルギー領域では十分精度のよい近似計算ができることを保障している。

階層構造は，自然界を距離のスケールによって分けて，各々の階層を独立に考察できることを仮定している。ところが，一般相対論では時間や空間の構造，特に時空間の点の間の距離を決める「計量テンソル」と呼ばれる量が力学的自由度である。重力によって距離の測り方が変わってしまうので，階層構造の概念も曖昧になる。

素粒子物理学では，より短いスケールの現象を探索するために，より高いエネルギーの加速器を使う。現在行われている加

速器実験では，重力の効果はほとんど問題にならない。しかし，エネルギーは質量と同様に重力の源になるので，思考実験として粒子衝突のエネルギーを際限なく上げていくと，あるところで，衝突エネルギーによる重力の効果が無視できなくなる。重力が強くなると，ブラックホールができてしまう。粒子のエネルギーを高くすると，波長が短くなって，解像度が高くなるはずであるが，ブラックホールに覆われて，衝突点の観測ができなくなってしまうのである。

　粒子の波長とブラックホールの大きさがほぼ等しくなるとき，その長さをプランク長，そのときの衝突のエネルギーをプランク・エネルギーと呼ぶ。加速器のエネルギーをプランク・エネルギーよりも高くしても，解像度は改善しない。このような思考実験によって，プランク長よりも短い距離の現象は，原理的にも観測できないと考えられている。観測できないものは存在しないと考えるのが物理学の定石なので，一般相対論と量子力学を統合する理論では，プランク長で階層構造が打ち止めになると予想される。

　くりこみの処方は，現在考えている理論が有効理論であって，より深い階層のより基本的な理論から導き出されることを仮定している。量子重力の現象にくりこみが使えないのは，階層構造がそこで終わってしまうからだ。

　物理学者は，過去何百年にわたって，より基本的な自然法則を探究してきた。この探究は，より短い距離の現象を観測し，階層構造のより深いところを解明するという方向で進んできた。一般相対論と量子力学を統合する理論が完成すれば，我々は階層構造のゴールにたどり着いたことになる。このような理論が「究極の統一理論」と呼ばれる理由はそこにある。

3. 超弦理論

　これまで，階層構造を一歩一歩地道にさかのぼって，より基本的な法則を探究してきたのに，一足飛びに究極の理論に到達しようなどというのは，無謀であると思われるかもしれない。

　今日このような理論の最も有望な候補とされる超弦理論も，そもそもは量子重力理論を目指していたわけではない。南部陽一郎らが，陽子や中性子，中間子などを含むバリオンと呼ばれる粒子の性質を理解するために提案したものであった。しかし，米谷民明やジョン・シュワルツ，ジョエル・シェルクらが1974年に，この理論が重力相互作用を含むことを発見し，思いがけなくも重力を量子化する方法が我々の手に入ったのである。

　マクスウェルの電磁気学やアインシュタインの一般相対論は，我々の4次元の時空間における物理現象を記述するためのものであるが，数学的理論としては何次元でも考えることができる。ところが，超弦理論では，理論の数学的整合性から，時空間が10次元に決まってしまうという特徴がある。「我々の時空間が4次元であるのはなぜか」などという疑問は，以前には科学的考察の対象にはなりえなかったが，超弦理論では，10次元から始めて，なぜ4次元方向だけが巨視的な時空間として現れるのかという問いを設定することができる。実際，超弦理論の方程式には，6次元方向は小さく丸まっており(コンパクト化されており)，4次元方向がミンコフスキー空間として広がっている解が存在する。

　シュワルツらによるその後10年間の研究によって，1984年に，このような4次元解には，クォークやレプトン(電子やニュートリノ)のようなカイラル・フェルミオン，ゲージ対称性に基づく相互作用やその対称性を自発的に破るヒッグス機構など，素粒子の標準模型の基本要素がすべて自然に組み込まれ

一般相対論と量子力学の統合に向けて　61

ていることがわかった。この「第1次超弦理論革命」と呼ばれる発展により，超弦理論は一躍，素粒子論の主流の研究課題となったのである。

　しかし，1980年代には，超弦理論は散乱振幅の摂動展開によってしか定義されていなかった。摂動展開とは，相互作用の大きさの目安である結合定数が小さいと仮定して，物理量を結合定数のべきで漸近展開して計算する方法である。場の量子論の場合には，摂動展開はファインマン図形を使って計算される。しかし，物理現象の中には，このような摂動計算では捕らえられないものもたくさんある。たとえば，クォークの間の強い相互作用による閉じ込めの現象はその典型的な問題である。強い相互作用の場合には，格子ゲージ理論などの方法を使えば，このような非摂動効果も理解できる。しかし，超弦理論においては，80年代にはこれに対応する手法が知られていなかった。この問題は当時,「超弦理論のラグランジアンは何か」という形でしばしば提起された。ラグランジアンがわかれば，超弦理論の非摂動的定義が得られると期待されたのである。

　この状況は，1995年にはじまる「第2次超弦理論革命」によって著しく改善した。それまでは，超弦理論には5種類の異なるバージョンがあると考えられていたが，エドワード・ウィッテンがこれらの間にいわゆる「双対対応」があることを指摘した。それによると，ひとつのバージョンにおいて結合定数が大きい場合には，それと「双対対応」の関係にあるもうひとつのバージョンではしばしば結合定数が小さく，摂動展開による計算が可能になる。これにより，これまで全く闇に閉ざされていた超弦理論の強結合の領域を垣間見ることが可能になったのである。

4. ホログラフィー原理

　量子重力の効果は，重力が強くなったとき，すなわち時空間の曲がり方が大きくなったときに特に顕著に現れると考えられる。たとえば，天体の密度が高くなり，脱出速度が光の速さを超えたときに現れるブラックホールの内部の特異点や初期宇宙の時空間では，量子重力効果が重要になる。

　ウィッテンの「双対対応」を定量的に理解するために，ジョセフ・ポルチンスキーが開発したDブレーンの方法は，ブラックホールの量子力学的性質の理解に大きく貢献した。ブラックホールはアインシュタイン方程式の解であり，一般相対論では時空間が極端に曲がった状態として理解される。これに対し，Dブレーンの方法では，時空間は平坦なままで，その代わりにブラックホールの場所にDブレーンと呼ばれる特別な領域があり，そこに局在したゲージ理論を考える。このゲージ理論には重力の自由度は直接は含まれていないが，このゲージ場の集団運動が，ブラックホールからの重力として発現するというのである。本来，強い重力の効果で生まれると考えられていたブラックホールが，重力と一見関係のない平坦な時空間に定義されたゲージ理論を使って理解できるという主張は，驚きをもって迎えられたが，その後の様々な理論計算によって検証された。

　空間の曲がりとしての重力の効果と，Dブレーンに局在したゲージ理論から生まれる重力の効果との関係を深く考えたファン・マルダセナは，1997年にAdS/CFT対応を提案する。AdSとは「反ド・ジッター (Anti-De Sitter) 時空間」を略したもの。負の宇宙項を持つアインシュタイン方程式の真空解の中で最も対称性の高いもので，ブラックホールに近づく極限で現れる時空間でもある。一方，CFTとは「共形場理論 (Conformal

Field Theory)」の略で，D ブレーンに局在したゲージ理論のことである。AdS/CFT 対応とは，AdS 時空間の中におけるいかなる重力現象も，重力を含まない CFT によって記述できるという主張である。

しかも，この CFT は，D ブレーンに局在していたゲージ理論のことなので，AdS 時空間全体よりも低い次元に定義されている。重力を含まない，しかも次元の低い時空間に定義された CFT を量子化すると，AdS 時空間の重力現象が再現できる。重力どころか，次元すら CFT の量子効果から創発するというのである。

マルダセナの提案したAdS/CFT 対応は，それ以前にヘラールト・トフーフトやレオナルド・サスキントらが主張していた「重力のホログラフィー原理」に，数学的に正確な表現を与えた。これは，時空間のある領域に定義された量子重力理論は，その領域を囲む境界の上に定義された重力を含まない量子理論と等価であるという主張である。AdS/CFT 対応では，この「重力を含まない量子理論」とは何かが正確に指定されているので，量子重力の計算を具体的に実行することが可能になった。

5. ブラックホールの情報問題

AdS/CFT 対応で解決した問題として，スティーブン・ホーキングが 1974 年に指摘したブラックホールの情報問題がある。

アインシュタイン方程式のブラックホール解には，ブラックホールの内部と外部を分ける境界，「事象の地平線」が存在する。事象の地平線の外側から内側に移動することは可能であるが，内側から外側に戻るためには光の速さを超える必要がある。その意味で，事象の地平線は，脱出速度が光の速さになる

場所であるということもできる。

　ブラックホールが大きければ (正確には，その質量がプラン
ク・エネルギーよりも十分に大きければ)，事象の地平線のあ
たりの時空間の曲がり方は弱い。そこで，たとえばロケットに
乗ってブラックホールに自由落下していくとすると，事象の地
平線を越えたときにも，特におかしなことは起きないと考えら
れる。もちろん，いったん事象の地平線の内側に入ると，外側
に戻ることはできず，有限の時間でブラックホールの中心の特
異点に到達してしまう。特異点では時空間の曲率が無限大に発
散するので，ロケットに乗っている人も無限大の潮汐力を受け，
無事ではいられない。

　ホーキングは，この事象の地平線の性質を量子力学的に考え
た。当時は，超弦理論も量子重力理論として確立していなかっ
たが (1974 年といえば，米谷とシュワルツ，シェルクが，超弦
理論が重力を含むことを指摘した年でもあった)，ブラックホー
ルが十分に大きく，事象の地平線あたりの時空間の曲率が弱け
れば，一般相対論を半古典近似で量子化して計算することが
できる。ホーキングは，そのような近似計算に基づいて，光さ
え逃げ出せないはずのブラックホールが，温度を持ち，放射を
放つことを発見した。しかも，放射の温度はブラックホールが
小さくなるほど高くなる。ブラックホールは放射によってエネ
ルギーを失い，ついには蒸発してしまうことになる (正確にい
うと，蒸発する直前には事象の地平線あたりの曲率が強くなっ
て，ホーキングの近似が成り立たなくなるのであるが)。

　量子力学系の時間発展は，ヒルベルト空間上のユニタリー変
換として記述される。そのときに重要なのは，ユニタリー変換
では情報が失われないということだ。ブラックホールも，その
初期条件の情報を担っている。ホーキングは，ブラックホール
が蒸発してしまったときに，その情報も消え去るとすると，量

子力学の時間発展の規則と矛盾すると指摘した。

このブラックホールの情報問題は，AdS/CFT 対応によって解決した。ブラックホールが蒸発していくプロセスも，対応する CFT では，重力を含まない通常の量子論の時間発展として記述できるので，原理的に情報が失われないからである。これにより，ブラックホールからの放射は厳密な熱放射ではなく，ブラックホールの初期条件の情報を運び去ることができることがわかった。

6. 等価原理と量子もつれ

これでブラックホールの情報問題は解決されたと思われたが，2012 年になって，ジョセフ・ポルチンスキーを中心とするグループが，新たな問題を指摘した。放射された光や粒子がブラックホールの情報を担っているということは，放射の状態とブラックホールの内部の状態とが，量子力学的に「強くもつれあっている」ことになる。まさしく，アインシュタインらが 1935 年に指摘した非局所的量子もつれだ。一方，ブラックホールに自由落下していった観測者が，事象の地平線を越えるときに異常を感じないとすると，事象の地平線の内側の状態とすぐ外側の状態の間にも，強い量子もつれがあるはずだ。すなわち，地平線の内側の状態は，(1) 遠くに飛び去った放射と (2) 地平線のすぐ外側の状態の両方がもつれあっていないといけない。しかしポルチンスキーらは，(1) と (2) の両方と地平線の内側の状態が，強い量子もつれを持つと，量子力学の基本原理と矛盾することを示した。

事象の地平線を越えるときに何事も起きないとすると，AdS/CFT 対応によるブラックホールの情報問題の解決と矛盾することになる。一方，事象の地平線で特別なことが起きると

すると，一般相対論の基礎のひとつである「等価原理」と矛盾する。アインシュタインらが1935年に指摘した量子もつれの現象は，量子力学系の時間発展のユニタリー性と一般相対論の等価原理の間に新たな緊張関係を生み出している。この問題は，現在盛んに議論されており，まだ決着の見通しは立っていない。

また，最近の研究によって，量子もつれの現象は，ホログラフィー原理によって時空間が創発する仕組みとも深く関わっていることが明らかになってきた。そこでは，高柳匡と笠真生の提唱した量子もつれのホログラフィックな解釈が重要なヒントになっていると考えられている。アインシュタインは，一般相対論の構築だけでなく，量子力学への貢献においても，現代物理学の最先端の研究に大きな影響を与えているのである。

7. 展望

超弦理論はまだ完成途上の理論であるが，一般相対論と量子力学の統合について，ホログラフィー原理などの重要なヒントを与えてきた。第2節で述べたように，量子重力理論は「究極の統一理論」でもあり，物理学者が何世紀にもわたってさかのぼってきた自然界の階層構造の終着点である。一朝一夕に完成できるプロジェクトでないのは当然であろう。

超弦理論が検証される可能性としては，初期宇宙の観測が注目される。初期宇宙のインフレーション模型は，宇宙の平坦さを説明し，宇宙マイクロ波背景放射のゆらぎを予言するなど，有望な理論である。しかし，宇宙インフレーションを引き起こすインフラトンの変動幅が，プランク・スケールよりも大きくなるなど，量子重力の見地からは必ずしも自然とはいえない仮定が必要になる。これが超弦理論によって説明できるかどうか

を見極めるのは重要な問題である。

　2014 年 3 月には，カリフォルニア工科大学などが運用する BICEP2 望遠鏡が，宇宙マイクロ波の B モード偏光の観測結果を発表した。これが，初期宇宙の量子重力効果を起源とする重力波によるものかどうかについては，まだ決着していないが，近い将来にこのような効果が直接観測される可能性は高い。超弦理論の予言力を高めるためにも，初期宇宙のように時間に強く依存した時空間の性質を解明する理論的技術の開発を進めることが重要になると思う。

重力理論と量子もつれ

　丸善出版の雑誌『パリティ』では，毎年1年間の物理科学分野の発展のまとめとして，「物理科学，この1年」という特集を掲載しています。私には超弦理論の発展についての記事を依頼されました。最近もっとも発展の著しい方向として，量子重力理論と量子情報理論との連携があるので，2015年度のまとめとしては，「量子もつれ」をめぐる話題を中心に置きました。

難易度：☆☆

1. 量子もつれとホーキング放射

　一般相対論と量子力学は，現代物理学の2本の柱である。アインシュタイン (A. Einstein) は，いまからちょうど100年前に一般相対論を発表しているが，量子力学の創設と発展においても大きな役割を果たしている。そもそも，アインシュタインのノーベル賞受賞理由は光電効果の理論であり，これにより光子の概念が確立した。今回の記事でとくに注目したいのは，アインシュタインがポドルスキー (B. Podolsky) やローゼン (N. Rosen) とともに発表した，「量子力学の物理的実在の記述は完全か？」と題した1935年の論文である。この論文では，量子力学の奇妙さを際立たせるために，遠くに離れた2点の間にも相関を与える「量子もつれ」の概念が提唱された。この量子もつれが，一般相対論と量子力学の統合する試みの急所を突くものとして，最近注目されている。

　重力現象における量子もつれの重要性が最初に認識されたのは，1974年のホーキング (S. W. Hawking) によるブラック

ホールからの量子放射の発見であろう。ブラックホールは事象の地平線で囲まれている。地平線の外側と内側の量子状態のもつれが，光すら脱出できないはずのブラックホールに温度をもたせ，放射を引き起こすというのが，ホーキングの発見であった。熱力学では，温度はエントロピーのエネルギーによる微分の逆数なので，温度がわかるとエントロピーが逆算できる。こうした計算から，ブラックホールのエントロピーが，事象の地平線の面積に比例することが導かれた(この公式は，ホーキングの発見以前に，熱力学的な考察からベッケンシュタイン(J. D. Bekenstein)が予想していた)。

2. ホログラフィー原理とはなにか

エントロピーは示量的な物理量であり，考えている系の体積に比例すると期待される。ところが，ホーキングの計算により，ブラックホールのエントロピーは，事象の地平線の内部の体積ではなく，その表面積に比例することがわかった。エントロピーは，自由度の大きさを見積もるものである。それが表面積に比例するということは，ブラックホールの自由度が表面に局在していることを示唆する。これに触発されたトフーフト(G.'t Hooft)とサスキント(L. Susskind)は，一般に，ある領域の重力現象は，その領域を囲む表面に局在した理論で記述することができると予想し，これを「重力のホログラフィー原理」とよんだ。

彼らが提唱したホログラフィー原理は，1997年にマルダセナ(J. M. Maldacena)が定式化したAdS/CFT対応[1]によって，具体的な理論模型として研究することが可能になった。AdSとは「反ド・ジッター(Anti-de Sitter)時空間」を略したもの。負の宇宙項をもつアインシュタイン方程式の真空解の中でもっ

とも対称性の高いものである。一方，CFT とは「共形場理論 (Conformal Field Theory)」の略で，AdS 時空間を囲む表面に局在した理論である。AdS/CFT 対応とは，AdS 時空間の中におけるいかなる重力現象も，その表面にある重力を含まない CFT によって記述できるという主張である。くわしくは，筆者らの総説論文をご覧いただきたい[2]。

AdS/CFT 対応は，超弦理論の整合性の要求から，間接的に導出されたものであり，CFT の自由度から重力の自由度が生まれる微視的なしくみはまだ理解されていない。しかし，この数年の間に，特に量子情報理論の研究者との連携によって，CFT の量子もつれが重要な役割をしていることが明らかになってきた。

3. 量子もつれと時空の構造

量子もつれが時空間の構造に影響をあたえることを最初に指摘したのは，マルダセナが 2001 年に発表した論文[3]である。AdS/CFT 対応を有限温度の状態を考え，温度を上げていくと，AdS 時空間の中にブラックホールが現れる。このようなブラックホールの事象の地平線の内部は，「アインシュタインとローゼンの橋」とよばれるワームホール時空によって，別な AdS 時空間の中のブラックホールとつながっている。2 つのブラックホールは，おのおの独立した CFT で記述されているが，ワームホールでつながっている (図 1)。そして，ワームホールの太さは温度とともに増加する。一方，温度は，2 つのブラックホールの量子もつれの強さとも関係がある。温度をあげると量子もつれが強くなり，温度を下げ 0 度の極限をとると，量子もつれは解けてしまう。つまり，2 つのブラックホールをつなぐワームホールは，量子もつれが強くなるほど太くな

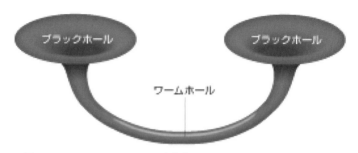

図1 2つのブラックホール時空をつなぐワームホール
有限温度の CFT を考えると，対応する AdS 時空間の中にはブラックホールが現れる。このブラックホールはワームホールによって，別な時空の中のブラックホールとつながっている。2つのブラックホールの量子もつれの強さは，ワームホールの太さとともに増加する。

り，逆に量子もつれが解けると，ワームホールは途切れてしまう。量子もつれの強さによって，時空間の構造が変わるというわけである。

4. エンタングルメント・エントロピー

量子もつれの強さは，エンタングルメント・エントロピーによって測ることができる。笠真生と高柳匡は，2006年に，ホログラフィー原理を使ってエンタングルメント・エントロピーを計算する公式を提案し[4]，これによって AdS/CFT 対応における量子もつれの役割を定量的に理解することが可能になった。たとえば，先ほどのワームホールに笠–高柳の公式を当てはめると，2つのブラックホールの量子もつれの強さがワームホールの太さに比例することが直接計算でわかる。

AdS/CFT 対応における重要な問題の1つは，CFT のどのような量子状態が重力理論を使って幾何学的に記述できるかを判定することである。2011年に，量子情報理論の研究者である

ヘイデン (P. Hayden) らは，ホログラフィー原理で計算できるエンタングルメント・エントロピーを特徴づける不等式を発見した [5]。また，筆者らは 2015 年に，このような不等式を，有限な手続きで分類し，その全貌を理解する方法を開発した [6]。

　逆に，CFT で記述できる重力理論を特徴づけることも重要である。AdS 時空の中の整合性のある量子重力理論は，必ず何らかの CFT と同等であると期待されているので，重力理論が CFT を使って記述できるかどうかが見分けられれば，そのような重力理論が矛盾なく量子化できるかどうかを判定できる。筆者らは，2014 年の末に，これに，量子もつれを使った判定方法があることを発見した [7]。

　ホーキングが 40 年前に指摘したブラックホールの放射の現象についても，量子もつれに関連して，新たな問題が浮上している。ブラックホールに飛び込むという仮想的な実験を考えると，一般相対論の基礎である等価原理が正しければ，事象の地平線を超えるときには何も特別なことは起きないはずである。しかし，事象の地平線の中と外の量子もつれの効果を考え，さらにブラックホールからの放射が量子力学のユニタリー時間発展に従うとすると，等価原理と矛盾が起きることが指摘された [8]。ブラックホールの防火壁問題とよばれるこの問題は，現在さかんに議論されており，まだ決着の見通しは立っていない。

5. 展望

　すべての物質の最小単位が素粒子であるというのは現代物理学の基本的な考え方である。最近の発展により，時空間にも最小単位があり，それは量子もつれであるという予想が定式化されつつある。水や大気の動きを記述する流体力学が分子の運動

重力理論と量子もつれ　73

の集団現象から近似的に現れるように，時空間は量子もつれのネットワークのマクロな近似から現れるのかもしれない。今後，超弦理論を初期宇宙の理解などに応用していくためには，ホログラフィー原理を時間に依存した時空間などに拡張することが重要である。量子もつれを使ったホログラフィー原理の微視的理解が進めば，このような課題に挑戦することもできるようになると期待している。

【参考文献】

[1] J. M. Maldacena: Adv. Theor. Math. Phys. 2, 231; hep-th/9711299 (1998).

[2] O. Aharony et al.: Phys. Rep. 323, 183; hep-th/9905111 (2000).

[3] J. M. Maldacena: JHEP 0304, 021; hep-th/0106112 (2003).

[4] S. Ryu and T. Takayanagi: Phys. Rev. Lett. 96, 181602; hep-th/0603001 (2006).

[5] P. Hayden, M. Headrick and A. Maloney: Phys. Rev. D87, 046003; arXiv:1107. 2940 (2013).

[6] N. Bao et al.: arXiv:1505.07839.

[7] J. Lin et al.: Phys. Rev. Lett. 144, 221601; arXiv:1412.1879 (2015).

[8] A. Almheiri et al.: JHEP 1302, 062; arXiv: 1207.3123 (2013).

誤り訂正符号と **AdS/CFT** の関係

　米国の科学雑誌『Scientific American』の 2017 年 1/2 月号に「量子ビットから生まれる時空」という記事が掲載され，私のインタビューも使われていました。そのためか，この記事の日本語訳が『日経サイエンス』4 月号に掲載されるときに，監修を依頼されました。また，記事の中に登場する「誤り訂正符号」と「AdS/CFT 対応」について，日本の一般読者向けに補足したいという相談を受けたので，書いたのがこの記事です。　　　　　　　　　　　　　　　　難易度：☆☆

　データを処理したり送信したりするときに，雑音などによってデータに誤りが出ることがある。これを検出するため，データをわざと重複させ，一部に誤りができても回復できるようにするという方法がある。たとえば，データが 0 と 1 の列からなっているときに，各々の 0 を 000 と 0 が 3 つ連なった列に，1 を 111 と 1 が 3 つ連なった列に置き換えたとする。0110 なら，000111111000 と，3 倍の長さになる。こうしておくと，雑音のために，どれかの 0 が 1 に，または 1 が 0 に反転してしまっても，多数決で元のデータに戻せる。これが誤り訂正符号の簡単な例である。ただし，いくつかの数字が同時に反転すると訂正ができなくなるので，精度を上げるためには重複度を高くする必要がある。

　量子計算では，量子状態の「重ね合わせ」や「もつれ」を活用して計算の効率化を図るのであるが，これらは外界からの雑音によって容易に失われてしまう。そのため，誤り訂正は，量子情報の分野においてとりわけ重要な問題である。

　さきほどは，0 と 1 の列のコピーを 3 つ作って，多数決で誤

りを訂正する方法を説明した。そこで，量子状態についても，同じ状態のコピーを複数作れば，誤りが訂正できると考えるかもしれない。しかし，これはうまくいかない。量子状態のコピーを作る操作と，量子状態を重ね合わせる操作が，うまくかみ合わないからだ。これは「量子複製の不可能性定理」と呼ばれている。

そこで，量子計算のデータを，量子状態のもつれの情報として保存し，雑音から守る方法が考案された。これが「量子誤り訂正符号」だ。

そのためには，許されるすべての量子状態を使うのではなく，そのなかである特別なタイプのもつれを持つ状態のみを使う。雑音で量子状態が変化してしまうと，もつれ方のタイプが変わる。そこで，もつれ方のタイプを元に戻す操作をすれば，最初の状態が再現され，誤りが訂正できるというわけだ。

さて，今回の特集記事の話題であるAdS/CFT対応では，反ド・ジッター空間 (AdS) と呼ばれる時空間の中の重力理論の状態が，重力を含まない共形場理論 (CFT) の状態に対応する。たとえば，共形場理論の最もエネルギーが低い状態は，AdS空間の重力理論でも真空状態に対応し，共形場理論のエネルギーを少し上げると，AdS空間では数個の粒子が飛び交う状態になる。もっとエネルギーをあげると，対応するAdS空間の中にブラックホールができると考えられている。

重力理論の定義されているAdS空間の次元は，共形場理論の定義されている空間の次元よりも高い。次元が異なる重力理論と共形場理論が対応しているというのは，不思議なことである。低い次元に定義された共形場理論に，どのような仕組みで余分な次元が付け加わって，高い次元の重力理論の構造が現れるのだろうか。今回の特集記事の「量子ビットから生まれる時空」というタイトルは，重力理論のこの余分な次元が，共形場

理論が「量子ビット」，もっと正確には，ここで解説した「量子もつれ」から生まれてくるという最近の知見を反映したものである。

　20年前にAdS/CFT対応が提案された時から，AdS空間の中の重力理論に対応するためには，共形場理論自身やその中の状態は，何か特有な性質を満たす必要があると予想されてきた。最近になって，このような状態は，特別なタイプの量子もつれを持っており，しかもそれは，量子誤り訂正符号に使われる量子もつれと，まったく同じタイプであることがわかってきた。低い次元に定義された共形場理論から，余分な次元が生まれてくる仕組みにも，この特別なタイプの量子もつれが重要な役割を果たしているという証拠が見つかりつつある。AdS/CFT対応に表れる状態の量子もつれを解明することによって，量子重力理論の深い構造が明らかになると期待されている。

エドワード・ウィッテン京都賞受賞記念座談会
超弦理論の **20** 年を振り返る [*1]

エドワード・ウィッテン×戸田幸伸×山崎雅人
×大栗博司 (司会・編集) [*2]

　超弦理論の指導的研究者であるエドワード・ウィッテンさんが 2015 年に京都賞を受賞された機会に行われた座談会の記録です。私が司会をして、カブリ数物連携宇宙研究機構 (Kavli IPMU) の戸田幸伸さんと山崎雅人さんも参加されました。

　ウィッテンさんが来日されるのは 4 回目で、1990 年と 1994 年に来日された際には、雑誌『数学セミナー』誌上で江口徹さんがインタビューをなさいました。2 度目のインタビューの翌年 1995 年に、ウィッテンさんの発見によって「第 2 次超弦理論革命」が起きたので、今回の座談会ではその後の 20 年の発展について語ってもらいました。

　座談会の記録は最初は『Kavli IPMU News』に掲載され、『数学セミナー』にも 2 回に分けて再録されました。また、オリジナルの英語版はアメリカ数学会の会誌に掲載され、また中国語訳が中国と台湾の数学雑誌に掲載されるなど、世界中で評判になりました。

　ウィッテンさんご自身が「これまで参加した中で、もっとも内容のあるインタビューだった」とおっしゃっているだけに、ウィッテンさんのさまざまな経験やご意見をお聞きすることができる貴重な記録になっています。　　　　　　　　　　　　　　　　　　　　　難易度：☆☆

---

　*1　この座談会の全容は『Kavli IPMU News』28 号にも掲載されます。全文をお読みになりたい方は http://www.ipmu.jp/ja/public-communications/ipmu-news をご覧ください。

　*2　エドワード・ウィッテン。1951 年生まれ。専門は理論物理学 (特に超弦理論)。
戸田幸伸 (とだ・ゆきのぶ)。1979 年生まれ。専門は代数幾何学。
山崎雅人 (やまざき・まさひと)。1983 年生まれ。専門は素粒子理論 (特に場の量子論、超弦理論)。

E. ウィッテンさん

大栗 京都賞受賞おめでとうございます。京都賞基礎科学部門では、4年に1回、数理科学の分野に授賞されますが、この分野で物理学者への授賞は今回が初めてでした。数学と物理学の境界におけるあなたの功績が、物理学だけでなく、数学においても最も重要な進歩の1つとして認められたのは素晴らしいと思います。私ども、超弦理論の研究をしているものにとっても、うれしいことです。

ウィッテン この賞をいただいたことを、私は本当に光栄に思っています。受賞スピーチでも申し上げましたが、私だけではなく、この分野もともに表彰されたのだと思います。

1. 過去2回のインタビューを振り返って

大栗 この座談会を通して、次世代の若い学生を刺激し、数学に限らず、科学や工学の分野に興味を持ってもらえればと期待しています。また、超弦理論の現在の状況と将来の展望をするよい機会でもあります。

あなたは，すでに『数学セミナー』誌上で，2回インタビューを受けておられますね。第1回は1990年，第2回は1994年です[*3]。1990年に京都で国際数学者会議が開かれ，フィールズ賞を受賞なさった際には，江口徹さんがインタビューをなさっています。そこでは，チャーン–サイモンズ理論に，スペクトル変数を持たせる拡張に興味があるとおっしゃっていました。これは，可解模型の見地からは自然なことですね。

ウィッテン　はい，イジング模型のような2次元格子模型の厳密解を得るときに使う可積分性と同じような筋の説明を見つけ出したいということでした。私は成功しなかったのですが，ついこの数年の間に，ケヴィン・コステロさんが，私が望んでいたことをなし遂げてくれました。

大栗　座談会が始まる直前にも，コステロさんの仕事についてお話をしていたところでした。この仕事により，あなたが望んでいたことが達成されたとお考えでしょうか。

ウィッテン　はい，可解模型にはいろいろな側面があって，1つの方法ですべてを理解することはできません。しかし，私が探し求めていた説明については，コステロさんが発見したと言えます。コステロさんは，3次元チャーン–サイモンズ理論で3つの実数空間の次元の1つを複素数の座標で置き換えるという，簡単だけれど美しいアイディアを使いました。

大栗　3次元から，4次元に行くわけですね。

ウィッテン　2つの実座標と1つの複素座標zをもつ4次元の世界です。コステロさんは，チャーン–サイモンズ理論を4次元に拡張しました。

─────────

[*3]　「［受賞者インタビュー］ウィッテン」，『［数学セミナー臨時増刊］国際数学者会議　ICM90 京都』1991 年 2 月号臨時増刊，pp.44-47.「［インタビュー］スーパーストリング理論のゆくえ」，『数学セミナー』1994 年 8 月号，pp.60-63.

大栗博司さん(左)

　可積分性に関するヤン–バクスター方程式は2次元の対称性は持っていますが，3次元の対称性はありません。私がスペクトル変数を取り入れられなかった理由は，3次元のトポロジカルな場の理論を用いていたからです。その理論では，結び目が交叉するヤン–バクスター関係式に加えて，生成・消滅を含む関係式が含まれます。そのような関係式は，3次元のトポロジカルな場の理論には当てはまるものの，可積分系には必要ありません。私は3次元の理論を使おうとしていたので，スペクトル・パラメータを入れられなかったのです。コステロさんは1つの実座標を複素座標で置き換えるという非常に簡単なアイディアで，すべてをうまく説明したのです。

　大栗　なるほど。1990年の京都でのインタビューであなたが提起された問題は，24年たってようやく答えられたということですね。

　1994年には，再度日本を訪問され，京都で一般講演をなさっています。

　ウィッテン　あなたが組織された超弦理論国際会議Strings 2003と今回も含め，何度か京都を訪れる機会がありました。

戸田幸伸さん (左),
山崎雅人さん (右)

大栗 今回も含めて4回の来日では,毎回京都に来られているということですね。

ウィッテン ええ,その通りですが,次は沖縄訪問が準備されていると伺っています。

大栗 沖縄科学技術大学院大学で私たちが開催を予定している超弦理論国際会議 Strings 2018 のことをおっしゃっているのですね。2018年には,ぜひまたご来日ください。

1994年には,ちょうどザイバーグ-ウィッテン理論やバッファ-ウィッテン理論を完成させつつある時期に,来日されました。京都大学数理解析研究所で,中島啓さんと議論をしたことを覚えています。中島さんは,ゲージ理論のインスタントン解のモジュライ空間への,アファイン・リー代数の作用に関する最新の成果を説明されていました。

そのときの江口さんによる2度目のインタビューでは,当時のミラー対称性やゲージ理論の双対性の進展について触れられ,超弦理論も含めた双対性の統一的理解への期待をお話しされていました。その期待の一部は,その後20年の間に実現されたといってよいでしょうか。

ウィッテン 間違いなくいくつかは実現されました。1つ

は，2度目のインタビューの後，数年の間に，弦理論の非摂動論的な双対性が明らかになったことです。これは場の理論で起きていたことの一般化になりました。また，4次元とそれより低い次元の多くの双対性が，6次元の共形場理論の存在に由来するという発見は，双対性を理解する上で重要な洞察となりました。

2. 双対性については懐疑的でした

大栗 京都賞の記念講演[*4]で，あなたは，これまでの経歴を振り返られ，1973年に，ゲージ理論の漸近自由性が発見された直後に大学院に入学されたとおっしゃっていました。日本に2度目にいらして，インタビューを受けられたときには，大学院入学からほぼ20年。今年は，それから，またちょうど20年後になります。そこで，あなたの学者としての2度目の20年間を振り返り，その間の最も重要な進歩のいくつかについて伺いたいと思います。

すでに，1994年以来の発展について話し始めたところでしたので，そこから始めて，過去20年間のハイライトは何だったのでしょうか。

ウィッテン ハイライトの1つは，間違いなく弦理論の双対性の理解だったといえるでしょう。その結果，私たちは弦理論とは何かということについて，はるかに広い展望を得ました。1994年の段階では，超弦理論の2次元の世界面の上でのミラー対称性がすでに知られており，また，4次元のゲージ理論の双対性についても研究が始まっていました。しかし，弦理論で，同様のことがあるかもしれないというのは，単なる臆測

---

*4 2014年11月11日に行われた京都賞記念講演会で，ウィッテンさんは「物理と数学を巡る冒険」というタイトルで講演された。

でした。

弦理論の双対性については，1990 年代初期に新しい手がかりが発見され始めました。中でも私が最も影響を受けたのは，ジョン・シュワルツさんとアショク・センさんの仕事でした。彼らは，ヘテロティック弦理論の低エネルギー有効理論が，弦理論の弱結合と強結合を入れ替える双対性と矛盾しないことを示しました。それは決定的な証拠とはいえませんでしたが，示唆に富んでいました。

2 次元世界面の上にはミラー対称性がありますが，2 次元より上の次元にも双対性が存在するのか，当時の私にはまだはっきりしませんでした。その最初の証拠は，アショク・センさんの 4 次元 $N = 4$ 超対称ヤン－ミルズ理論における 2 個のモノポールの束縛状態に関する，短いけれども素晴らしい論文でした。それは私にとって，クラウス・モントネンさんとデビッド・オリーブさんの双対性予想に対する，本質的に新しい証拠でした。双対性は正しいに違いない，また，双対性をもっとよく理解することが可能であると，私に確信させたのです。

大栗　センさんの論文は 4 次元の双対性の強い証拠を与えましたが，私たちを確信させたのは，あなたとカムラン・バッファさんの論文だったと思います。

ウィッテン　ありがとうございます。センさんの論文を読むまでは，先ほどお話したセンさんとシュワルツさんの仕事すら，モントネンさんとオリーブさんが 20 年前に理解した枠組みの中に留まっていると感じていました。しかし，センさんは簡単でエレガントな計算を行い，双対性が予言する 2 個のモノポールの束縛状態を見つけました。私はそれに触発され，もっと先に行けると信じるようになったのです。

そこで，バッファさんと私は，もっと証拠を見つけようとして，インスタントンのモジュライ空間のオイラー指標を調べ始

めました。超対称ヤン–ミルズ理論の双対性が，オイラー指標の生成関数の「モジュラー性」を意味することは，すぐにわかりました。私たちにとって幸運だったのは，あなたが触れた中島さんの仕事も含め，数学者がさまざまな場合にこれらの量を計算していたか，あるいは密接に関わりのある結果を得ていたことです。私たちは，予想したモジュラー性がすべての場合に成り立つことを見出しました。

また，この時期にネーサン・ザイバーグさんが，超対称ゲージ理論のダイナミックスを解析する手段として，「正則性」を使っていました。彼と私は，センさんの論文に触発されて，双対性が重要になるのではないかと考えました。それがザイバーグ–ウィッテン理論となった私たちの仕事への手がかりの1つになりました。

大栗　山崎さんや戸田さんのように若い人には信じられないかもしれませんが，1994年以前には，少なくとも私にとっては，ゲージ理論の双対性はとても信じられない話でした。美しい夢のようなもので，あったらいいけれど，とても現実に起きるとは考えられない。先ほども申しましたように，センさんの論文は最初の証拠を与えましたが，あなたとバッファさんの仕事が決定的だったと思います。それ以後は，誰もが信じるようになりました。

山崎　それは驚きました。モントネンさんとオリーブさんの論文は，かなり昔のものですよね。皆は彼らのアイディアを信じていなかったのでしょうか？

ウィッテン　今から考えると笑い話のようですが，私がモントネンさんとオリーブさんの論文に出会った頃のことをお話ししましょう。まず1977年の末にオックスフォード大学を訪れるまでは，私はこの論文のことは知りませんでした。マイケル・アティヤーさんがこの論文を見せてくれて，それについて

エドワード・ウィッテン京都賞受賞記念座談会：超弦理論の20年を振り返る　85

オリーブさんと議論するため，ロンドンに行くように言いました。そこで私は論文を読み，オリーブさんと連絡を取って彼を訪ねる手配をしました。しかし，ロンドンに着いたときには私はかなり懐疑的になっていました。

彼らはその論文でゲージ場とスカラー場の理論を考えました。そして，スカラー場に対するポテンシャル・エネルギーが恒等的にゼロだと仮定すると，質量公式が電荷と磁荷の入れ替えで不変なことを見出しました。そこで，電場と磁場を入れ替える双対性を提案したのです。

しかし，私は，スカラー粒子のポテンシャル・エネルギーがゼロという仮定は，量子力学的に意味がないと思いました。もしゼロにできるのなら，素粒子物理でゲージ階層性問題は起きないはずだからです。ですからオリーブさんに会うためにロンドンに到着したときには，私はすっかり懐疑的だったのです。しかし，せっかく彼に会いに来たのですから，彼のアイディアがナンセンスだと言うだけではつまらない。そこで，何か意味のあることをしようと，超対称性の観点から議論しました。超対称性があればスカラー粒子のポテンシャルが，量子力学的にもゼロになり得るからです。その日のうちに私たちは $N = 2$ 超対称性の場合に彼らの公式が成り立つことを見出し，論文にしました。それは論文としては十分なものでしたが，私はその論文から間違った教訓を引き出してしまいました。それは，双対性を仮定しなくても，彼らの公式は説明できるという結論です。

大栗 私も学生の頃に，あなたとオリーブさんの論文を読んでそう思いました。ゲージ理論の双対性という不思議な現象の証拠ではなく，単に超対称性で説明できてしまうことなのだと。

ウィッテン それ以降長い間，4次元における双対性にはた

いした証拠はないと思っていました。そういうわけで，山崎さんの質問に戻ると，その間私は双対性について懐疑的でした。しかし，私は実際には2つのレベル——第1はそれが本当かどうかについて，第2は仮にそれが本当だったとしても実際にそれについて何か言えるかどうか——で懐疑的だったのです。

ところが，1990年代初期になると，新たな手掛かりが浮かび上がってきました。それは，弦理論のソリトンの論文や，すでにお話ししたセンさんとシュワルツさんの仕事でした。バークレーでの超弦理論国際会議Strings'93のことでしたが，シュワルツさんがとても興奮していました。彼があんなに興奮したのを見たのは，1984年の1月以来でした。

1984年1月に，彼は私にマイケル・グリーンさんとの最近の仕事について話し，「我々は近づいている」と言いました。それは，彼らが (第1次超弦理論革命の発端になった) アノマリー解消機構を発見する数か月前のことだったのです。そんなわけで，シュワルツさんがバークレーの会議でとても興奮していたとき，私は彼の言うことなら真剣に取らないといけないと思いました。彼があまりにも熱心なので私の懐疑主義もゆらぎ，私は弦理論のソリトンに関する論文を綿密に調べるようになりました。

もう1つの歴史的背景も説明しておかなければなりません。1980年代半ばにスーパー・メンブレーン (超膜) を研究していたマイク・ダフさんやポール・タウンゼントさんらは，超膜の理論が弦の理論に似ていると主張していました。しかし，私には納得がいきませんでした。1つには，3次元多様体はオイラー指標をもたないので，弦理論のように摂動展開 (位相展開) ができません。さらに，3次元では膜の理論に意味をもたせるために必要な共形不変性がありません。しかも，一般相対論と同じく，膜の理論はくりこみ不可能です。しかし，1990年の初

めになると，この分野を研究する人たちは，膜を基本的な対象と考えようとする代わりに，膜やさまざまなブレーンは，弦理論の中の非摂動論的な対象 (ソリトン) と考えるようになりました。このアイディアは筋が通っています。それで何ができるか，私はまだ幾分懐疑的でしたが，シュワルツさんの影響で，以前より注意をはらっていました。そこで，2つのモノポールの束縛状態に関するセンさんの論文が現れたとき，完全に自分の見方を変える用意ができていたのです。

センさんの論文は強結合に関して，何か新しいことができることを示しており，もしセンさんと同じようなひらめきがあれば，(モントネン-オリーブの論文が出版された)10年か15年前に書かれていても不思議ではありません。ですから，彼の論文を見て，私は何を見逃していたのかがわかり，はっきり私の研究の方向を変えました。それは，あなたが指摘してくださったバッファさんとの共著論文に導き，1994年の私とザイバーグさんの研究を正しい方向に導いてくれました。

大栗　これは素晴らしい話です。まさしくポアンカレが言ったように，幸運は準備された心にだけやってくるということですね。さらに，これから弦理論の双対性に進まれたわけですね。

3. 超弦理論の双対性革命を起こす

ウィッテン　1994年の終わりまでには，2次元と4次元の場の理論の両方で，非摂動論的な双対性の理解が進んでいました。例えば2次元の場合，カラビ-ヤウ多様体を標的空間とするシグマ模型を調べると，量子効果がカラビ-ヤウ多様体の幾何学を大きく変化させます。シグマ模型のさまざまな幾何学的および非幾何学的記述の間には，相転移がくもの巣のように張

り巡らされていて，その各々の相が異なる古典的極限を持ちます。モントネン-オリーブの双対性予想は，4 次元の $N = 4$ 超対称ヤン-ミルズ理論で同じようなことが起きていることを示しています。さらに，ザイバーグさんと私は，1994 年に $N = 2$ 超対称性の場合にも，類似のものを見出しました。

同じようなことが弦理論でも起きるかもしれないという夢は，たしかにありました。1995 年の春にクリス・ハルさんとポール・タウンゼントさんが，IIA 型超弦理論は 11 次元の M 理論と同じであることを示そうとした重要な論文を書きました。しかし，彼らの提案には，IIA 型超弦理論では 11 次元が見えていないという問題点がありました。この問題には非常に簡単な答えがあることが分かりました。IIA 型超弦理論の観点からは，11 次元が見えるのは強結合領域で，弱結合では 11 番目の次元は見えないのです。

同じことが他の場合にも成り立つことがすぐに明らかになりました。例えば，I 型超弦理論と $SO(32)$ ヘテロティック・ストリングの双対性です。この 2 つの理論は，同じ低エネルギー近似を持っていますが，その近似を超えたところではまったく違って見えます。この問題の解決は単純で，一方の理論の弱結合が他方の強結合になっているということでした。

いったんこのように考え始めると，すべてがうまくいくことが分かりました。そして，弦理論とは何かについて，より統一的な描像に導いてくれました。そして，これまでの問題設定が間違っていたことを教えてくれました。

私は 1980 年代には，弦理論は，重力のアインシュタイン-ヒルベルト・ラグランジアンを一般化するラグランジアンに基づくべきであると本当に信じていました。そのラグランジアンは，一般座標普遍性を拡張する対称性を持つはずでした。つまり，新しい幾何学があって，それに基づいて弦理論の対称性が，

古典論のレベルで明白になるような理論です。そして，このような古典論を量子化することで，弦理論が完成すると思っていたのです。

しかし，1990年代初期になると，このような考え方はうまく行かないというヒントが浮かび上がってきました。たとえば，カラビ–ヤウ多様体のモジュライ空間にはいろいろな特異点があります。私自身の仕事でも，このような特異点の存在が重要になることがありました。

大栗　線形シグマ模型に関する仕事のことですね。

ウィッテン　そうです。それから私のオービフォールドに関する仕事もそうです。私は古典的な幾何学が特異点をもつが，対応する量子シグマ模型では特異点が解消している場合を調べていました。しかし，カラビ–ヤウ多様体のモジュライ空間には，古典幾何学の特異点で，対応する量子シグマ模型でも特異点を持つものがあります。

そういう特異点は，弦理論の古典極限にすら存在します。もし古典論を量子化して弦理論が構成されるのなら，古典論の段階で特異性があるのは困ったことでした。しかし，私自身は，その問題を突き詰めて考えませんでした。そういう特異点が，非摂動論的な量子効果を反映しているのだと説明したのは，アンドリュー・ストロミンジャーさんでした。電荷をもつブラックホールが質量ゼロになるのです。古典的極限のはずなのに非摂動論的量子効果があるので，古典論の量子化では弦理論を正しく取り扱えないことになります。

大栗　場の理論には類似の結果はない。本質的に弦理論的現象だということでしょうか。

ウィッテン　そう考えます。

大栗　これは，弦理論にはラグランジアンによる記述はありえないという証拠だとお考えになりましたか。

ウィッテン　それは古典論の量子化という立場では弦理論の真価を十分に発揮できないことの証拠と言えるでしょう。

大栗　古典論は量子論の近似的な記述としてはあるかもしれませんが，古典論からはじめて量子化の手続を当てはめることはできないと…。

ウィッテン　古典論を量子化するというアプローチでは，弦理論を十分に理解することはできません。ある意味，弦理論は本質的に量子力学的理論なのです。場の理論でも，モントネン‐オリーブの双対性は同じ理論が異なる古典的極限をもつことを意味し，どれか1つの古典的極限を区別することはできません。

大栗　しかし，その場合には，ラグランジアンによる記述はありますね。

ウィッテン　ええ，モントネン‐オリーブの場合，古典的ラグランジアンはあります。弦理論では，古典的極限と呼びたい場合でさえ古典的な観点からはあまり意味のない現象があるため，事情はさらに複雑です。

　ストロミンジャーさんの仕事は，私が見逃していたものを照らし出しました。1995年の超弦理論国際会議Strings'95での，弦理論における非摂動論的双対性に関する私の講演と，その論文「弦理論の多様な次元におけるダイナミックス」には，1つ細部で辻褄の合わないところがありました。私は，K3多様体上でのIIA型超弦理論は，4次元トーラス上のヘテロティック・ストリングと双対であると考えました。この双対性から，K3曲面にADE特異点が現れると，IIA型超弦理論のゲージ対称性が大きくなるはずだという予想が導かれました。ADE特異点は単にオービフォールドの特異点であって，弦理論では解消されているので，非摂動論的ゲージ対称性を生成せず，矛盾しているように思われました。しかし，私は単純な間違いをして

いたのです。

これは，1995 年の夏に，ポール・アスピンウォールさんが書いた論文で訂正されました。弦理論では，幾何学的なモジュライのほかに，B-場のモジュライも存在します。オービフォールドさんは，B-場のモジュライがゼロにならないので，特異性が解消します。しかし，B-場のモジュライがゼロになる場合には，ストロミンジャーさんがカラビ-ヤウ特異点に関する論文で示したものと同様に，古典的記述が破綻します。その結果，ゲージ対称性が強くなりますが，IIA 型の超弦理論の観点から見れば，それは非摂動論的な起源をもつものです。

大栗　この発見は，ゲージ理論の非可換・非摂動論的ダイナミックスが弦理論の極限から現れるという，ゲージ理論と弦理論の深い関係のはじまりだったように思います。

ウィッテン　その通りです。もう 1 つ，ゲージ理論の非摂動論的双対性に対して弦理論がもつ意味を示すのに役立った，重要であるのにきわめて簡単な論文が，1996 年にグリーンさんによって書かれました。

この時点までにジョセフ・ポルチンスキーさんが共同研究者と共に，n 個の平行なブレーンが $U(n)$ ゲージ対称性をもつことを示していました。私は 1995 年の年末に，なぜそれが役に立つかを示す論文を書いていました。

ゲージ群 $U(n)$ の 4 次元 $N = 4$ 超対称ヤン-ミルズ理論は，IIB 型超弦理論における n 個の平行な D3-ブレーンから生じる。そして，IIB 型超弦理論には，非摂動論的な双対性 (S-双対性) がある。グリーンさんは，これら 2 つの事実を組み合わせて，$N = 4$ 超対称ヤン-ミルズ理論のモントネン-オリーブ双対性を導いたのです。モントネン-オリーブ双対性は，IIB 型超弦理論の双対性を受け継いだものだったのです。それは，ゲージ理論の双対性を，弦理論の双対性から導出した最初の重

要な例でした。

　こういったことすべてが起きる前，1993 年の段階で，ダフさんとラムジー・クーリさんは，ゲージ理論の双対性が弦理論を起源とすることを予想する論文を書いていました。彼らは，6 次元に自己双対な弦理論があって，これを 2 つの異なる見方をすると，4 次元のゲージ理論の双対性が説明できることを示しました。それは実は素晴らしいアイディアでした。唯一の問題は，うまい例がなかったことです。

　1995 年の中頃，私は，もし K3 と T4 上のヘテロティック/II型双対性をとり，別の 2 次元トーラス上でコンパクト化すれば，ダフさんとクーリさんが予想したものに似たような例が得られるだろうと気がつきました。彼らは弦理論の自己双対性を念頭においていましたが，私が考えた例は 2 つの異なる弦理論の間の双対性でした。こうして，すべての場合に，弦理論の双対性からモントネン–オリーブの双対性を導くことができるようになりました。

　こうして話をしていると当時の論文が次々に思い出されます。正直なところ，ほとんどの論文は簡単に書けました。素晴らしい発見がそこらじゅうに転がっていたのです。私の研究生活の間に，もう一度そういう時期があるといいのですが。

4. 何かを知ることと，なぜかを知ること

戸田　私は代数幾何学者で，もともとは代数幾何学の古典的な問題に関心がありましたが，あなたの仕事に触発されて代数幾何学と超弦理論の関係に興味を持つようになりました。双対性とモジュラー形式が話題に挙がりましたが，これは数学的視点からはとても驚くべきことだと思います。なぜモジュラー形式が出現するのか，とても不思議です。数学的視点から，こ

の点についてどのようにお考えでしょうか。

ウィッテン　バッファさんと私は，オイラー指標のある種の生成関数のモジュラー性が，モントネン–オリーブ双対性から導かれることを示しました。これは，リーマン予想から数論のある種の命題が導かれることと似ています。その場合，それは命題の証明にはなりませんが，その命題をより大きな枠組みに持ち込むことになります。モントネン–オリーブの双対性は，このような大きな枠組を用意してくれました。その後，6次元の理論の存在からモントネン–オリーブの双対性が従うという，さらに大きな枠組みが出現しました。モントネン–オリーブの双対性を得る最も完全な枠組みは，その6次元の理論との関係であると思います。

大栗　戸田さんは，数学的説明を求めていらっしゃるのですね。当時，数学的説明のヒントとしては，インスタントン解のモジュライ空間の対称性に関する，中島さんの仕事が知られていました。数学的観点からは，バッファ–ウィッテン理論が計算しているのは，インスタントン解のモジュライ空間のオイラー指標の生成関数でした。

ウィッテン　中島さんの発見したアフィン・リー代数は一種の証明ですが，実際は驚くべき発見でした。しかし，まだ1つ不思議なのは，アフィン・リー代数の対称性がどこから来るのかということです。

戸田　たしかに，オイラー指標の計算の後にモジュラー形式になることは確認できますが，なぜそれがモジュラー形式となるのか，最も単純な例でさえ概念的な説明ができません。

ウィッテン　まったく同意見です。実は，私は京都賞の記念講演であなたが言われていることと同じようなことを述べようとしました。何が真実か知ることと，なぜそれが真実かを知ることには違いがあります。この場合，数学的証明があるの

に，それでもあなたは「なぜか」と質問されました。物理学者はその答えを知りません。私たちができることは，より大きな予想を提供することです。

大栗 物理学者の見地からは，双対性が，6次元の対称性として幾何学化されたといえるでしょう。

ウィッテン 実は，私たちは6次元の理論をどのように構成するべきか，あるいはどのように微視的に理解するべきかを分かっていません。しかし，その振る舞いについては非常に多くのことを知っています。

6次元の理論の振る舞いに関する深遠な発見の1つは，1977年のフアン・マルダセナさんによるものです。彼は，Nが大きいときには，この理論が超重力理論で解けることを示しました。残念ながら，6次元の理論が超重力理論により解ける領域は，あなたの質問を理解するために必要な領域とは，同一ではありません。

大栗 ラージNの極限は，双対性の下で不変ではないということですね。

ウィッテン ええ，ですから，マルダセナさんのラージNに対する理論の解は，モントネン-オリーブの双対性を理解する直接の助けにはなりません。しかし，マルダセナ解の存在と成功は，6次元の理論が存在し，その理論に関する標準的な主張はすべて真であるという物理学者の自信を深めました。これは，リーマン予想の何か新しい結果が真であるという発見に似ています。それはリーマン予想により大きな信頼を与えますが，しかし，リーマン予想を理解したことにはなりません。

エドワード・ウィッテン京都賞受賞記念座談会：超弦理論の20年を振り返る　95

5. 数学者から見た物理学

大栗 戸田さんは，現在の物理学の研究の状況をどのように ご覧になりますか。昨日のワークショップ[*5]では，中島さん はウィッテンさんのケンブリッジ大学での講演を理解するのに 18 年かかったと語っていました。また，深谷賢治さん[*6]は，物 理学者の書く方程式は，右辺も左辺も何のことか分からないこ とがあると言っていました。あなたは，Kavli IPMU に何年か いらして，物理学者と交流されてこられたので，この点につい てもお考えをお持ちだと思いますが…。

戸田 私は弦理論について何も理解していませんが，とき どき弦理論の論文や計算を眺めることはあります。そしてそれ らに含まれる物理用語を数学用語に置き換えて考えます。例え ば，D ブレーンを層に，BPS 状態を安定対象に置き換える等 です。これらの物理的背景は理解していませんが，こうするこ とで物理の側から多くを学ぶことができ，また数学者が解くべ き問題を見つけることができると思います。これらが代数幾何 学の古典的問題と関連することを発見したこともありました。

大栗 弦理論のセミナーにも出席されていますが，物理学 者と交流することで得ることはありますか。

戸田 弦理論の研究者にはさまざまなタイプが存在すると 思います。中にはドナルドソン–トーマス不変量や連接層の導 来圏といった，私の研究に近いことを物理的側面から研究して いる人もいます。そのような人のセミナーからは何かしら得る

[*5] 2014 年 11 月 12 日開催の京都賞記念ワークショップ「超弦理論の拓 く 21 世紀の数理科学」のこと。そこで中島さんは「(4 次元，改め)3 次元 ゲージ理論と表現論」というタイトルで講演された。

[*6] 上記ワークショップで「余接続上の開弦理論はチャーン–サイモンズ 摂動論なのか」というタイトルで講演された。

ことはありますが，これはほとんど数学のセミナーと言ってよいものだと思います。

大栗 「物理学者は，数学的予想の生成関数だ」という数学者もいます(笑)。しかし，数学者にとって有用な物理学者とそうでない物理学者もいるでしょう。たとえば，中島さんは，ウィッテンさんの講演から得ることが多いが，それは，研究の動機やアイディアがどこから来ているのかはわからなくても，ウィッテンさんの主張の一部には，数学的に厳密な意味をつけることができるからだと言っています。

山崎 でも，しばしば数学者は背後の論理を知りたがるのではないでしょうか。私が数学的に意味のある主張をすると，数学者はそれを証明しようとすることができます。でも彼らはもちろん何が起こっているのか知りたいのではないでしょうか。

ウィッテン 与えられた場合について，もっと簡単な答えがないとは保証できません。しかし，私たちが議論している問題の多くについては，最善の道具立ては場の量子論の中にあると思います。

6. 量子エンタングルメント

大栗　まだ，1990 年代の出来事について話をしていますが，そろそろ新しい世紀に入りましょう。過去 14 年間のハイライトは何だとお考えになりますか。

ウィッテン　マルダセナさんによって導入されたゲージ／重力双対性 (ホログラフィー原理) は深遠で，そこには新たに深い側面が発見されつつあります。重要な例としては，「量子エンタングルメント (もつれ)」のエントロピーにホログラフィックな記述を与えた笠真生さんと高柳匡さんの仕事です。彼らはブラックホールのベッケンシュタイン‐ホーキング・エントロピーの，実に興味深い一般化を発見しました。この進展はとても興味深いもので，量子重力についての手がかりを含んでいるように思います。私が注目するものの 1 つです。

オラシオ・カシーニさんの論文も重要だと思います。ブラックホールはエントロピーを持っています。物体がブラックホールに落ち込むと，その物体のエントロピーは，ブラックホールの中に消えてしまいます。このときブラックホールの質量が増えるので，エントロピーも増えます。熱力学の第 2 法則は，この過程で全エントロピーが増えるべきと主張します。ですから，落下した物体が以前にもっていたエントロピーは，ブラックホールのエントロピーの増大分より小さい。つまり物体のエントロピーには上限があることになります。20 年ほど前，ヤコブ・ベッケンシュタインさんはこのような上限を提案し，ベッケンシュタイン限界と呼ばれました。しかし，長い間，この主張の正確な定式化はできませんでした。

深谷賢治さんが，昨日のワークショップ*7 で，物理と数学の

---

　*7　2014 年 11 月 12 日開催の京都賞記念ワークショップ「超弦理論の拓く 21 世紀の数理科学」のこと。深谷さんは「余接続上の開弦理論はチャー

関係について，「物理学者の主張に用いられる用語を正確に定式化することは難しいかもしれない」と話をされたことを思い出します。ベッケンシュタイン限界は，そこで使われる概念が明確な意味をもつ状況では，正しいことは自明で，面白い条件ではありません。例えば，箱の中で飛び回る多数の粒子からなるガスを考えましょう。ここで，系の大きさとエネルギーとエントロピーはすべて明確な意味をもっています。しかし，この場合には，ベッケンシュタイン限界がかなりの余裕をもって満足されるため，正しいけれどあたりまえです。一方，ベッケンシュタインの上限がぎりぎりに成り立つ状況を考えると，エントロピーに意味を持たせることが困難になります。この問題については，長い間，おそらく何百という論文が書かれてきましたが，はっきりしたことはわかりませんでした。カシーニさんは，正しい概念はエンタングルメント・エントロピーであり，それは常に自然な方法で定義でき，普遍的なベッケンシュタイン限界が現れることを示したのです。

大栗　カシーニさんの論文は，たとえば，「種の問題」に解答を与えました。この問題は，私自身が長い間不思議に思っていたのですが，彼の論文は，これが問題ではないということを明確に示しました。

ウィッテン　「種の問題」は，ベッケンシュタイン限界の反例と考えられたものの1つでした。私も含む多くの人々は，それはすべての場の量子論に関する主張ではなく，場の量子論が重力と矛盾なく統合できるための条件だと考えました。しかし，カシーニさんは，ベッケンシュタイン限界が，すべての場の量子論について成り立つ一般的な主張であることを示し，私たちの考えが間違っていたことを明らかにしました。それはき

ン-サイモンズ摂動論なのか」というタイトルで講演された。

わめて明快であり，エンタングルメント・エントロピーに関する他の研究と同じように，今後の発展に重要な手がかりになるかもしれません。

大栗　量子重力と量子情報理論の交流は，ますます刺激的になっていますね。量子エンタングルメントは，時空間がどのようにより基本的な概念から立ち現れるのかを理解するのに重要なヒントを与えるように思います。

ウィッテン　そう期待します。私自身は，最近はやや主流から外れた問題に次々に取り組んでいます。また，昔よりも，1つの問題に時間をかけるようになりました。その例として，「コバノフ・ホモロジー」，「幾何学的ラングランズ・プログラム」，「超リーマン面」があります。摂動的超弦理論を理解する最もよい方法は，超リーマン面を用いることです。超リーマン面は，普通のリーマン面を，反交換関係をもつ変数を含むように一般化したものです。

大栗　このフェルミオン的な次元から，本質的に新しい数学が生まれるとお考えでしょうか。

ウィッテン　超リーマン面の代数幾何学はとても面白いと確信していますが，残念ながら1980年代に理解されたことの多くが未出版のノートや手紙の形のままになっています。

7.　コバノフ・ホモロジー

山崎　昨日あなたの講演[8]では，コバノフ・ホモロジーが $N = 4$ 超対称ヤン-ミルズ理論を，普段考えない積分サイクルの上で積分したものとして書かれるということを説明されていましたね。その中で1つ印象的だったのは，そこで重要なイ

---

[8]　ウィッテンさんは「結び目と量子物理学」というタイトルで講演された。

ンプットとなったのが,それ以前にお書きになっていたカプスティン-ウィッテン方程式を定式化したアントン・カプスティンさんとの論文や,ダヴィデ・ガイオットさんとの $N=4$ 理論の境界条件についての論文だったことです。これらの論文を書いたとき,すでにコバノフ・ホモロジーへの応用は念頭にあったのでしょうか?

ウィッテン その答えは「no」です。私は,コバノフ・ホモロジーを理解していないことを,不満に思っていました。コバノフ・ホモロジーは,ジョーンズ多項式を理解するためのよい出発点となるはずであると感じていたのに,どうやって進めばよいのかまったく分からなかったからです(数学的観点からは,コバノフ・ホモロジーは結び目のジョーンズ多項式の「カテゴリー化」である)。しかし,幾何学的ラングランズ対応に関係があるとは知りませんでした。

すでに 2004 年に,セルゲイ・グーコフさん,アルバート・シュワルツさんとバッファさんが,大栗さんとバッファさんの仕事を利用して,コバノフ・ホモロジーの物理的解釈を与えていました。しかし,私はその解釈ではまだ間接的で,謎が残されていると思っていました。

そして，コバノフ・ホモロジーは，幾何学的ラングランズと同じ道具立てで理解できるだろうと気がつきました。そこには2つの手がかりがありました。1つはデニス・ゲイツゴリさんの「量子幾何学的ラングランズ対応」についての仕事で，そこに現れる q パラメータが，量子群およびジョーンズ多項式の q パラメータと関係があるという発見です。もう1つは，サビン・コーティスさんとジョエル・カムニツァーさんが，コバノフ・ホモロジーを反復ヘッケ変換の空間を用いて構成したことです。これらの手がかりをどうしたらよいかは，すぐにはわかりませんでしたが，戦闘開始の旗が掲げられているようなものでした。

ヘッケ変換は，幾何学的ラングランズ対応の最も重要な要素の1つです。しかし，その物理的な意義がわからず，幾何学的ラングランズ対応をゲージ理論の観点から解釈する上での，主要な障害となっていました。しかし，シアトルから帰宅途中の飛行機の中で，幾何学的ラングランズ対応のヘッケ変換は，ゲージ理論のトフーフト作用素の効果であるという考えが閃きました。トフーフト作用素は，1970年代末に量子ゲージ理論を理解するための手段として導入されたもので，その双対性の下での性質については，私はよく知っていました。ですから，ひとたびヘッケ変換をトフーフト作用素の観点から解釈し直すことができると，多くのことが明確になりました。

コーティスさんとカムニツァーさんは，反復ヘッケ変換の空間の B–模型の立場でコバノフ・ホモロジーを解釈しました。また，カムニツァーさんは別の論文で，同じ空間の A–模型によるもう1つの記述があるだろうと予想しましたが，適切な A–模型を見つけることは，技術的に困難でした。私は，A–模型を理解すれば，3次元や4次元の対称性が明確になると考え，これに成功しました。最も難しかったところは，ゲージ場

が「ナーム極境界条件」に従わなければならないということでした (ナーム極境界条件に導く基本的な考えは，30年以上前にウェルナー・ナームさんが磁気単極子に関する研究で導入した)。幸運にも，私はナーム極境界条件の双対性における役割について，数年前にガイオットさんと共同研究をしていたので，よく知っていました。

コバノフ・ホモロジーについての私の仕事が数学者に理解してもらえないのは，彼らがナーム極境界条件に馴染みがないからだと思っています。そこで，この境界条件の数学的意義を明らかにしようと，数学者であるラフェ・マゼオさんと共同研究を進めてきました。私たちは，結び目のない場合にナーム極境界条件を厳密に定式化する論文を書き，また，結び目を含むように一般化しようと試みています。

山崎　なるほど。それは物理と数学の間に交流が生まれたいい例ですね。あなたは数学の重要な論文に動機づけられ，物理学者としてそれらに解釈を与えました。そこで自分の物理のストーリーができたので，今度は数学に還元しようとしているのですね。

8. ラングランズ対応とゲージ理論の双対性

大栗　1970年代の後半には，ラングランズ対応がゲージ理論の双対性となんらかの関係があるというヒントがあったように思います。その重要性に気づかれたのは，いつのことですか。

ウィッテン　先ほど話をしました1977年のアティヤーさんとの交流のところ[9]で，お話ししていなかったことがあります。彼は2つのことを教えてくれました。1つはモントネ

---

[9]　『数学セミナー』2015年4月号 p. 53を参照のこと。

ン‐オリーブの論文で，もう１つは，数論で中心的役割を果たしているが，それまで私が聞いたことのなかったラングランズ対応でした。アティヤーさんはラングランズ双対群とモントネン‐オリーブ予想に登場する双対群は同じものであると指摘しました。彼は，ラングランズ対応が，モントネン‐オリーブ予想と関係があるのではないかと考えていました。

大栗 ご自身でも，当時すでに，ラングランズ対応がゲージ理論のダイナミックスと関連があるということを真剣に捉えていらっしゃいましたか。

ウィッテン そうですね，気にはしていましたが，先ほどお話したように，私はモントネン‐オリーブの双対性に懐疑的でした。その後，ラングランズ対応とリーマン面上の共形場理論の類似について，論文を１つ書きました。しかし，私の理解はあまりに表面的だったので，その件は何年もの間そのままにしておきました。

大栗 私は 1988 年から 1989 年にかけて，プリンストン高等研究所のポストドクトラル・フェローでしたが，ローバート・ラングランズさんご自身が共形場理論に強い興味を持っていたことを覚えています。

ウィッテン そのときに彼が関与した問題は，後に「確率論的レブナー発展方程式」の進展を刺激しました。確率論的レブナー方程式は，これまで数学に大きなインパクトを与え，物理学者に対して共形場理論のいくつかの問題について考える新しい方法を教えてきました。しかし，彼の共形場理論に対する興味は，ラングランズ対応あるいはゲージ理論の双対性が動機ではなかったようです。

私は，1980 年代の終わり近くに，ラングランズ対応と共形場理論の間の類似という考えを発展させようとして時間を費やした後，不本意ながら，その成果が表面的であると結論し，そ

こで中止しました。

　しかし，その後1990年頃，アレクサンダー・ベイリンソンさんとウラジーミル・ドリンフェルトさんの幾何学的ラングランズ対応に関する新しい仕事について耳にしました。それで，私の理解が表面的であったことを，あらためて悟りました。ラングランズ対応と共形場理論の間の関係についての彼らの仕事は，私の素朴な類似よりも的を射ており，私はその物理的重要性を確信しました。しかし，彼らの共形場理論の使い方は，私には納得できませんでした。彼らは共形場理論を負の整数のレベルで調べていたのです(物理では正の整数の方が自然)。彼らは物理でよく知られたことを使っていましたが，その使い方は，適切には見えませんでした。いわば，誰かがチェスの駒を，日本ですから将棋の駒と言うべきでしょうか，一握りつかみ，盤上に無秩序に置いたように見えました。私には駒の並べ方がまったく意味をなさないと思えました。

　しかし，彼らが言っていたことで，私が理解できたわずかな部分から，私はナイジェル・ヒッチンさんの仕事が関係があるのではないかと思い，彼らにヒッチンさんが曲線上のファイバーのモジュライ空間で可換微分作用素を構成したことを指摘しました。ヒッチンさんは，ご自身が数年前に構成した古典的可積分系を，量子化していたのです。ベイリンソンさんとドリンフェルトさんは，彼らの幾何学的ラングランズ対応に関する非常に長い未発表論文(ウェブで公開されている)の中で，このことについて，とても寛大な謝辞を述べてくれました。ヒッチンさんの仕事について私が指摘したことは，まったくの推測でしたが，彼らにとっては，それであらゆることが明白になったのだと思います。いずれにせよ，幾何学的ラングランズ対応が物理と関係があると考える十分な証拠になったのですが，私はまだそれについて意味のあることは何もできませんでした。

エドワード・ウィッテン京都賞受賞記念座談会：超弦理論の20年を振り返る　105

大栗 では，この問題に戻るきっかけになったのは，何だったのですか。

ウィッテン その10年後に，プリンストン高等研究所で物理学者のための幾何学的ラングランズ対応のワークショップがありました。そこでは，長い連続講義が2つと，短い講演が2つほどありました。長い連続講義は非常に立派なものでしたが，私にはあまり役立ちませんでした。その1つはマーク・ゴレスキーさんが，物理学者にラングランズ対応を解説するものでした。しかし，私は，数回の講義で彼が説明できる程度までは，すでにラングランズ対応を知っていました。ですから，この講義からは大したことは得られませんでした。このワークショップを仕切っていたエド・フレンケルさんも連続講義をしましたが，それは駒が無秩序に並べられた将棋盤のようで，この講義からも得るものがありませんでした。

ほかに2つの講演がありました。デイビッド・ベン-ツビさんは，別の数学者，ディマ・アリンキンさんの仕事について話しました。これは，ヒッチン・ファイバー上のT-双対性を，幾何学的ラングランズ対応の近似として説明したものです。ヒッチン・ファイバーのT-双対性が，4次元のモントネン-オリーブ双対性であることは物理学者には知られていました。しかしベン-ツビさんは，ファイバー上のT-双対性が，幾何学的ラングランズ双対性そのものではなく，近似にすぎないと主張していました。私は，ある時点で，その理由は，単にベン-ツビさんが間違った複素構造を使っていたからではないかと思い始めました。T-双対性を違う角度から見たら，ミラー対称性になるのではないかと考えたのです。そして，このミラー対称性は，幾何学的ラングランズ双対性自身であり，近似ではない。幾何学的ラングランズ対応についてカプスティンさんと共同研究を始めたきっかけは，彼が一般化された複素幾何を研究して

いたからです。一般化された複素幾何の世界では，ミラー対称性が正則な双対性に縮退することがあります。

こう考え始めると，幾何学的ラングランズ双対性がミラー対称性であって，正則な双対性に縮退することがあり，これがベン–ツビさんが「近似」と言っていたものであることが，すぐに腑に落ちました。しかし，まだいくつかハードルを越えなければなりませんでした。

ヘッケ作用素なしでは，ラングランズ対応はうまく扱えません。ですから，ゲージ理論のトフーフト作用素を用いて，ヘッケ作用素を物理的に解釈することが必要でした。また，複素多様体 M の余接バンドルの A–模型を，M 上の微分作用素を用いてどのように解釈するか知ることも必要でした。これも，カプスティンさんが，以前に研究していたことでした。ひとたびこれらの点が理解されると，幾何学的ラングランズ対応が何かということは，かなり明らかになりました。

しかし，それを論文にするのは非常に困難で，約1年かかりました。私はその間，「人生の意義を悟ったのに，誰にもそれを説明できない」かのように感じていました。私は未だにそのように感じています。弦理論あるいはゲージ理論の双対性を予備知識としてもつ物理学者は，幾何学的ラングランズ対応に関する私とカプスティンさんの論文を理解できますが，話が複雑すぎるので，大部分の物理学者は本当に面白いとは思わないでしょう。一方，数学者には面白いトピックですが，彼らには場の量子論と弦理論の深い予備知識はなじみがなく，また厳密に定式化することが難しいので，理解は困難です。残念ながら，あのカプスティンさんと共著の論文は，数学者にとってかなり長い間，謎に包まれたままとなるかもしれません。

山崎　それにはもう10年か15年待たないといけないかもしれませんね。

ウィッテン　本当にそうかもしれません。ゲージ理論による幾何学的ラングランズ対応の解釈を，数学者が理解できるようになるためには，どのような進展があればよいのかはわかりません。私がコバノフ・ホモロジーに興奮している理由は，まさしくそこにあります。コバノフ・ホモロジーへの私のアプローチは，幾何学的ラングランズ対応に対するものと共通する部分が多いのですが，コバノフ・ホモロジーの場合には，数学者に理解してもらえるのではないかと思っています。私が生きているうちに，ゲージ理論とコバノフ・ホモロジーが数学者に認識され，高く評価されるチャンスはかなりあると思います。ゲージ理論と幾何学的ラングランズ対応の場合には，よほど運がよくなければ，そうはならないでしょう。

戸田　あなたのゲージ理論の双対性と幾何学的ラングランズ対応に関するアイディアは，本当の，つまり数論的な意味での，ラングランズ対応に何か応用を与えるとお考えでしょうか？

ウィッテン　それは，はるか先のことだと思います。私個人にとっては，いつか数論が物理と接点をもつことは夢ですが，すぐにはそうなりそうにありません。物理で数論の公式が現れる場面はいくつかあります。しかし，本当に面白くなるには，数論がもっと組織的に物理に入り込むことが必要でしょう。

私が，幾何学的なラングランズ対応に集中してきたのは，既存の物理的手法を用いて本当に理解することが期待できたからです。数論的なラングランズ対応に対しても，いつか同様のことが起きることがあるかもしれませんが，どこから始めてよいかわかりません。私が前進することができた理由は，(幾何学的なラングランズ対応という) 狭いところに集中したからだと感じています。

戸田　私にとっては，数論と物理はかけ離れた研究対象の

ように見えるので，ゲージ理論の双対性と幾何学的ラングランズ対応の関係は非常に驚きでした。

ウィッテン　いつか重要な手がかりと見なされるかもしれない進展はありました。最も奥深いものの1つは，15年ほど前にサブディープ・セティさんとグリーンさんによって始められ，その後グリーンさんが多くの共同研究者と発展させてきたものです。セティさんとグリーンさんは，10次元のIIB型超弦理論のある低エネルギー R^4 相互作用を理解しようとして（ここで，R はリーマン・テンソル），驚くべき発見をしました。その答が，あるウェイト 3/2 の非正則アイゼンシュタイン級数で与えられたのです。私の数論に関する知識は非常に表面的ですが，この種のことの方が，通常2次元共形場理論に現れる古典的なモジュラー形式の種類よりも，現代の数論研究者の興味にずっと近いと思います。

大栗　このように，完全なモジュラー性を持っていないものは，しばしば数論に登場しますね。

ウィッテン　その通りです。このように，私たちが研究する物理理論の中には，数論的に興味のあるものが現れます。しかし，近い将来，数論と組織的に接点をもつ機会があるとは思えません。私には，そういう接点を持つとはどういうことかを定式化することさえできないのです。ですから，「私たちが何ができないか」すらお話しすることさえできません。そういうことをするには，今は未だ時宜を得ていないと思います。

私が数論よりもむしろ幾何学的ラングランズ対応に集中した理由に戻りますと，幾何学的ラングランズ対応ですら，理解するのは大変な努力を要してきました。これが完成すれば，表現論の幾何学的な側面を含め，数学者がしている多くのことが，物理の一部としてずっと分かり易くなると思います。しかし，そのためには，まだするべきことがたくさんあります。たとえ

エドワード・ウィッテン京都賞受賞記念座談会：超弦理論の20年を振り返る　109

ば，幾何学的ラングランズ対応に関するベイリンソンさんとド
リンフェルトさんの最初の仕事の一部は，まだ私の満足する形
では理解されていません。たとえば，彼らは臨界レベル (レベ
ル-h，ここで h は双対コクセター数) と呼ぶものに共形場理論
を使っていて，私にはそれが謎でした。しかし，最近の 4 次元
超対称ゲージ理論と 6 次元理論についての研究によって，臨界
レベルでの共形場理論の役割に関するいくつかの発見がありま
した。ですから，今はこの点を解決する適切な時期なのかもし
れません。

9. 超リーマン面

大栗 若手のお二人から，最後に質問したいことはありま
すか。

戸田 一般的な質問があるのですが，あなたはどのような
問題を数学者に解決して欲しいと思っていますか？

ウィッテン あなたの質問に答えるために，理解しておか
なければなければならない宿題をいくつかやっています。過去
に物理学者が行った研究で，今でも非常に意味のあることを理
解しようと苦労しているのです。1 つだけ例を挙げますと，ゴ
パクマー‒バッファと大栗‒バッファの公式は代数幾何学者に
対して非常に影響を及ぼしてきました。しかし，私は物理の言
葉で満足のいく理解をしていませんでした。幸い，私たちは，
ゴパクマー‒バッファと大栗‒バッファの公式についての論文
を，ほぼ完成させたところです[*10]。

---

　*10　この仕事については，座談会の翌週に Kavli IPMU で講演をさ
れ，その後，論文として発表された: *"Some Details On The Gopaku-
mar‒ Vafa and Ooguri ‒ Vafa Formulas"*, Mykola Dedushenko and
Edward Witten, arXiv: 1411.7108.

戸田さんの質問に戻ると，代数幾何学者には，ぜひ超リーマン面に取り組んで欲しいと思います。そこには奥深い理論があると確信しています。次の春に私たちがサイモンズ・センターで開催するワークショップが，その手助けになるかもしれません。

大栗　超弦理論の摂動展開の有限性や宇宙項の消滅については，25 - 30 年前に研究がなされていましたが，満足な結果にはなりませんでした。完全な理解は，超リーマン面の幾何学についての，あなたの正確な記述があって，可能になりました。

ウィッテン　あなたがそう考えてくれて，うれしく思います。超リーマン面を表に出さずに，すべてを picture - changing operator などを用いて記述することも可能ですが，それでは本質的な理解ではないと考えています。1980 年代に超リーマン面の理論の進展が止まった 1 つの理由は，物理学者が超リーマン面を表に出さない部分的理解に満足したためだったと思います。この課題には素晴らしい美しさがあるのに，物事をそのように中途半端に理解しようとすると，見逃してしまいます。

大栗　弦理論の摂動論のより正確な理解から，物理についての新しい洞察が得られると期待されますか。

ウィッテン　その答えは，物理についての洞察という言葉であなたが何を意味されているかによるでしょう。弦の摂動論を，超リーマン面のモジュライ空間での積分によって定式化すれば，摂動論の意味をよりよく理解できるようになると思います。これは洞察といえるでしょう。しかし，超リーマン面が，非摂動的問題，あるいは弦理論の対称性のよりよい理解，その他の概念の助けになるかというと，今のところその証拠はありません。

10. 数学者との連携

山崎 あなたは数理物理の分野で研究されてきて，数学者と多く議論されていますし，数学の論文も書かれていますね。

ウィッテン そうですね，私が数学の論文を書くのは，私が何かを明らかにできると思える，非常に特殊な場合です。最近の例では，超リーマン面のモジュライ空間に関する基礎的な問題についてのロン・ドナギさんとの仕事，それからすでに述べましたが，ナーム極境界条件についてのラフェ・マゼオさんとの仕事があります。

山崎 物理学者が数学者と実りのある研究をしたいとき，何かアドバイスはあるでしょうか？

ウィッテン それは本当に難しいですね。通常，厳密な証明を与えるには，非常に綿密な方法が必要とされます。それは物理学者には難しいことです。私自身も数学的な証明を与えたことはありますが，理解のうえで何かが本当に欠けているけれど，実はとても簡単なことで，適切な共同研究者がいれば私が役に立てる，と思った非常に特殊な場合のみです。物理学者の中には，特定の分野でもっと詳細に立ち入り，厳密な証明のための技術を学びたいという人もいるでしょう。しかし，大多数の物理学者は私が選んだような非常に特殊な場合だけで満足するし，そのような場合にだけうまくいくのだと思います。

山崎 あなたの多くの研究において，数学者との対話がインスピレーションになったというのは本当でしょうか？

ウィッテン 普通，それが起きるのは，数学者がしたことが，物理的にはよく理解されておらず，私には意味がつかないと思えたときです。たとえば，私は何年もの間，チャーン–サイモンズ理論についての体積予想が理解できませんでした。なぜ複素臨界点が指数関数的に大きな寄与をするのか理解できず

困惑していたのです。これに対して私が見つけた解答は，ゲージ理論を通じてコバノフ・ホモロジーを理解するきっかけになったので，今となっては，この問題についてそれほどにも悩んだことも間違ってはいなかったと感じています。

山崎　その場合，駒が正しい場所にないという感覚があなたをある疑問へと導き，その疑問をあなたは最終的に解き，今度はそれが新しい発展を生んだわけですね。

ウィッテン　そうです。もう1つの場合は，ベイリンソンさんとドリンフェルトさんが将棋の駒を盤の上に無秩序に置いたと思ったときでした。

11. 学生へのメッセージ

大栗　コマは間違った置かれ方をしているかもしれませんが，違う次元から見ると，ピッタリ並んでいるのかもしれませんね。

私にも，最後の質問をさせてください。江口徹さんが20年前にインタビューをしたときには，数学と物理学の境界領域の展望についての質問がありました。そのときには，この領域は非常に力強く発展しており，その勢いは当分続くだろうとおっしゃっていました。過去20年は，まさしくその通りになりました。そこで，私の質問は，次の20年はどうなるだろうというものです。この記事を読んでいる若い学生に，この分野の将来についてアドバイスをいただけますか。

ウィッテン　まず第一に，過去20年間，この数学と物理の非常に豊かな交流が続いただけでなく，この分野がとても多様な方面に広がり，しばしば興奮するような発見がありました。この分野はあまりにさまざまな方向に発展しているため，私自身そのほんの少ししか理解できないでいますが。

エドワード・ウィッテン京都賞受賞記念座談会：超弦理論の20年を振り返る　113

これが続いてゆくことは確実と思います。場の量子論と弦理論には，数学的に豊かな秘密が隠されていると信じているからです。これらの秘密のいくつかが表面に現れるときには，物理学者には，しばしば驚きとして現れます。それは，私たちが実は弦理論を物理として適切に理解してはいないからです。私たちは，その背後に潜む核心的な概念を理解していません。また，より基本的なレベルでは，数学者は未だ場の量子論を完全に把握することができておらず，したがって，彼らにとっても，そこから現れることは驚きです。ですから，これら両方の理由により，物理と数学で生み出される知識は長い間驚きであり続けると思います。

　この分野には，若い人たちが参入し，これらがどんな意味を持っているのかを説明する，ワクワクするような機会がたくさんあります。私たちは，まだきちんと理解していないのです。異なる弦理論が非摂動的双対性により統一され，また，弦理論はある意味で本質的に量子力学的であるということが明らかになった 1990 年代に，私たちはそれまでより広い展望を得ました。しかし，私たちは，まだ 1 つの対象の異なる側面を研究しているのにすぎず，その核心的な基本原理は明らかになっていません。ですから，今日の若者により，もっと大きな発見が成し遂げられる機会があります。しかし，では具体的にどのような方向を研究したらよいかという問いでしたら，その答を知っていたら，私自身そちらに向かっていることでしょう。

　大栗　長時間にわたってお話いただき，ありがとうございました。とても楽しかったです。京都賞受賞おめでとうございます。

　ウィッテン　京都賞について，親切なお言葉をいただき，ありがとうございました。また，この座談会の議論により，過去 20 年間に私たちがどれだけ進歩したのか思い出すことがで

きましたことにも感謝します。

大栗 では，また 20 年後にこのような座談会を開いて，これから 20 年間の発展を振り返ることにしましょう。

ウィッテン そうしましょう。そのためには，私たち皆，きちんとエクササイズをして，健康を保つ必要がありますね。

[2014 年 11 月 13 日グランドプリンスホテル京都にて]
(写真提供：東京大学カブリ数物連携宇宙研究機構，数学セミナー)

第II部

重力波の観測

アインシュタインの予言が実証されるか

　文藝春秋社は，毎年年末に，翌年の経済・科学・産業の動向を100名が語り予想するムック本を出版しています。2015年は一般相対性理論100周年でしたので，『2016年の論点100』に寄稿したこの記事では，アインシュタインが予言した「重力波」の観測の意義について書きました。

　この記事は，「今後数年の間に重力波の観測が達成されれば，電磁波では見えなかった宇宙の姿が明らかになる。それは，私たちの世界観を，さらに大きく変えることになるだろう」と結んでいましたが，「数年の間」どころか，この本が出版された3か月後の2016年2月に，LIGOによる重力波の直接観測が発表されました。　　難易度：☆

　私が所長をしているカリフォルニア工科大学の理論物理学研究所では，2016年春に一般相対性理論の100周年記念行事を予定している。

　アルベルト・アインシュタインは，1916年に，一般相対性理論に関する記念碑的論文を出版し，重力の仕組みを解明した。さらに同年には，重力のゆらぎが光速で伝わっていく重力波の存在も予言している。その100年後の現在，日本を含む世界各地では，アインシュタインが予言した重力波の観測を目指し，巨大な重力波天文台が完成しつつある。重力波を観測すると何が分かるのか。

　私たち人類は，古代から，星からの光を観察することで宇宙の姿を理解してきた。そして，それが科学や技術の発展を促してきた。

　そもそも，科学の始まりは，太陽や月，星座の運動が周期的に起きること，それが地球上の季節と連動していることを理解

したことであった。400年前には，ガリレオ・ガリレイが望遠鏡を使って月や惑星を観測し，地動説の証拠をつかみ，これが近代の科学革命の端緒となった。

19世紀までの天文物理学者は，肉眼で見える「可視光」で観測してきた。可視光は，電場や磁場のゆらぎが光速で伝わる電磁波の一種である。「電波」も，「マイクロ波」，「X線」なども，波長の異なる電磁波である。これに対し，アインシュタインが予言した重力波は，文字通り重力が伝える波であった。

金属の中にある電子は電荷を持っているので，その周りに電場をつくる。電子が移動すると，電場や磁場が変化する。この変化が波として伝わっていくのが，電磁波だ。電場信号を送るアンテナの中では，電子が行き来して，電磁波を作っているのだ。

同じように，重い物体は，その周りに重力の影響をおよぼす。このような物体が激しく運動すれば，重力が変化して，波となって伝わっていくはずだというのが，アインシュタインの予言であった。

重力波の存在は，間接的には，すでに確認されている。米国の天体物理学者ラッセル・ハルスとジョセフ・テイラーは，二つの星がお互いの周りを回る連星の様子を観測した。連星は，回転しながら重力波を放出するので，その分のエネルギーを失う。それに伴う回転の周期の変化を，アインシュタイン理論で計算したところ，観測結果と見事に一致したのだ。この発見は重力波の間接的な証拠となり，テイラーとラッセルはノーベル物理学賞を受賞している。

重力波の直接検出の試みは，現在，世界各地で進行中である。私の所属するカリフォルニア工科大学は，マサチューセッツ工科大学と共同で，1970年代から検出技術を開発してきた。初代の重力波天文台「LIGO」が2002年に完成し，2015年の

アインシュタインの予言が実証されるか　119

秋からは，後継機による本格的な観測が始まっている。

　LIGOでは，4km程度の真空のトンネルが2本直交していて，その中をレーザー光が走っている。重力波が通り過ぎるときに，空間の性質が変化し，トンネルの長さが変わるのを，レーザー光の干渉で測るという仕組みである。

　日本の「KAGRA」は，神岡鉱山の地下で，装置を絶対温度20度まで冷やすことで，より高い感度を目指す。ヨーロッパでも同様の計画が進行中だ。

　これらの重力波天文台では，超新星の爆発や連星の合体が放つ重力波を探す。数億光年先の別の銀河からの重力波までも捕らえられる感度なので，1年に数回から数十回の観測が期待される。

宇宙探究の新たな窓を開く

　超新星から届く光と重力波のタイミングを計れば，重力波が光速で伝わることも確かめられる。予言どおりに重力波の直接検出が達成されれば，数億光年にわたる大規模検証として，ノーベル賞級の偉業になるだろう。もちろん，アインシュタインが間違っていたという可能性もあり，その場合にも大発見だ。

　さらに重要なのは，重力波が宇宙を探究する新しい窓を開くということである。

　電磁波は遮蔽できる。可視光は目を閉じれば見えなくなるし，携帯電話をアルミホイルで包むと電波が受信できなくなる。レントゲン検査で不要な部分に鉛板を被せるのは，X線から保護するためである。

　これに対し，重力は遮ることができない。重力を遮蔽する板があれば，空を自由に飛べるはずだが，そんなものはSFにしか登場しない。重力が遮れないので，重力波は何でも透過で

きる。

　たとえば，巨大な星が超新星爆発を起こすと，中心にブラックホールが誕生すると考えられる。しかし，その現場は高温のガスに包まれており，そこから放出された光は，ガスに吸収されて観測できない。それに対し，重力波は何でも通り抜けるので，LIGO や KAGRA のような重力波天文台を使えば，ガスに埋もれたブラックホール誕生の瞬間を観測することができると期待される。

　さらに将来には，宇宙誕生直後の様子も重力波で観測できるようになるだろう。

　宇宙は今から 138 億年前に誕生したと考えられているが，私たちが直接観測できるのはビッグバンの約 40 万年後の姿である。それ以前の宇宙は，高温高密度のプラズマ状態にあり，光では見ることができない。しかし，重力波を観測できれば，宇宙誕生の 1 兆 × 1 兆 × 1 兆分の 1 秒後まで遡ることができる。

　ガリレオによる望遠鏡を使った宇宙観測は，地動説の確立につながり，マイクロ波や X 線による観測は，ビッグバンやブラックホールの証拠を与えた。新しい窓が開くごとに，宇宙の新しい世界が見えるようになってきた。

　今後数年の間に重力波の観測が達成されれば，電磁波では見えなかった宇宙の姿が明らかになる。それは，私たちの世界観を，さらに大きく変えることになるだろう。

重力波の直接観測で宇宙の新しい窓が開いた

　私の所属するカリフォルニア工科大学は，マサチューセッツ工科大学と共同で LIGO を運営しているので，2016 年 2 月 12 日に重力波直接観測の発表があることは，しばらく前から耳にしていました。私は朝日新聞の WEBRONZA の執筆者をしているので，LIGO ディレクターのディビット・ライツィさんにも相談して，発表と同時に記事を出すことにしました。朝日新聞論説委員で WEBRONZA も担当なさっている高橋真理子さんには，理由を述べずに記事の枠を開けておいていただきました (高橋さんは，お察しくださっていたようで，その時のことをこちらの記事にお書きになっています。https://news.yahoo.co.jp/byline/takahashimariko/20160225-00054760/)。世紀の大発見なので，その科学的内容を正しく伝えることが必要だと思い，このような記事を書きました。重力波の直接観測は，日本でも新聞各紙の朝刊一面トップに掲載される大ニュースになり，朝日新聞は号外を出すほどでした。　　　　　　　　難易度：☆

1. 記者会見の生中継室は満員

　　カリフォルニア時間で 2 月 11 日朝，私たちはカリフォルニア工科大学 (Caltech) の講義室に集まった。ワシントン DC の全米記者クラブで開かれる記者会見の生中継を見るためである。「重力波観測の進捗状況の報告のための，研究チームの共同記者会見」とだけ連絡があったのだが，数週間前から「重力波が観測された」という噂が飛び交っていた。Caltech のキャンパスでは，3 つの講義室で記者会見の生中継が流されることになっていたが，どこも満員だ。

　　今年は，アルベルト・アインシュタインが重力波を予言して

生中継を見るイベントに集まったLIGO関係者
(カリフォルニア工科大学, 筆者撮影)

ちょうど100周年の記念の年である。重い物体は、その周りに重力の影響をおよぼす。このような物体が激しく運動すれば、重力が変化して、波となって伝わっていく。これが重力波である。アインシュタインは、1915年11月に一般相対性理論を発表し、重力の方程式を明らかにした。そして16年に、この理論を使って重力波の存在を予言する論文を発表している。

重力波の存在は、間接的には、すでに確認されている。米国の天体物理学者ラッセル・ハルスとジョセフ・テイラーは、2つの星がお互いの周りを回る連星の様子を観測した。連星は、回転しながら重力波を放出するので、その分のエネルギーを失う。それに伴う回転の周期の変化を、アインシュタイン理論で計算したところ、観測結果と見事に一致したのだ。この発見は重力波の間接的な証拠となり、ハルスとテイラーは93年のノーベル物理学賞を受賞している。そこで、次なる課題は、重力波の直接観測であった。

全米科学財団(NSF)の会見会場には、Caltechのキップ・ソーン名誉教授、マサチューセッツ工科大学(MIT)のライナー・ワイス名誉教授など、LIGO実験の指導者が並んでいる。

重力波検出の基礎となる技術を開発した Caltech のロナルド・ドレーバー名誉教授が，体調不良のため参加できなかったことは残念だ。

2. 1970 年代からレーザーを使った検出を構想

　LIGO とは「Laser Interferometer Gravitational-Wave Observatory(レーザー干渉型重力波天文台)」の略である。Caltech と MIT が共同運営しており，その本部は Caltech にある。4 km 程度の直交するトンネル 2 本からなり，その中をレーザー光が走っている。重力波が通り過ぎるときに，空間の性質が変化し，トンネルの長さが変わるのを，レーザー光の干渉で測るという仕組みである。

　60 年代にメリーランド大学のジョセフ・ウェーバーは長さ 2 メートルの金属の棒の伸び縮みで重力波を検出しようとしたが，精度が足りなかった。そこで，MIT のワイスはレーザー干渉計で長さの変化を測ることを提案し，72 年には，数 km の干渉計による検出精度を見積もる論文を発表している。同じころ重力波検出の方法を探っていたソーンも，レーザー干渉計による観測が実現可能であると確信し，Caltech での研究を推進した。グラスゴー大学でレーザー干渉計の研究を行っていたドレーバーを Caltech に招聘したのもソーンである。

　そして，79 年に，Caltech と MIT が共同提案した「重力波の検出を目指すレーザー干渉計の研究開発」に対し，NSF の予算がついた。83 年には Caltech のキャンパスに長さ 40 m の干渉計が建設され，今日に至るまで技術開発で中心的役割を果たしている。90 年，NSF は LIGO 建設を採択。92 年には，ワシントン州のハンフォードとルイジアナ州のリビングストンの 2 カ所に重力波検出装置が建設されることになった。同じ装置

ワシントン州ハンフォードの重力波検出装置

ルイジアナ州リビングストンの重力波検出装置

を2台作り，独立に観測を行うことで，信頼度を高めるためである。総予算は約1300億円で，NSF史上最大のプロジェクトである。

初代のLIGOは99年に完成し，2005年には計画通りの精度で観測ができるようになった。10年には「発見か?」という騒ぎもあった。しかし，この初代LIGOの主たる目的は，レー

ザー干渉計で必要な精度が達成できることを確認することであり，実際に重力波が観測される可能性は高くないことは，あらかじめわかっていた。

LIGO で目指すのは，中性子星やブラックホールの連星が合体するときや，超新星の爆発で発せられる重力波の観測である。このような現象は，私たちの天の川銀河の中では，およそ 1 万年に 1 回しか起きないと見積もられている。初代の LIGO は，数千万光年先にある中性子星の合体による重力波が受信できる感度であった。地球からこの距離までにある銀河は約 1000 個なので，受信できる確率はおよそ 10 年に 1 度。これでは十分なデータを集めることはできない。

そこで，08 年から第 2 世代の LIGO の建設が始まり，14 年に完成。昨年の 9 月から観測が始まった。5 年後には，6 億 5 千万光年の彼方からの重力波も受信できる感度を目標としており，対象となる銀河は 100 万個。これが達成されれば，年に数十回は重力波が検出できるはずだ。

3. 観測開始 2 日後に届いた 13 億年前の重力波

記者会見が始まった。昨年の 9 月 12 日に観測が始まり，たった 2 日後の 9 月 14 日 9 時 51 分 (米国東部時間) に，重力波が検出された。まずリビングストンで受信され，7 ミリ秒後にハンフォードでも受信された。リビングストンとハンフォードは直線距離で 3600 km ぐらいなので，その間を光がまっすぐ飛ぶと 12 ミリ秒かかる。それよりも時間間隔が短かったということは，2 台を結ぶ直線から少しずれた斜めの方向からとどいたということだ。送信源は南半球の方向だろう。

2 ヵ所で検出された波形が映し出され，それが重ね合わされると，集まった人たちの間に歓声が起きた。驚くほどぴったり

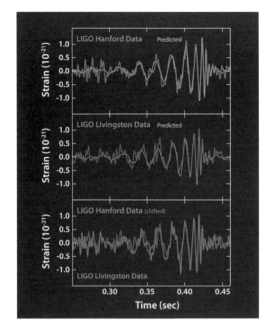

2ヵ所で検出された波形

ハンフォードのデータ(上)とリビングストンのデータ(中)を重ねると,驚くほどぴったり一致した(下)

合致したのだ。もし何かの雑音だとする(つまり,重力波ではないとする)と,2ヵ所でこれほど一致するのは,20万年間連続して観測して一度というわずかな確率だという。

Caltechとコーネル大学の理論物理学者が中心になって推進してきた「Simulating eXtreme Spacetimes (極限時空シミュレーション)」プロジェクトでは,一般相対性理論の大規模数値計算を行い,中性子星やブラックホールが合体するときにどのような波形の重力波がとどくのかを,理論的に予想していた。

今回の重力波は2つのブラックホールの連星が合体した時に発せられたと考えられている。このような現象の観測としても

初めてのものだ。13 億年前に発信された重力波が，光の速さで宇宙を伝わり，5 万年前に天の川銀河に入り，LIGO が観測を始めて 3 日目の地球にとどいた。

　数値シミュレーションの結果と比較することで，2 つのブラックホールの質量は，各々太陽の 36 倍と 29 倍と見積もられた。この 2 つが合体して，太陽の 62 倍の質量のブラックホールになった。合体前の $36 + 29 = 65$ は，合体後の 62 より大きいので，足し算が合わないようだが，その差である太陽の 3 倍の質量に相当する膨大なエネルギーが，重力波として放出されたという。まさに驚異的なイベントだ。

　ブラックホールは，事象の地平線とよばれる 2 次元の球面で覆われており，その内側に入ったものは外に出ることはできない。この事象の地平線の面積は，ブラックホールの質量の 2 乗に比例しており，理論物理学者スティーブン・ホーキングは，1971 年に「ブラックホールの地平線の面積は減少しない」といういわゆる面積則を数学的に証明した。

　今回の観測では，合体前の $36 \times 36 + 29 \times 29$ より合体後の 62×62 の方が大きいので，面積則ともつじつまが合っている。ちなみに，地平線の面積はブラックホールのエントロピーとも比例しており，面積則は「エントロピーは増大すべき」という熱力学の第 2 法則の例として理解することもできる。

　今回の観測では，ブラックホールの連星が回転しながら合体し，それが時空間のゆらぎとして響き渡る様子が，数値計算による予想の通りに見て取れる。これは，強い重力場のもとでの一般相対性理論の検証にもなっている。

日本の KAGRA の役割

　4世紀前，ガリレオ・ガリレイは望遠鏡を使って月や惑星を観測し，地動説の証拠をつかみ，これが近代の科学革命の端緒となった。20世紀後半になると，X線からマイクロ波まで，様々なチャンネルによる宇宙観測が可能になった。新しい窓が開くごとに，宇宙の新しい世界が見えるようになり，それが科学技術の発展を促してきた。

　ガリレオが望遠鏡で見た可視光も，X線もマイクロ波も，波長が異なるだけで，すべて電場や磁場が伝える電磁波の一種である。これに対し，アインシュタインが予言した重力波は，文字通り重力が伝える波であり，それは電磁波では見えなかった宇宙の姿を明らかにすることだろう。新しい窓が，ここでまた開かれたのである。

　たとえば，巨大な星が超新星爆発を起こすと，中心にブラックホールが誕生すると考えられる。しかし，その現場は高温のガスに包まれており，そこから放出された光は，ガスに吸収されて観測できない。それに対し，重力波は何でも通り抜けるので，重力波天文台を使えば，ガスに埋もれたブラックホール誕生の瞬間を観測できるだろう。

　また，一般相対性理論の数値計算とこれほど細かく比較できるほど，重力波の波形が精密に観測できたということは，強い重力場における一般相対性理論の検証も大きく進むと期待できる。一般相対性理論と量子力学を統一し，重力を含む素粒子の究極の統一理論を完成することは素粒子物理学の目標である。重力波天文学が，このような理論の検証に役立つ日も来るかもしれない。

　重力波を直接検出しようという実験は，現在，世界各地で進行中である。日本が建設している「KAGRA」は，神岡鉱山の

重力波の直接観測で宇宙の新しい窓が開いた　129

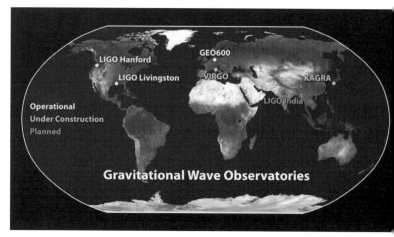

世界各地の重力波天文台

地下，装置を絶対温度 20 度まで冷やすことで，より高い感度を目指している。ヨーロッパやインドでも同様の計画が進行中だ。今回の 2 台の LIGO による観測では，重力波がどちらの方向から届いたかは大まかにしかわからなかった。いくつかの検出器で同時に観測できるようになれば，方向が正確に特定でき，光学や赤外線望遠鏡との連携も期待できる。

また，レーザー干渉計を使う観測の他に，電波を周期的に発する連星 (パルサー) のそばを重力波が通過するときに，パルサーの周期が変動することを使って，重力波を観測しようという計画もある。これが実現すると，銀河の中心にあり太陽の何百万倍もの質量を持つ巨大ブラックホールからの重力波を観測することができると期待されている。

さらに将来には，宇宙誕生直後の様子を，重力波で観測することもできるようになるだろう。宇宙は今から 138 億年前に誕生したと考えられているが，私たちが直接観測できるのはビッグバンの約 40 万年後の姿である。それ以前の宇宙は，高温高

密度のプラズマ状態にあり，光では見ることができない。しかし，重力波を観測できれば，宇宙誕生の1兆×1兆×1兆分の1秒後まで遡ることができる。

一昨年には，BICEP2のグループが，宇宙背景マイクロ波の偏光の観測により，宇宙誕生時の「原始の重力波」の痕跡を発見したと発表し，大きな話題になった。その後の解析により，残念ながらこれは宇宙誕生時ではなく，現在の天の川銀河の中のチリの効果で起きたものである可能性が高くなった。しかし，このような観測が現実的に可能になってきたことは今後の発展に大きな期待を持たせる。日本が中心になって計画している科学衛星「LiteBIRD」は，マイクロ波の偏光をさらに精密に測定し，宇宙誕生時に起きたとされるインフレーションの実態解明を目指している。また，原始の重力波を直接観測するための科学衛星計画も進んでいる。

私は，昨年末に文藝春秋社の『2016年の論点』に寄稿し，「今後数年の間に重力波の観測が達成されれば，電磁波では見えなかった宇宙の姿が明らかになる。それは，私たちの世界観を，さらに大きく変えることになるだろう」と結んでいた。それが「数年の間」どころか，今年達成されてしまった。

今回のLIGOの発表は序章に過ぎない。これから10年の間に，重力波天文学は大きく発展することだろう。40年にわたる努力で重力波直接検出を達成した数多くの科学者や技術者に，心からお祝いの言葉を述べたいと思う。

重力波の直接観測で宇宙の新しい窓が開いた　131

重力波の直接観測 3 つの意義

重力波直接観測発表の数日後には，雑誌『日経サイエンス』から，翌月末発行の 5 月号に重力波の特集をするので，「重力波の直接検出の歴史的意義」について 2,000 字の緒言をと依頼されました。書きたいことが多くて，3,200 字を超えてしまいましたが，そのまま掲載してくださいました。

難易度：☆

　　カリフォルニア工科大学とマサチューセッツ工科大学が中心となって推進してきた「レーザー干渉型重力波天文台 (LIGO)」が，重力波の直接観測に成功した。発信源は，2 つのブラックホールが互いの周りを回る連星の合体である。このブラックホール連星の起源や性質，また今回の観測の解析結果の分析については，本文に詳しい記事が掲載されているので，ここでは重力波が観測されたことの意義について考えてみよう。

1. アインシュタインの予言を検証

　　第 1 の意義はアインシュタインの予言の検証である。アルベルト・アインシュタインは，一般相対性理論を発表した翌年の 1916 年，今からちょうど 100 年前に，重力の変化が波のようにして伝わっていく重力波の存在を理論的に予言した。しかし，その解釈が確立し，重力波の意味がきちんと理解されるのには，40 年もの年月を要した。アインシュタイン自身，同年の 2 月にカール・シュワルツシルトに送った手紙には，「電場や磁場が波のようにして伝わる光の類似としての重力の波は存在しない」と書いている。しかし，数カ月後に考えを改め，6 月に

重力波予言の論文を発表したのだ。

　ところが、これで重力波の予言が認められたわけではなかった。アインシュタインは重力波についての自らの予言に疑問を持ち続け、1936 年には、重力方程式をより詳しく分析すると、重力波を表す解は存在しないという論文を書いた。しかし、アインシュタインの論文には数学的誤りがあり、論文は取り下げられた。

　その後も、重力波がエネルギーを運ぶ物理的実体であることに疑いを持つ研究者も多く、1957 年に米国ノースカロライナ州で開かれた国際会議でのリチャード・ファインマンの講演によって、ようやく重力波の存在が広く信じられるようになった。予言が確立するまでに紆余曲折の歴史があったのだ。

　しかし、理論的予言として認められることと、実際に観測されることとは、まったく別のレベルの話である。一般相対性理論は、アインシュタインが重力の性質を説明するために、紙と鉛筆で考え出したものだった。しかも、重力波の存在は、正確な理解に 40 年を要するほど理論的難易度の高い問題だった。これが予言通りに観測されたことは、「数学的な整合性を導きの糸として、自然界の基本法則を探求し、自然現象を理解する」という理論物理学の方法の確かさを表すものであり、理論物理学者のひとりとして勇気づけられるニュースである。

　重力波の存在は間接的には、すでに確認されている。1970 年代に米国の天体物理学者ラッセル・ハルスとジョセフ・テイラーが、連星の公転周期が短くなっていく様子を観測したからだ。何らかの理由で連星の運動エネルギーが徐々に失われ、2 つの星の距離が近くなり、そのために周期が短くなっていると考えられる。そこで、一般相対性理論を使って、連星が放出する重力波のエネルギーを計算したところ、連星の周期の変化を見事に説明した。

これは，重力波の間接的検証となり，ハルスとテイラーは1993年にノーベル物理学賞を受賞している。これに対し，今回は重力波の直接観測である。13億年かけて地球に届いた重力波が，地上の観測装置を通り抜けるところを直接捉えたものであり，その意義はさらに大きい。

2. 強い重力場での一般相対論検証

　第2の意義は，強い重力場のもとでの一般相対性理論の検証である。この理論はすでに様々な検証を経ているが，それらはすべて，重力場が弱い時に，ニュートン理論との微妙なずれを精密に観測して確認されたものである。これに対し，今回の重力波は，太陽の30倍程度の質量を持つ2つのブラックホールが，互いの周りを1秒間に100回程度回転しつつ合体するという想像を絶する状況で発信された。重力波のエネルギーは質量に換算すると，太陽の質量の3倍。このような極端な状態について一般相対性理論が検証されたのは，初めてのことである。

　このような観測に備えて，カリフォルニア工科大学やコーネル大学などの理論物理学者は「極限時空シミュレーション(SXS)」のプロジェクトを立ち上げ，一般相対性理論の大規模数値計算を行い，中性子星やブラックホールが合体するときにどのような波形の重力波が届くのかを，理論的に予想していた。

　今回の観測では，ブラックホールの連星が回転しながら合体し，ひとつのブラックホールとなり，その時に発せられたエネルギーが時空間のゆらぎとして宇宙に響き渡る様子が，数値計算による予想の通りに見て取れる。

　一般相対性理論の数値計算と細かく比較できるほど，重力波の波形が精密に観測できたということは，強い重力場における

一般相対性理論の検証も大きく進むと期待できる。一般相対性理論と量子力学を統一し，重力を含む素粒子の究極の統一理論を完成することは素粒子物理学の目標である。重力波の観測が，このような理論の検証に役割を果たす日も来るかもしれない。

3. 宇宙を探究する新たな窓

第3の意義は宇宙を探求する新しい窓が開けたことである。4世紀前，ガリレオ・ガリレイは望遠鏡を使って月や惑星を観測し，地動説の証拠をつかみ，これが近代の科学革命の端緒となった。20世紀後半になると，X線からマイクロ波まで，様々なチャンネルによる宇宙観測が可能になった。新しい窓が開くごとに，宇宙の新しい世界が見えるようになり，それが科学技術の発展を促してきた。ガリレオが望遠鏡で見た可視光も，X線もマイクロ波も，波長が異なるだけで，すべて電場や磁場が伝える電磁波の一種である。

これに対し，アインシュタインが予言した重力波は，文字通り重力が伝える波であり，それは電磁波では見えなかった宇宙の姿を明らかにすることだろう。新しい窓が，ここでまた開かれたのである。

例えば，巨大な星が超新星爆発を起こすと，中心にブラックホールが誕生すると考えられる。しかし，その現場は高温のガスに包まれており，そこから放出された光は，ガスに吸収されて観測できない。それに対し，重力波は何でも通り抜けるので，重力波天文台を使えば，ガスに埋もれたブラックホール誕生の瞬間を観測できるだろう。

今回の観測は，ブラックホールの連星の存在の確認としても初めてのものである。これまで見つかっていたブラックホール

重力波の直接観測3つの意義　135

は，太陽質量の 10 倍以下のものか，数多くの銀河の中心にあるとされる太陽質量の 100 万倍以上のものに限られていた。太陽質量の 30 倍のブラックホールがあり，しかもこれが 2 つ合体する様子が観測されるというのは，予想外であった。これは，光や電波ではなく，重力波を使って初めて明らかになった。最初の観測で，このような現象が発見されるとは驚きである。

重力波を直接検出しようという実験は，現在，世界各地で進行中である。日本が建設している「KAGRA」は神岡鉱山の地下，装置を絶対温度 20K まで冷やすことで，より高い感度を目指している。LIGO の発表があった翌週には，インド政府が LIGO の 3 台目となる重力波天文台をインドに建設するという計画を承認した。今回の 2 台の LIGO による観測では，重力波がどちらの方向から届いたかは大まかにしかわからなかった。いくつかの検出器で同時に観測できるようになれば，方向が正確に特定でき，光学や赤外線望遠鏡との連携も期待できる。

1973 年に出版されたジョン・ホイーラー，キップ・ソーン，チャールズ・ミスナーの大著『重力理論』(邦訳は丸善出版) の第 37 章では，重力波の観測技術が解説されており，「このような観測器を建設するためには膨大な技術的課題を乗り越える必要がある。しかし，物理学者の創意工夫と，科学の最先端に興味を持つ一般の人たちの幅広い支援によって，すべての障害は克服できるであろう」と締めくくられている。

その後，40 年以上にわたる科学者や技術者の努力によって，ついにこの目標は達成された。しかし，今回の LIGO の発表は序章にすぎない。重力波天文学が，どのような宇宙の姿を明らかにしていくか，楽しみである。

三浦雅士との対談
世界の見方を変える

大栗博司×三浦雅士 [*1]

　日本科学未来館で私が監修をした 3D 科学映像作品『9 次元からきた男』が 2016 年春に公開になりました。それをご覧いただいた評論家の三浦雅士さんから，「世界を実体的に捉えてゆこうとする分析的な思考法と，関係的に捉えてゆこうとする総合的な思考法」の対比や，「自然界の階層性が何を意味するのか」などについて，映画に即して話がしたいというご依頼がありました。対談の最後には，発表があったばかりの重力波の直接観測の話題にもなりました。この記事は，平凡社の文芸誌『こころ』(2016 年 6 月発行) に掲載されました。　難易度：☆

1. 実体と関係

　三浦　先日，大栗さんが監修された映画『9 次元からきた男』をたいへん興味深く拝見しました。

　大栗　有り難うございます。

　三浦　強く感じたことは現代物理学の最先端が，世界の成り立ちの基本を，実体的な考え方から関係的な考え方へと大きくシフトしていっているのではないかということでした。これは，ご著書を拝見してかねてから感じていたことなのですが，いっそう強く感じました。超弦理論というときのその弦は振動と不可分ですから，素人目には実体というよりは現象，あるいは関係という印象に近いのです。実体的というのは，たとえば

---

*1　三浦雅士 (みうら・まさし) 文芸評論家。1946 年生まれ。

三浦雅士さん

デカルトは物質が何であるかを探究してゆくとき,どんどん細かくしてゆきますね。

大栗 そうですね,分析して理解して総合するというのがデカルトの教えです。分析哲学ですから,物事は何でも一番簡単な要素に分解して,各々の要素を理解してからそれを総合して全体を理解する。現代の科学はそのデカルトの考え方を受け継いでいます。

三浦 ええ。そのデカルトの考え方をどんなふうに批判するかというのが,いわば近現代の哲学の流れの骨子であると言っていいと思いますが,20世紀以降の思想は,デカルトのように物質を細分化して実体の本質へ迫るという考え方に対して,そうではなく,現象というか関係性こそが世界の根本を形成しているのではないかと考える傾向が強くなった。

大栗 哲学のほうで,ですね。

三浦 哲学はもちろん,自然科学,社会科学全般にそういう傾向が強くなってきたと僕は思います。たとえば,生物は何であるかというとき,生物を解剖して理解してゆくのとは別に,その生物とともに生きて理解してゆく動物行動学のような学問が注目されるようになった。解剖してゆくほうは分子生物学に

いたるわけですが，動物行動学の場合は，犬を解剖するのではなく，犬と一緒に生活してみる。人類学の場合も形質人類学から文化人類学のほうへ関心が移る。これが20世紀の自然科学，社会科学全般に見られる流れだったのではないかと思います。今までとは違う記述を必要としているということになった。

大栗　物事を実体で考えるのではなく，その間の関係で考える，それは数学でも物理でも同じです。

三浦　新カント派の哲学者カッシーラーが『実体概念と関数概念』という本を書いていますが，それを転用すると，いわば実体概念から関数概念へと世界理解のあり方が変化していった，と。世界の成り立ちはデカルトのように実体的に考えられるべきではなく，むしろ関係的に考えられるべきなのではないか，ということですね。

大栗　しかし，分析主義と関係概念は，科学の中では両立しています。というのは，一つは科学には還元主義という考え方があり，それはデカルトの分析哲学と密接に関係していて，よりミクロな世界により基本的なものがあるという考え方です。もう一つは，物事を理解するときにそれが何であるのかを問うのではなく，それと他のものがどういう関係にあるかということでそれを規定してゆく考え方で，これもやはり現代科学や数学で使っています。それが，おっしゃっている関係と実体という話と同じ方向なのか違うのか，まず確認してからお話ししたいと思うのですが。

三浦　ええ。

大栗　まず「実体か関係か」ということでお話しますと，現代の科学や数学では，「関係」が基本であるという考え方は自然に使われていて，おそらく始まったのは19世紀の終わり頃，数学者のダフィート・ヒルベルト (1862-1943) によるものです。彼は，当時，数学をしっかりとした基礎の上に築かなけれ

ばいけないことを痛感していました。なぜなら，19世紀の終わり頃から，「無限大」や「無限小」という概念がきちっと分かっていなかったことによって，数学の世界にいろいろな矛盾が起こってくるという危機があったからなんです。それを解消するためにヒルベルトは数学の基礎を作り直そうとした。そのお手本としてユークリッド幾何学があった。ユークリッド幾何学というのは，五つの公理があって，それからはじめて，いろんな定理を証明していきます。そういう数学の方法を最初に始めたのがユークリッドで，それに倣おうとした。しかしユークリッドの公理にも曖昧なところがたくさんある。まずそれを全部やり直そうと，ヒルベルトは，1898年から99年，まさしく19世紀の終わりにゲッチンゲン大学で連続講義をして，幾何学を再構築したのです。

　その時に使われた一つの重要な考え方に「無定義用語」があります。ユークリッドは点や線などをまず定義しようとしましたが，ところがそれは意味がない。ヒルベルトが言うには，点とか線というのはただの記号であって，点を机に，線を椅子に置き換えてもいい，それでもちゃんと数学として成り立つ。定義しようとすると何か違う言葉を使って定義しなければならないが，いまや何もないところから数学をつくっていこうとするのだから，何かをもって何かを定義することはできないんだ，と。それでどういう立場をとったかというと，点や線は無定義用語である，ただその関係は公理として受け入れるという立場です。二つの線があれば，それが交わる時には点で交わる。すると線と点の間に関係が生じるわけです。そういうものによって数学をつくっていこう，と考えたのです。物事の定義を問わずに，関係でもって物事を理解していくという考え方ですね。しかしそのヒルベルトの計画は，実は完成しませんでした。これは話が違う方向に行ってしまいますが，彼はユークリッド幾

何学を数学的に定義しようとしたなかで,数の体系に矛盾がなければユークリッド幾何学が体系化できることを証明したのです。じゃあこんどは数の体系をつくろうと,1900年のパリの世界数学者会議でそれを「ヒルベルトの23の問題」の第二の問題として提出したのですが,それはできないことがゲーデルによって証明されてしまった。それが「ゲーデルの不完全性定理」です。というわけで完全にはできなかったのですが,現代の物理学でもヒルベルトの考えを受け継いでいて,たとえば素粒子は点だとしても,その点は何かということはそこでは問わない。素粒子の標準模型では点と点の間の関係を表わしているだけであって,それ自身は何かは問うていないんです。

三浦 そのヒルベルトのいわゆる公理主義ですね,そこから,実体的な考え方から関係的な考え方へと方向転換されたと捉えていいですか?

大栗 しかし,物事をどんどん分析していってより基本的なものを探求するというデカルト以来の分析的な考え方も依然としてあって,科学の中ではヒルベルトの考え方とは両立しています。関係性を基礎に置くということと,分析主義をとるということとは,矛盾していない。どちらかを選ばなければならないというものではないのです。現代物理学では,ミクロな世

界のより基本的な世界の関係性から，マクロな世界の関係性が導かれると考えています。

三浦 確かにそうですね。でも，ヒルベルトの公理主義は，点とは何か，線とは何かという，いわば形而上学になりかねない議論を，とりあえず括弧にくくってしまったわけですが，それは新カント派がヴァリューすなわち価値の議論は括弧にくくって，ヴァリディティすなわち妥当性の問題として考えようとしたその方向性と対応しているように見えますね。

大栗 そうだと思いますね。だから科学というのはだんだんに物自身の価値や意味を問わない方向になってきている。まあ，ある意味で非常に無味乾燥というか。

三浦 相対主義ですね，少なくとも絶対主義ではない。すると，ヒルベルトの段階で実体的な考え方から関係的な考え方に変わった，と。

大栗 無定義用語はヒルベルトの発明だと思われていますね。

2. 関係と階層

大栗 でも，関係性のなかにも階層性があるんですよ。物理学では，マクロな世界の関係性はミクロな世界の関係性から数学的に導かれます。ですから関係性という世界の把握の仕方と，分析していく世界の把握の仕方，両者は別の方向にあって，関係性が重層的に連なっている感じだと思うんです。違うレベルで違う関係性があるわけですから。

三浦 たとえば人間には生命体としての有機的なまとまりとしてのレベルがまずありますね。次に細胞のレベルがあって，さらにそれを形成している化学的な分子のレベルがあり，その分子を構成している原子のレベル，さらに素粒子のレベル，

クォークのレベルということで，超弦理論まできてしまった。素人目にとても不思議な感じがするのは，物質のもとを探っていったら，その物質は物というよりも出来事であった……。

大栗　どういうことですか？

三浦　つまり振動するひもといった場合，それは実体的な物というよりはひとつの現象，一つの出来事のように見えるということです。とすると，いわばデカルト的な考え方で分析的に探究してきたら，最後には実体ではなく出来事に出会ってしまった，ということになりませんか？

大栗　そうですね。分析的を狭い意味でいうと，物理の世界ではよりミクロな世界へいくということです。マクロな現象をミクロな世界の法則で説明することを，還元主義ともいいます。より短い距離の現象を理解する，原子の世界でもより小さな世界へいくことでより基本的な法則を，と考えてきたのですが，それは時間や空間という概念があることを仮定しているわけです。空間というものがあるから，それを物差しにして，それに対してより小さい，というふうに考えるのですが，究極的には含まれている重力の理論を入れると時間や空間も運動の対象になってしまう。すると，あるところまでいくとどうしても分けられないところにいくのではないか。還元主義の極北があって，超弦理論が目指している重力と量子力学の統合は，それができたところではそれ以上先にはいけない，と思われています。超弦理論が究極の理論だというのは，還元主義，物事を細かく分けていってより深淵な理論，より深い世界を見ようということがそこで終わると考えているからです。まさしく先ほどおっしゃった，今までとは違う記述を必要としている，というのはそういうことなんです。

三浦　全体は部分から成るということで，分析してゆけば素にまで辿りつくという考え方にふつうの人は慣れているので

すが，超弦理論は，その素となっている粒子自体がじつは一つの現象だったということを明らかにしたと受け止めてもいいですか？

大栗 そうですねえ。超弦理論のいちばん基本的な定式化はまだ得られていないので，盲人象を撫でるような感じで理論を少しずつ理解してきているのですが，そこから見えてきているのは，たとえば「デュアリティ＝双対性」という考え方です。ある方向から見ると，粒子が相互作用をしている描像もあるのですが，違う方向から見るとひものように伸びたものができているとか，一つの現象がどういうところを見るかによって違って見えてくる，そういったことが理論的な現象として現れています。

三浦 うーん。

大栗 それら全部を総合したより新しい定式化があるはずなのですが，まだ分かっていない，建設中なんです。いままでの点粒子とその間の力というふうには少なくとも理解できないような世界ではないかと思います。

三浦 それは，朝永振一郎さんが光のことを説明したような……。

大栗 「光子の裁判」ですね。

三浦 粒子であって波動であるという……。

大栗 それと近いものがあります。光があるときには粒子のように，あるときには波のように振る舞う。これが量子力学の相補性であり，デュアリティです。そこに重力が絡んでくると，もっと新しい，また違うデュアリティがある。空間自身も変わってしまう。量子力学では，空間がすでに容れ物，舞台としてあって，その中で波のような現象と粒のような現象が，実は同じものの違う側面を表わしている。それは人間が 20 世紀に原子の世界にいって初めて理解したことですが，さらにもっ

144

とミクロな世界，たとえば宇宙の始まりまでいくと，こんどは空間の性質までも含めたデュアリティがある。たとえば一つの空間の中の現象が，まったく違う空間のうえでの現象と，じつは同じものを違う方向から見ているということだったんだという例が見つかっています。ただ量子力学のようにそれを総合した体系になるにはまだ建築途上なんです。超弦理論の世界はいま，ハイゼンベルグ (1901-76) やディラック (1902-84) といった世代ではなくて，まだボーア (1885-1962) の時代なんです。いろんな知識を総合して少しずつ体系を理解している，そのなかに，いままで理論的に経験したことのない新しいデュアリティの現象が見つかっているということです。

3. 超弦理論と次元

三浦　その新しいデュアリティの現象をもう少し具体的に言うと？

大栗　次元が変わってしまう現象があるんです。「光子の裁判」は非常に巧妙に光の粒子的性質と波的な性質の両方が存在することを説明してくれていますよね。

三浦　「光子の裁判」と同じように，今度はそれが現象する場面自体＝空間も問題にせざるを得なくなるような現象ということですか？

大栗　そうです。まず一つは，舞台だった時間や空間自身のとらえ方が変わります。

三浦　つまり舞台そのものが変化してしまうという点が決定的に違うところなんですか？

大栗　たとえば僕らが今，2 次元のうえの空間に住んでいるとします。高さのない世界，縦横や前後の紙の上にしか行き来できない，それが (紙を筒状にして) こんなふうに丸まってい

三浦雅士との対談：世界の見方を変える　145

たとします。縦方向にいけば真っ直ぐ進みますが，横方向に進めばぐるぐる回る。この世界に住んでいる人は，歩いていけば元の場所に戻ってきますから，世界が筒状になっていることがわかりますし，その半径もわかります。ところが，この世界に住む人が点ではなく，ひも状に広がったものだったとすると，違う現象が現れてくるんです。点であれば，どの方向に進んでいるか，ぐるぐる回っているか，どのくらいの速さか，といったぐらいの運動しかないのに，ひも状だともう一つ新しい形態があって，筒に巻きつくことができる。しかも二回でも三回でも巻きつける。点の粒子にはなかった新しい形態です。そこで，筒の半径を変えたときにどうなるか考えてみます。筒のサイズが小さければ短くても巻きつけますし，軽い。たくさん巻きついたものでも筒のサイズが小さければ軽い粒子ができる。そのことが，ひもを使った空間や時間認識と，点を使った空間や時間認識との違いになるんです。

　そもそもユークリッド幾何学の公理が点の特徴づけから始まっているように，これまでの幾何学はすべて点を基礎にしてきていました。アインシュタインの一般相対性理論の基礎となったリーマン幾何学にしてもそうです。ところが弦理論になると，基礎になるのは，点ではなく，1次元的に広がったひもなので，今度は空間のかたちや時間の振舞をひもがどう見るか，それを使って空間を見ればどう見えるか，ということのすべてが問題になってきてしまった。そのことは最近は数学でも非常に盛んに研究されていて，4年に一度授与される数学で最も権威あるフィールズ賞——広中平佑さんや森重文さんが受賞された——は1990年代から今にいたるまでの半数近くがその分野の研究に与えられているほど重要な話題になっています。

三浦　トポロジーということですか？

大栗　それも含まれますが，幾何学全体をひもで見るとど

のように見えてくるか，「弦の幾何学」と言ったりしますが，まったく新しいいろんな現象が見えてきているのです。

三浦　すると，たとえば筒を実体的に考えるからおかしくなってしまうわけで……。

大栗　僕らからすれば筒というのは筒の形にしか見えないのですが，ひもを使って観測すれば全然違った現象がある。たとえば今おっしゃったトポロジーは，空間の性質を分類する方法ですね。ボールとドーナツはトポロジーが違うと言い，それによって空間を分類しているわけです。ところが，それは点を使って観測した結果なんです。弦を使ってトポロジーを定義すると，これまでトポロジーが異なると思われていたものが，連続的に変化したりすることもある。つまり空間の分類が，1次元的に広がった弦を使えば異なって見えてくる。点を使って幾何学を作ってきた僕らにはそういう直観的な感覚はないのですが，自然界のいちばん基礎のところが1次元的に広がった弦でできているというところから出発し，それを使って空間を観測して理論を作ると，これまでの幾何学の分類，空間の形とはまったく違った分類になることが分かってきたんです。

三浦　その場合の弦というのは，点や線とは違う定義になりますよね？

大栗　無定義用語なんです。いちばん基礎のところですから。

三浦　ああ，そうか。

大栗　空間の1次元的な部分を線としているわけです。

三浦　長さはあるのですか？と聞いていいのでしょうか？

大栗　もともとの空間にあった測り方で測れば長さはありますが，それは点粒子の言葉での表現です。

三浦　すると，長さというのも幻想の一種ということになりますか？

大栗 そうですね。一つの空間の記述の仕方で，僕らは点を使って幾何学を構成してきた——空間の中の場所は点で決まって，その間の距離を測ることができる——のですが，まったく違った幾何学の作り方もある。

三浦 すると，超弦理論というのは基礎の部分から全部変えていくということ？

大栗 空間や時間の考え方をやり直そうとしているわけです。なぜならこれまでの空間や時間の考え方では，どうしても重力と量子力学をうまく合わせることができないからです。

三浦 アインシュタインとハイゼンベルグを，ということですね。

大栗 点を基礎にしたリーマンの幾何学を使って作られたアインシュタインの重力理論と，ハイゼンベルグやパウリの量子力学が，1世紀ぐらい科学者が研究していてもどうもうまく組み合わさらないのは，どうも基本的な問題があるのではないか，と。

三浦 出発点に立ち返って考え直してみる？

大栗 そういうことです。

三浦 すると僕らが考えているよりずっと巨大な話ですね。

大栗 これまで考えられてこなかった新しい幾何学に立脚することで，重力と量子力学との統合の困難を解決しようとしているんです。

三浦 そうか。僕ら素人はどうも点の考え方の延長上でひもをイメージしていたようです。

大栗 もちろんそれは自然なことです。でも，そうではなく，広がったものを考えることでこれまでとは違った幾何学を作り，それに基づいた新しい重力理論を作ろうということなんです。

三浦 それはもうまるっきり想像しにくい！(笑)

大栗 できないですよ。だって僕らは点粒子に基づいた幾何学で生きているわけですから。

三浦 そうか。先ほどの階層の話になりますが，点と線という考え方というのは……。

大栗 その階層構造は，そもそも点を基礎にした幾何学を前提にしているわけですよ。

三浦 えーっ，階層構造そのものが？

大栗 そりゃそうです，距離とかいう話ですから。よりミクロな世界というのは，より距離が短いということでしょう。

三浦 そうか。でもひもを基礎にした新しい数学にも新しい階層構造がありうる？

大栗 あるかもしません。でもこれまで点を基礎としてきたような，よりミクロなところへいって，より基本的な理論を作るという道筋はもう終わっているわけです。

4. 自然はなぜ階層的か

三浦 物凄く根底的な変化が企てられているわけですね。そのせいもあると思いますが，現代物理学の理論が先端部分で西洋的な思考様式では収まり切らなくなってしまって，東洋的な思考様式へと突入してしまったような印象を与える。たとえば仏教のコスモロジーに近い印象を与える。そういったことは言われたりしませんか？

大栗 どういうことですか？

三浦 アメリカやヨーロッパで，西洋的な思考様式でこれまでやってきたことが……。

大栗 現代科学は西洋でできたわけですから，当然，西洋的な思想に基づいています。

三浦雅士との対談：世界の見方を変える　149

三浦 それが限界まで来て，西洋的な思考様式を食い破りはじめた，とか？

大栗 でも弦理論もあくまで科学の方法に基づいて研究されているわけで，僕は東洋の考え方だとか仏教との関係というのはよく分からないですね。科学というのは，実験や観測に基づいて，数学的に定式化された理論を検証し，自然の仕組みを理解しようとする学問です。そういう方法ができる以前にあった，東洋的な思考や仏教のコスモロジーとどういう関係になっているかは，ちょっとよく分からないです。

三浦 でも，湯川秀樹さんにしても岡潔さんにしても頻繁にそう誤解をされるような発言をされていたんです。それはともかく，階層性の話ですが，システム生体論のベルタランフィ(1901-72)が階層的な世界について，たとえば言語のレベルで人間は社会や国家を作っている，それが病気になると細胞のレベル，さらには化学のレベルによって支えられていることが分かる，さらに病気が放射線に関わる場合にはそれが原子のレベルでできていることが分かる，だけど，それら一つひとつの層はシステムとして体系性をもっていて，そのレベルだけ考えることができる，というようなことを言っていますね。

大栗 通常はそうですね。ただ，おっしゃったような極端な場合は，より深い階層の情報が必要になるということですね。

三浦 その階層性が，ご著書を拝見していると非常に重要なものに思える。

大栗 もちろん。階層構造があるというのは，僕らの自然の理解の基礎にあります。いまおっしゃった生命現象の階層構造というのは，自然の階層構造の一部を体現しているわけですよね。

三浦 その階層構造は自然の特徴だと考えておられる？それとも……。

大栗　それは人間の認識のせいなのか，自然の構造なのか
は分からないです。僕らは自分たちが分かるようにしか自然を
理解していないので。一つ安易な考え方をすると，僕らの自然
認識は進化の偶然でできてきたわけで，人間は特別な存在では
ありません。進化のなかでたまたまできてきたのですから。僕
らの自然理解は，もともと日常生活で経験できることしか認識
できないわけです。パッと見て認識できる世界は数 cm からせ
いぜい 1 km ほどの範囲のことで，桁にすれば 5，6 桁ぐらい
です。それ以上の桁数の世界になると，階層を積み重ねて理解
していくしかない。自然がそうなっているのではなく，僕らの
認識の仕方がそうなっている。もし人間よりもっと知力のすぐ
れた生命体があれば，階層構造などというまどろっこしいこと
は言わずに一気に認識することもあるかもしれません。

　でも，僕らが理解できる自然のありようとはそういうこと
であって，それはある意味，幸運なことだと思います。科学技
術が発達して，掘っていくような感じで自然の深いところが
順々に分かってきた。原子や分子の性質を調べる時に，事前に
クォークの微小な構造まで知っていなければならなかったとす
れば，決して原子論も分子論もできませんでした。少しずつ分
かってきたからこそ，自然界のことが僕らの知力でも分かって
きたわけで，それは自然がそうだから幸いにも僕らが自然のこ
とを理解できたのかもしれないし，逆に僕らの理解の仕方がそ
うだったからなのかもしれません。

三浦　ではどうして人間は階層的に考えるのだろう，とい
う点は……？

大栗　一つは進化の制限というか，僕らは，何桁ものこと
をいっぺんに分かるようには進化してきていない。そういう能
力が必要ではなかったわけです。

5. マクロとミ

三浦 うーん。階層性は生物学であれ社会学であれ，場合によっては経済学であれ，同じように出てくるんですけどね。

大栗 経済でもあるのですか？

三浦 マクロとミクロと言った場合に。

大栗 ああ，そういうことですか。

三浦 そこには，部分を総合すれば全体になるという単純な考え方ではない考え方が潜むわけで，そこは基本的にとても似ている気がします。

大栗 経済の場合にはいろいろと難しい問題があると思います。科学の方法を当てはめることが難しい対象，複雑系を扱っていますから。その点，物理は対象がコントロールしやすくて分かりやすい。物理の世界ではより深い階層の理論が基礎であって，そこからその上に乗っかっているものが導かれると誰しも考えているわけです。たぶん経済の場合には，そもそもミクロの世界の理論もまだ確立しているわけではなくて，たとえば標準模型などはないですね。人間の行動を理解しようとしているのですから。

三浦 理念型としては経済人の標準模型があるかのように主張していますが，物理学と同じほどではない。(笑)

大栗 ですから，ミクロな世界の法則からマクロな世界を導くようにはまだできない。そういう意味では，同じ階層構造といっても少し違うかなとは思いますけれど。

三浦 パラドクスがあるんですよね。諸個人が利己的に行動することによって社会が繁栄するのであって，利他的に行動するとそうはならないというようなパラドクスが。その場合，ミクロがマクロを決定し，マクロがミクロを決定するというようなかたちになる。

大栗 後者もあるんですか? マクロがミクロを決定するという。

三浦 むしろその方が大きいんじゃないでしょうか。

大栗 それは, マクロな経済の状況が個人に影響するという意味ですね。

三浦 しかも, その影響の仕方が直接的ではなくて, さまざまな……。

大栗 スケールが分かれていないということですね。物理の世界では「デカップリング (分断)」と呼ばれていますが, スケールが違う現象は基本的に混じりません, 特別な場合を除けば。先ほどいい例を出されましたが, 人間も普通に生きている時は細胞や原子のことを気にしないでいられますが, 病気や特別な状況になると, 違う階層のことがひょいと顔を出してくる。経済の場合にはそれがもっと頻繁に起きていて, 違う階層のものが入り乱れているということはあると思います。異なるサイズの現象がデカップルしていないということですね。それが経済の理解を難しくしていることの一つでしょう。

三浦 おそらく同じようなことが, 生物学や社会学などにもある。

大栗 同じ科学でも階層構造がきれいに分かれているものもあれば, 入り乱れているものもある。デカップルしていないと, 定量的な理解が難しくなります。

三浦 やはり物理学ほどきれいに分かれない。物理学の場合は, 階層によって物差しそのものが違うでしょう。スケールが飛躍するじゃないですか。目に見える世界から見えない世界へ, もっともっと見えない世界へ……。

大栗 加速器だとか, ゼロがいっぱい並んだり。(笑)

三浦 その飛躍の度合いが足し算ではなく掛け算になってしまう。最近話題になっているグローバル・ヒストリーの場合,

あれは時間を対数尺で測っている。

大栗 現代から過去を理解しようとしているからじゃないですか。たとえばエジプト時代の人がエジプト史を書けば，より細かく書けますよね。(笑)

三浦 そうじゃないこともあると思う。

大栗 昔は変化が緩慢だったということですか?

三浦 ええ。進化も同じでしょう。急速に進化する生物もあれば，起源以来まったく変わっていない生物もある。地質年代の単位は場合によっては百万年とかになっていますが，もう少し現代に近づいて人類史の段階になれば，千年単位とか万年単位になる。これはたまたま観測者から見ているからだ，と大栗さんは思われる?

大栗 人間は人間には特に興味があるからではないかと。

三浦 かつて実存主義者のサルトルが，レヴィ＝ストロースの構造主義的人類学が通時態を無視して共時態にだけ関心を示す姿勢をとることに対して「非歴史的で反動的だ」と批判した時，レヴィ＝ストロースは「サルトルの言う歴史はまったく自己中心的な歴史で，それは年表を見ればすぐに分かる，最近のことは日単位，月単位で，昔のことは年単位，十年単位，場合によっては百年，万年単位ではないか，そんな歴史など相手にできない」と反論したという有名な話があって，少し似ています。

大栗 それはそうだと思いますけれどね。(笑)

6. 科学の発見

三浦 進化と同じように，人間の進歩というか変化というのは近年に近づけば近づくほど騒々しいほど速くなっています。道具の獲得，火の獲得，農業の開始，遊牧の開始，文字の

獲得は人類史の大事件ですが，同じような大事件と言っていい蒸気機関，内燃機関，電力，原子力の発明，発見は，昔とは比べ物にならないくらい間隔が狭くなっている。

大栗　内燃機関にしろ，石油の活用にしろ，原子力にしろ，結局，科学の方法が確立したことの帰結です。そこが大きな転換点ではないか。火の発見や農業の発見に匹敵するのは「科学の発見」であって，内燃機関の発見はその帰結にすぎない。科学の発見とは，科学の方法を発見したということです。今から400年ぐらい前に科学革命があった——科学哲学ではそんなものなかったという意見もありますが——先ほど少し言いましたように，観察や実験に基づいて数学の言葉で自然界の法則を見つけていくやり方は，それ以前には当たり前のことではなかった。たとえば古代ギリシア人の思想家たちは，自らの主張を実証する必要を感じていなかったのではないかと思います。タレスは自然は四つの元素でできていると言い，デモクリトスは原子からできていると言い，言うだけで根拠はない。科学の方法の重要な点は，それらをちゃんと観察と実験によって検証していくということ。ですから火や農業の発見に対応するのは科学の発見ではないか。世界史が以前にも増して速く変化している理由は科学技術の発見があったからだと思います。

三浦　そうですね。でもそれは非常に科学中心主義的だと言われるかもしれない。(笑)

大栗　おっしゃるとおりです。(笑) でも，過去4世紀のヨーロッパ世界と非ヨーロッパ世界の歴史を比較すると，科学革命を経験している国と，していない国の違いがあると思います。

三浦　大栗さんは科学の普遍性，数学の普遍性を信じていらっしゃる？

大栗　まず，数学の普遍性について，コメントをさせてください。科学には自然言語では表現できないことがあります。量

子力学がその典型的な例です。日本語のような自然言語で量子力学を説明しようとすると、さっきお話に出てきた朝永さんの「光子の裁判」が限界です。自然言語は人間の進化の過程で基本的に日常生活を語るために作られてきたものですから、科学が発展して、量子力学のように、これまで人間が経験していないような現象に出会った時、今までの自然言語で表現できるとは限らないわけです。そういう時に、人工言語である数学が便利なのは、しがらみがないからです。自然言語にはしがらみ、コンテクストがあります。日本語であれば日本という国、風土の中で生まれてきたものです。エスキモーには氷を表わすのに十数個の表現があると言われますが、日本語なら人間関係を表わすのに、「あなた」に当たる言葉が何種類もある。その点、人工言語の数学の言葉なら、これまで経験したことがないような現象も表現できることがある。

三浦　数学は世界共通であり普遍的であると？

大栗　もちろんそうです、宇宙共通というか。もちろん違う星では違う数学ができるかもしれません。でも公理を認める限りは、たとえ十億光年向こうの星の上に生命体が生まれても、その人たちと数学ならコミュニケートできます。

三浦　人類が滅亡した後に別の知性体が人類の遺跡を発掘しても理解できる？

大栗　きっと理解できるだろうと思います。人間の滅亡後に人間ぐらいの知性がある生命体がもう一度生まれたら、ここは分かっていなかった、こんなところまで知っていたと。

三浦　いま探求されている宇宙像は人類を超えた真理をもっているわけですね？

大栗　そう思っています。現在の哲学の分野である社会構成主義ではそう考えないようですが、私は科学の発見は自然の本当の姿を表わしているのだと思います。

三浦　アインシュタインとタゴールが有名な対談の中で論点にしたところですね。タゴールは人間を離れて真理はないと考え，アインシュタインは大栗さんと同じように人類を超えて妥当すると考える。いまは科学者の 99 ％が大栗さんと同じ考えですね。

大栗　まあ，社会構成主義の立場をとれば科学者はやっていられないですよね。(笑)

三浦　社会構成主義という考え方自体も社会構成的によって生まれている。(笑) 自分をも含む対象についての言説は必ずそういう要素をもってしまいます。したがって，社会構成主義の真理性自体が疑わしいということになる。

大栗　私は社会構成主義者ではないですが，その点については，少し擁護させてください。たとえば，ゲーデルの不完全性定理は自然数を含む数学の体系の無矛盾性を証明することはできないと言っていますが，矛盾していると言っているわけではない。同じように，社会構成主義が，「自然科学は，社会構成的に生まれたものなので，固有の意味はなく，正当化できない」と言ったとします。そこで，それを自分自身に当てはめると，この主張も正当化できない，ということになるかもしれませんが，矛盾していると言っているわけではない。そう言えば自己矛盾をきたさない。(笑)

三浦　でも，社会科学としては正当化できないということだけでも十分な痛手だと思いますよ。(笑) いずれにせよ，ゲーデルの定理自体は真理としてあるわけですね。

大栗　ゲーデルの定理は数学の定理ですから，なんら神秘的なことはなくて，既存の数学の手続きに従って証明された真実なんです。

三浦　むしろ，数学がなぜ世界という実在に対して有効性を発揮しているのか，そのことのほうがよほど不思議です。

大栗 数学の世界は広くて，現実とまったく関係のない——僕らがまだ現実との関係を見つけていないと言ったほうがいいかもしれません——数学もあります。僕らが実際に自然界の理解に使っている数学は，数学のごく一部でしかない。ただ，数学が自然を理解するのに有効な理由の一つは，しがらみがない点で自然言語よりは有効ということです。数学の枠組みの中に自然があらかじめ組み込まれているわけではない。

過去にそう言って間違った人もいて，カントは典型的な例です。彼はユークリッド幾何学はアプリオリな知識である，人間が見つけたけれど特別な地位にあって，自然界の奥深い真実の一部であると言ったのですが，アインシュタインの一般相対性論やリーマン幾何学ができれば，たとえば重力が働けば空間が曲がったりするわけで，ユークリッド幾何学が特別な地位にあるわけではない。ユークリッド幾何学は，ただ重力の弱い時という，特定な場合だけを表わしていたわけです。ですから，僕は数学そのものに現実との深い関連があるとは思っていません。ただ数学は日常言語より非常に強力でより普遍的——もちろん人間が作ったので完全にそうではありませんが——な言語であって，自然言語よりは広い範囲に使うことができる，科学の世界では非常に有効なものだと思っています。

三浦 僕は数学も言語のひとつだと思っていますので，そのお話は興味深いですね。

大栗 しかし，あくまで人間の発明ですから，限界もあります。人間は，宇宙のごく限定された部分しか理解していないとは思いますが，アインシュタインの一般相対性理論などによって，宇宙全体についてもある程度のことは何か言える。ビッグバンから始まってどう進化してきたかについてもかなりのことは分かっています。でも，それは宇宙のある限られた部分にすぎない。……宇宙を理解するというのは非常に不思議なことで

すね。理解する者がいなかったら，じゃあ宇宙は何なんだと。(笑) たぶん宇宙には意味はないわけで，ワインバーグ (1933–) という物理学者は，科学解説の名著『宇宙創成はじめの 3 分間』(ちくま学芸文庫) の中で「宇宙のことを知れば知るほどそこには意味がないように思えてくる」と書いています。

三浦 言ってしまえば「まぐれ」ですよね。まさに「まぐれ」の連続。

7. 宗教と科学

大栗 日本にいるとあまり強く感じないのですが，アメリカにいると科学と宗教の対立が言われたりして，宗教の社会におけるインパクトは非常に強いと思います。キリスト教を信じている人は「人間は神の設計を地上に実現することが目的だ」と言う。「目的」があるんですね。ところが科学の研究では目的を排除する方向に進んでいる。

三浦 大栗さんも微妙に揺れているようにも見えます。無意味ともおっしゃっていないし，意味があるともおっしゃっていない。

大栗 宇宙自身に意味はないけれども，それを理解しようとする人間の営みには一定の意味はある。僕ら自身が意味をつくる，意味がないところに意味をつくっているんです。

三浦 われわれ生命現象が，自分に合致した環境をつくっていくということを考えれば，生命現象とは意味をつくりだす現象です。それがタゴールの言いたいことです。結局，宇宙は生命現象に支えられている，その生命現象のコアに人間がいると考える。

大栗 うーん。

三浦雅士との対談：世界の見方を変える　159

三浦　人間を取ってしまえば宇宙に意味はない，と。だけどアインシュタインは，自分の公式は普遍だと思っている，人間がいてもいなくてもあると。そこで対立するんですね。

大栗　それはどういう意味で言っているかによりますね。アインシュタインの言うことも理解できて，たとえばアインシュタインの方程式に従って，宇宙は人類が誕生する前から発展してきたわけですね。そこはタゴールはどう思っているのでしょう。

三浦　たぶん宇宙の進化自体が生命を，そして人間を育んできたと考えている。いわば宇宙の自己実現の一つだと思っている。そこはヘーゲルに似ていて，絶対精神の自己実現，一種の宇宙宗教ですね。おっしゃったようにアメリカの場合は極端ですが，日本でも仏教がもっと強く介在していればそういうことになったかもしれません。でも一神教とは違う。

大栗　アメリカではやはり宗教の社会に関する影響力は高いです。

三浦　原理主義者ではなくても，宇宙のこの神秘にはとても耐えられない，やはり神を想定せざるを得ない，と感じている科学者はけっこういると思います。

大栗　科学者の世界ではわからないですけれど，一般人の世界では相当強いですね。日本では「私は神様を信じていません」と平気で言えますが，アメリカで無神論者だと言えば，えっという感じで，宗教心のない＝倫理観のない，すごく危ない奴だと。

三浦　テロリストだと……。

大栗　そう，そんなふうに思われてしまう。もちろんアカデミーの世界は違いますよ。僕は大学の世界しか知りませんので，周りもほとんど無神論者ですが，一般の社会だと全然違う。たとえばアメリカの国会議員で，公式に無神論者と言って

いる人は一人もいません。

三浦 でも，ドーキンスみたいな戦闘的無神論では，20世紀後半の物騒な事件の多くは狂信的な一神教者たちによって惹き起こされたということになる。一神教そのものがこれほどの害悪をなしてきているのだから，それは積極的に廃棄されなければならない。

大栗 彼は相当に戦闘的ですよね。

三浦 そういう人たちの動きに対しては，カリフォルニア工科大ではどうですか？

大栗 大学としてのポリシーはないですが，科学者でもいろんな人がいます。ドーキンスさんは極端に攻撃的すぎる，という人もいますが……。

三浦 分からないでもない，という感じですか？

大栗 頑張っているねという感じだと思います。(笑) でもアメリカの科学者には非常に真剣にとらえる人もいて，たとえば先ほどのワインバーグは，標準模型の建設という基礎的なところで重要な貢献をして，特に南部陽一郎先生たちが提案された対称性の自発的破れを素粒子の世界に組み込んで弱い力を説明し，素粒子に質量がどうやってできるかを明らかにしてノーベル賞も受賞しましたが，彼は社会構成主義者と盛んに論戦をして，科学には普遍的な位置があるということを言っています。

8. DNA研究と人類の起源

三浦 Caltechにはバイオロジー系の学部もありますよね？

大栗 もちろんあります。

三浦 カリフォルニア大学バークレー校のアラン・ウィルソンとレベッカ・キャンのDNA研究，とくにミトコンドリア・イブの研究は影響がものすごく大きくて，考古学から言語学か

三浦雅士との対談：世界の見方を変える　161

らガラッと変わってしまいましたね。

大栗　人間のゲノムが読めるようになってからずいぶん変わりましたね。

三浦　変わり方が半端じゃないです。

大栗　最近アメリカでは自分の DNA を調べてくれるサービスがあって，あなたの祖先は何％が何で，何％が何で，というのが分かるんです。

三浦　日本人はバイカル湖から来たという説があって，バイカル湖周辺に住んでいた原住民の DNA と，相当な近さを示しているそうです。16 万年 ± 4 万年，つまり 20 万年もしくは 12 万年前に東アフリカのあるところにいた女性が現生人類の共通の祖先であるという仮説がいまや常識になりつつある。その後の人類移動の道筋は世界中の学者が争って研究している。何万年前はだいたいどこにいたという地図ができて，それとバイカル湖の話は一致するようです。

大栗　ミトコンドリアの遺伝情報を，母親に溯っていくと何万年前の南アフリカに行きつくという話ですね。ただし，その人だけが母親だったわけではもちろんなくて，ほかの祖先はきれいにトレースできないということですよね。

三浦　ええ。そのアフリカのイヴは集団の一員としていたわけですから，いわば理念型のようなかたちで現生人類の共通の祖先を想定できるという考え方に集団遺伝学がポジティヴな証拠を出したということだと思います。重要なのは，その結果，現生人類の人種や民族というのは，地質学的年代で言えば，せいぜい数万年前に分化したにすぎないということになる。人種問題，民族問題の矮小さが明確になった。他方，カヴァッリ＝フォルツァが父方相続の Y 染色体で研究をしたら，それもほぼ似た結果を出した。

大栗　父方で相続していくものがあったんですね。

三浦 ええ。10万年，20万年という単位は，コンピュータにしてみれば，日付入りで記述していってもすべて記録できるという程度のものでしょ。現生人類の起源とその移動に関してはかなりのところまで分かってしまった。最初に何千人単位で動いて，どこに行くのにどれくらい年数がかかって，という流れまで出てきてしまった。面白いのは言語とDNAとの対応関係です。人称の呼び方の分布図がDNAの分布図と重ね合わせられ，年代が遡られ，仮説が提示され，考古学者がそれに合った証拠を見つけようとする。ソビエトが崩壊してからロシアと西洋の考古学者が中央アジアで一緒に研究するようになって，状況が刻々と変わるようになってきた。

大栗 バイカル湖の話についてもその成果ですか？

三浦 大局的にはそうだと思います。バイカル湖周辺の原住民と日本人のDNAの親近性を論証したのは独自の研究だったと思いますが，両方が参照し合っているのでしょう。言語学は文字記録がない以上は遡れませんが，DNAとの関係で遡れるという仮説をたてると合致することが出てくるんです。

大栗 今の言語を比較しているわけではないんですね。

三浦 ええ。変化係数のようなものがあって，過去に伸ばしていっているんだと思います。その話と超弦理論は，トピックスとして言うと同じほど面白いですね。

9. 複雑系の現在

三浦 複雑系についてはどうですか？

大栗 複雑系は，30年くらい前に評判になったものの実はそれほど成果はないのですが，いくつか面白い結果はあります。これまで物理学においてきれいに理解できるのは，非常に少ない自由度，少ない変数をもったものに限られていた。たと

えば太陽系が典型的です。惑星が8個しかなく，その運動は精密に分かるし将来も予測できる。それに対して大気の動きを追う天気予報は膨大な自由度を扱わなければならない。株式市場もそうです。そういう少数の自由度に還元することができない現象に対して，限定された場合であっても，それを扱う手法のいくつかを開発したのは複雑系の研究の一つの成果だと思います。少数の変数のみ扱うのでなく，そうでないところでも何とかやろうと打ち出したのは意味があったと思います。ただ本質的に難しい問題ですから，なかなか成功例はないですね。

三浦　偶然性の問題と重なりますね。

大栗　ビッグ・データというか，人間の現在の解析能力では相手にできないようなシステムです。先ほど触れたように，僕らが理解できるのは階層構造があって，各々の階層に非常に少ない数の自由度が絡んでいる時ですが，複雑系はそうでないところになんとか挑みたい，というスローガンみたいなものだったんです。

三浦　そのスローガンのもとに研究所ができましたね。

大栗　サンタフェにゲルマン (1929-) がつくった研究所 (1984 年設立) がいまもあって，成果がないわけではない。素粒子の研究で朝永さんのノーベル賞の対象にもなったくりこみという考え方を使って，自由度の大きいものを制御し計算できるようにしたとか。たとえば，昔から知られていたことですが，生物の心拍数と寿命には関連がある。象は長生きしますが，鼠は短命です。実は人生の総心拍数はすべての生物で同じであって，象は心拍が遅く，鼠は速いんです。

三浦　えーっ，初めて聞きました。

大栗　生物のサイズと心拍数の関係にも一般的な法則があります。そういう生物の心拍数や寿命は非常に複雑な要因で決まっているにも関わらず，とても簡単な法則がどうもある，そ

れをくりこみ理論を使って説明したりするんです。

心拍数はどう決まるかといえば，心臓から太い血管が出てそれが毛細血管になって血液を体の各所に送るとき，体が大きいと毛細血管のネットワークが複雑になりますから，それに耐えるほど大きな心臓でないと毛細血管の動きまで滞ってしまう。そこを計算に入れて，心拍数がどのくらい変化してそれに対して寿命がどうなるかのモデルをつくる——けっこううまくいった例があります。

三浦　人間の寿命もサイズに関係あるのでしょうか？

大栗　まあ，エクササイズをして心拍数を増やしたからといって早死にするわけじゃないですよね。(笑) 最近はそれをさらに拡張して，都市のエコロジーに応用している人もいます。毛細血管のネットワークを，物理の考え方でなく，都市のインフラストラクチャーの規模の法則に当てはめてみるわけです。世界にはニューヨークや東京のように非常に人口の多い都市もあれば，逆に小さい都市もある。その都市には人口のほかにも総生産や下水といったインフラなどの基本的なデータがあるわけですが，そこで，都市のサイズを大きくしていくと経済はどのくらいの規模で変わっていくかといった一般的な法則を見つけることができる。その法則をモデルを使って探究しようとしているんです。都市では何百万人の人が各々自分勝手に動いているわけで，その振舞は複雑系なのですが，そこにも何か法則があるのではないかというわけです。

三浦　最近夜の地球の写真をよく見ますが，地球上の夜の都市はパッと見ると神経系と形がとても似ていますね。

大栗　そのアナロジーで法則が導ける場合があるのでしょう。実際にサンタフェのジェフリー・ウェストという人はそういうことをしています。最初は生物を研究していて，くりこみ理論を使って生物のサイズが変わると循環器系や寿命がどう変

わるかなどを研究していましたが，それを今度は都市にあては
めて，都市のくりこみというか，サイズが変われば都市がどう
振舞うかの研究をしていて，なかなか面白い。

　複雑系の研究が，人工知能 (AI) の進歩によって大きく変わ
る可能性もあります。この方面の技術の進歩は著しく，最近，
グーグルの「アルファ碁」が世界トップの棋士に勝つという事
件もありました。将来は，AI の活用によって人間の解析能力
を超えた複雑系の理解が進むという可能性はあると思います。

10. 科学に日本的思考はありえるか

　三浦　複雑系を西洋合理思想の限界を突破する思考と考え
て，東洋的あるいは日本的な考え方がこれからは有効なのでは
ないかと指摘する人たちがいましたね。数学者でいえば岡潔さ
ん，物理学者でいえば湯川秀樹さんなんかにもそういうところ
がある。そこまでは言わないまでも，自然科学における詩人的
直観の重要性を示唆する人は少なくない。

　大栗　うーん，ちょっとよく分かりませんね。

　三浦　たとえば美術史家の高階秀爾さんは湯川さんの中間
子という着想は西洋では出てこなかったんじゃないかとおっ
しゃる。また南部陽一郎さんの破れといった着想についても，
ヨーロッパ的思考からは出てこなかったのではないか，と。

　大栗　僕はそうは思わないですね。たとえば具体的な反例
としては，湯川秀樹はもちろん中間子論を最初に指摘しました
が，実はエンリコ・フェルミという人もかなり近い発想をして
いました。実際，中間子発見の年の湯川さんの日記を見ると，
フェルミがかなり近いところまでやっていて，先取りされたん
じゃないかと心配する記述があります。

　対称性の自発的破れに関しても，南部先生のノーベル賞受賞

対象となった研究は，そのメカニズムを素粒子の世界に応用して，素粒子の質量の起源を説明したことです。そもそも対称性の自発的破れはハイゼンベルグのスピンモデルもそれを表わしていますし，南部先生が直接影響を受けたのは物性の超伝導の理論です。超伝導は，20世紀の初めにカメルリング・オネスが発見したのですが，半世紀もの間，理論的に説明できなかった。それをイリノイ大学のバーディーン，クーパー，シュリーファーらが説明したのを南部先生が聞き，もっとよく理解したいと研究するうちに，素粒子に使えるんじゃないかと思いついたのです。

　物性の理論では，対称性の自発的破れがすでに様々な場面に現れていましたが，それを素粒子の世界に応用したのが南部先生だったのです。しかも，素粒子への応用を最初に言ったのも，フィリップ・アンダーソンという物性物理学者で，パンフレットふうの短い論文に超伝導理論が素粒子にも使えるのではないかと書いていたんです。それで彼はずいぶん長く南部先生のノーベル賞受賞に反対運動をしていた。

　湯川さんにしろ，南部さんにしろ，科学の方法にのっとって，欧米の研究者が先に見つけたかもしれない競争状態の中で，大きな貢献をしたことが重要なのであって，日本の伝統があるからできたというのは，彼らの創造力や功績の評価としては的外れではないかと思います。

　三浦　うーん。日本人は独特だと思いたいということなのかなあ。

　大栗　日本の伝統から着想した発見もあるかもしれませんが，中間子論や対称性の自発的破れについては，湯川さんや南部さん自身の独創力の方が重要だったと思います。

　三浦　ただ，自国の文化の特異性が科学的思考に貢献したことを誇る傾向はインドやそのほかの国にもあると聞きました。

三浦雅士との対談：世界の見方を変える　167

大栗 インドや中国の人たちが，何千年もの歴史と，人類の知的財産への貢献を誇りに思うことは当然のことです。日本の貢献とは比べ物にならない。

三浦 数学に関しては，インド人はとくにそうでしょう。何もないということをゼロとして対象化したわけですから。

大栗 それは数学に関しては意味のあることでしょう。科学に関しては，現在の方法が確立したのはガリレオやニュートンの時代で，実験をして自然界の真実を見つけていく方法を発見したのはヨーロッパの人だと思いますが，数学はそれ以前からあったわけで，中国やインドもさまざまな貢献をしています。ピタゴラスの定理も，もともとインドや中国での蓄積があってできたものです。インドにはゼロの発見もある。

科学の世界は多国籍で，僕のグループでもアメリカ人は少数派で，いろんな国の人がいろんな考え方をもってきている感じです。たとえば中国人が中国人特有の研究をするといったことはない。文化の違いが科学の研究にそれほど影響を与えているとは僕には思えません。

11. 「なぜヨーロッパが…」

三浦 ただ一番問われているのは「なぜヨーロッパが…」ということです。なぜヨーロッパが科学革命の担い手になり，産業革命の担い手になったか。その直前まで最先端を走っていた中国がなぜ脱落したのか。それはヨーロッパが先に普遍性に達したからだと，山崎正和さんは言うわけです。(笑) それを証明したのが日本の近代じゃないか，と。

大栗 伝統がなくても，科学にはちゃんと向き合うことができたということですね。

三浦 日本の存在自体がヨーロッパの普遍性を証明しているというのが山崎説です。

大栗 経済も大きいですよね。学問は経済が盛んなところで発達しますから。古代ギリシアでも，科学がいちばん発達した時期はいわゆるヘレニズム期ですね。その一例がエジプトのアレキサンドリア大図書館です。

三浦 地中海商業圏ですね。

大栗 それを引き継いだのがアラブ世界で，その後にヨーロッパがアメリカ大陸を発見して富を得て，科学革命が起こる。20世紀になるとアメリカです。経済力ですね。

三浦 ただその前の段階でモンゴルが世界制覇します。その資金源になったのが宋です。宋代の都市は近世都市ですね。長安のような人工的な政治都市ではなく，臨安 (杭州) のような商業都市が南宋の首都になる。道が碁盤目状ではなく自然発生的な網目状で，印刷，商業，紙幣などの都市文明が発生する。

大栗 12世紀ぐらいですか。

三浦 ええ。その直後にモンゴルの制覇があって，チンギス・ハンはまず中国からかなりの富を収奪することでヨーロッパに進出したのだとぼくは思っています。チンギス・ハンが征服したのは金ですが，金は宋を収奪していた。いずれにせよ宋を中心とする経済システムの富がモンゴルを支えたことは間違いないと思う。その後にモンゴルはヨーロッパにまで進出するわけであって，一種の世界貿易圏を作る。その世界貿易圏に参画したのがイタリアの都市国家であり，そこでイタリア・ルネサンスが生まれる。

大栗 世界史に多くの影響を与えましたね。

三浦 ええ。日本でも平安から室町に至る段階で流通するのは宋銭です。ルネサンスは宋に起こってもおかしくなかった。

三浦雅士との対談：世界の見方を変える　169

紙も火薬も独自に発明しているわけだし。

大栗 中国は偉大な貢献をしましたが，一つなかったのは，古代ギリシアにはあった「基礎に戻って考える」という考え方です。火薬にしても，技術であって科学ではない。自然界の仕組みを理解しようと基礎に戻って考えることを初めたのは古代ギリシア人で，その知識はアラブに継承され，アラブ人がイベリア半島を征服してコルドバに大図書館を作り，ヨーロッパがレコンキスタでそれを取り戻したときにその大図書館の知識が流入した。基礎に戻って考えるという古代ギリシアの考え方がヨーロッパに浸透したわけですが，それが中国にはなかった。

三浦 そうかなあ。

大栗 先ほどのワインバーグが去年『科学の発見』という本を出して，6月に邦訳が出る[*2]ので巻末解説を書いたのですが，どこで科学の方法が発見されたかを議論している面白い本です。彼は古代ギリシアのアリストテレスなどに関しては，目的論的であるということで批判的です。しかし，中国は，紙にしろ，羅針盤にしろ，ヨーロッパに先んじていたにもかかわらず，すべて実用的な知識であって，そこから自然の仕組みを理解するところまでいかなかったんですね。一つは古代ギリシアの「基礎にさかのぼる」という考え方とのつながりがなかったということ，もう一つは，中国はヨーロッパのように小さな国に分かれていなかったために，個々人の研究をサポートする体制がなかったということ。

三浦 山崎先生も同じ考えですね。帝国ではなく諸国連合のほうが切磋琢磨が行われやすい。ただもうひとつ，ギリシアと同時にヘブライズムがあるわけで，プラトンのアイデアリズムはどうもそのヘブライズムの影響で生まれたのではないかと

[*2] 『科学の発見』（赤根洋子 訳），文芸春秋，2016.

いう説があります。一神教すなわち唯一の原理です。プラトンはシラクサに行きましたが，その前にエジプトを旅行していて，その過程で影響を受けた可能性が大きい。哲学者の木田元さんがそうおっしゃっている。ギリシア神話は多神教の世界ですが，プラトンのイデア説には一神教の視点が隠されているというのです。唯一の統一された法則によって世界は解けるはずだという唯一性の考え方が，中国には希薄なんだ，と。

大栗　ああ，中国はそういう考え方ではないですね。

三浦　ワインバーグさんも同じ視点に立っているようですね。先ほど「なぜ日本が」というのは設問自体が間違っていると一刀両断されたのですが，ヨーロッパの謎に関しては経済が決定的ということではないですよね。

大栗　そうですね。当時は中国の方が経済的には断然上でした。

三浦　マルコ・ポーロが描いている中国は杭州の描写だけでもすごい。イタリーの都市などは都市に入らないというような表現をしています。多少の誇張があったにせよ，13世紀の段階では中国がヨーロッパを凌いでいたのは間違いない。中国というのはひたすら技術だけで科学にはまったく関心のない国民性だったのだと思われますか？

大栗　ワインバーグさんの本を読んで思ったのは，科学という方法を発見するのはかなり大変だったということですね。古代ギリシアのプラトンやアリストテレスもまったく理解しなかった，誰でも思いつくものではなかったということです。そもそも自分の言っていることを実験などによって検証しなければならないという考え方は，いまは小学校でも習いますから当然と感じていますが，当時はまったく当たり前ではなかったのだと。簡単には出てこなかった発想だからこそ，出てきたとたんにヨーロッパが世界を制覇する一つの理由となった。ですか

ら，むしろ，なぜヨーロッパに科学ができたか，というよりは，科学ができたからヨーロッパがヨーロッパになったのではないでしょうか。

三浦　ワインバーグさんの『科学の発見』は文明論ということでも話題になりそうですね。

大栗　面白いです。ただ科学哲学のほうからは批判もあって，一つはいわゆるウィッグ史観と言いますか，現在の基準で過去を裁いているんです。アリストテレスは科学のやり方を知らないから怪しからん，と書くのは歴史学からすればまったく禁じ手です。

三浦　なぜ科学が成立しなかったかということでは，中国だけでなくインドも不思議です。中国は技術にとどまり，インドは哲学にとどまった。ヨーロッパだけがそれを突破したというのは，それこそ複雑系じゃないけど偶然が重なったからなのでしょうか。その偶然のひとつが一神教だった，と。ケプラーでさえ神の意志を確信していたわけですから。

12. 9次元の世界と幻想としての空間

三浦　超弦理論では9次元がとても重要ですね。数学的には何次元でもありえるにしても，実感的には9次元は想像できない。だけど超弦理論では9という数字がとても大事で，それがとても不思議なんです。しかもそれが幻想だというのは？

大栗　9という数字がどうやって出てくるかは，やはり計算して示すしかなくて，僕らの理解がもっと進めば直観的な説明もできるかもしれませんが，今のところは数学的な説明しかないんですね。

三浦　たとえば人間にとって1とか2とか3とかは昔から特別でしょう？

大栗　8 が特別なんです。時間があるでしょう。時間を 1 次元と考えて，空間は 9 次元ある。時間というのは次元の勘定からするとマイナスに働く，ふつうの空間の次元とは逆の性質をいろいろもっているために，マイナス 1 次元みたいに働くことがある。それで 9 次元の空間と 1 次元の時間をもつ世界は 8 次元の世界と似た性質をもっているんです，時間の部分を引いて。

三浦　はぁー？

大栗　8 は特別な数で，8 次元，その倍数の，16 次元，24 次元……も不思議な性質をもちます。

三浦　妙ですねえ，1, 2, 3, ……ときて，特別なのはむしろ 6 と 12 なのでは？

大栗　ああ，1 ダースとか，12 時間とか。それは，12 に因数が 2, 3, 4, 6 とたくさんあるからですね。でも空間の性質としては，8 の倍数の次元に特別な性質があります。たとえば 2 次元の面には格子がありますね。それはパターンに分類できるんです。正方形を重ねていくと 2 次元を覆い尽くすことができる，正三角形でも正六角形でも覆い尽くすことができる。そんなふうに 2 次元のタイル張りはすべて分類できてしまう。それは古代ギリシアの頃から分かっていました。

　次に，3 次元での格子の分類というのがあって，これも重要な問題で，化学では最初に習います。それで物質がどのように組み合わさって結晶になるかを理解するのに重要だからです。同じようにもっと高次元でも数学的には格子を考えることができる。そして，8 次元と 16 次元と 24 次元には特別な格子があるんです。それが実は重要なんです。セルフデュアル格子といって，8 の倍数しかないものです。

　セルフデュアル格子とはどういうものか。格子には頂点があり，線があり，線が面を囲っています。つまり 2 次元の格子は

三浦雅士との対談：世界の見方を変える　173

頂点と線と面でできている。その囲まれた面の中心に点を置き，それを繋ぐともうひとつ格子ができるわけですが，これをデュアル格子と言います。ですから格子があればそのデュアル格子を作ることができる。正三角形で 2 次元面を覆ったとしますと，そのデュアル格子は六角形で蜂の巣みたいに 2 次元面を覆う。その蜂の巣と正三角形はデュアルなんです。格子の中で特に大事なのはそのセルフデュアル格子，デュアルをとっても自分自身と変わらないもので，2 次元であれば正方形で覆うとセルフデュアルなんです。

　　三浦　ああ，つまり合同ということですか？

　　大栗　ええ，デュアルをとっても合同になる格子が特別なんです。どういう格子ができるかは空間の次元に拠っていて，8 の倍数の次元の時にはセルフデュアル格子のごく特別で重要なものがあるんです。

　　三浦　3 次元でそういう格子があるとすると，4 次元や 5 次元にもあるということですか？

　　大栗　数学的には定義できます。2 次元なら 2 次元の図形を組み合わせて覆い尽くすのが格子です。3 次元であれば，簡単な例ではサイコロのような立方体を組み合わせていけば格子になりますし，ほかにもピラミッドのようなものを積み重ねていくとか，いろんな格子があります。頂点を周期的に並べていって，それをつないでいけば格子になる。同じように高次元でも空間を充満するような図形の集まりを格子と呼んでいます。

　　三浦　デュアル (双対性) のデュは 2 の意味ですよね。「自発的破れ」の「対称」は？

　　大栗　シンメトリーです。デュアリティはシンメトリーの一つで，その特別な場合です。二つを入れ替えるわけですから。シンメトリーはともかく対称に作用するようなもので，デュアリティは特にそれが二つのものを入れ替える形で作用するも

のということです。8次元では特別なデュアリティのシンメトリーをもった格子があって，8次元でないといま言ったような理論がうまく作れないのです。

三浦　それと「幻想」はどう関係しているのでしょうか？

大栗　重力の理論は空間も揺らいでしまうんです。たとえば古典的な世界ではボールを投げた軌跡は方程式によって決まりますが，量子力学にすると，ハイゼンベルグの不確定性原理がありますから，場所と速度は同時には決まらない。場所をきちんと決めようと思えば，速度が決まらないからどこにいくかわからないわけです。逆にどのくらいの速さで走っているかをきちんと決めると，今どこにいるかが決まらない。それを重力の理論にあてはめるとどうなるか。もともとアインシュタインの理論は空間の性質がダイナミカルに決まっていくという理論ですから，それに量子力学をあてはめると，空間の性質も完全に観測で決めることはできない。空間のある側面を測定すると違うところが決まらなくなってしまうということになる。アインシュタインの理論は，空間はあらかじめあるものではなくて，方程式によって変わっていくものだという理論ですが，それを量子力学にもってゆくと，さらに空間が決まらないということになってしまうんです。

決まらなければ，じゃあその中でどういう理論を作ればいいか。そこが量子重力の大問題なのですが，一つの解決は，空間は決まらないのだから，あらかじめある空間を舞台にして世界が進行していくというふうには作れない，空間自身も量子力学的には揺らいでしまうのだから無理やり量子力学にのせようとするのではなく，何か空間と関係のない自由度を最初に想定しておいて，近似的に見ると空間があるように計算できるというやり方を採るほかないというものです。たとえば僕らは量子重力理論が重要になるようなミクロな世界はまだ直接は観察して

三浦雅士との対談：世界の見方を変える　175

いません。よりスケールの大きなこの世界は，ちゃんと空間があって時間が発展しているように経験しているので，どうしてそうなるのかそれを説明しないといけないわけです。最初から空間を理論のなかに入れてそれを舞台にして理論をつくり，しかも舞台となっている空間をその後で量子力学にあてはめようとするから矛盾ができてしまう。そうではなくて，空間そのものがもっと違う自由度から近似的にできてくるという理論をつくったほうがうまくいくのではないか。

そう考えると，それがうまくいっている例が現にあるということが分かってきたのです。その理論では，空間はもともと僕らが入れたものではなく，僕らが現在経験しているような巨視的なマクロの世界を導くと近似的に現れてくるものなんだ，でもミクロな世界にいくともはや基本的な自由度に解消してしまうものなんだということになる。たとえば温度は日常的に経験していて，この部屋にもサーモスタットがあれば何度というように表示されると思いますが，実は温度というのは空気の基本的な性質ではありません。もっとミクロな世界にいくと，温度は分子の運動エネルギーの平均値で決まってくるものであって，その平均値はつねに近似的でしかないからです。よりミクロな世界では平均値は揺らいでいて，最終的には個々の原子の運動によって説明されるほかない。同じように，マクロの世界で見ると空間というものはあるのですが，ミクロな世界にいくとどんどん揺らいできて，最後にはもっと基本的な自由度に分解してしまう。それが「空間は幻想である」という考え方で，実際にそういう理論をつくることができるんです。

　　三浦　ははぁー，かなり具体的な幻想なんですね……この言い方は変だけど。(笑)

　　大栗　そうですね，でもたとえば温度が幻想であるというのと同じです。それは実は古代ギリシアの原子論を唱えたデモ

クリトスがすでに言っていたことで，彼は見かけでは色があったり，味があったり，熱かったり冷たかったりするけれど，ミクロな世界にいけばすべて原子であり，原子のいろんな振舞が音や色になって表われているのだ，と説いていました。非常に先見の明があります。

そんなことを思いついたのは，彼は海の近くに住んでいて波が寄せてきます。すると海の水は透明なのに，遠目に見ると青く，打ち寄せてくる泡は白い。同じ水の色が運動の仕方によって変わる，それで色は見かけのものであって，物固有の性質ではないと思ったらしいです。

三浦　分かりやすいですね。

大栗　空が青いというのも，空気が青いわけではなくて，空気はある意味では青いのですが，その中にあるいろいろな塵が光を反射してそう見えるんです。

三浦　思い出すのは，朝永さんが最後に書いた『物理学とは何だろうか』(岩波新書) ですね。革命的だったのは，ハイゼンベルグの不確定性原理ではなくボルツマンの熱力学のほうなんだという説明には非常に感心しました。

大栗　朝永さんは熱力学に強い関心があったんですね。

三浦　熱力学といえば前時代的で，量子力学といえば 20 世紀的という感じがするけれど，熱力学というのは，力学という決定論と統計学という確率論をくっつけたのであって，まったく相反する二つの方法をくっつけたその考え方のほうがはるかに革命的だったんだというその説明には圧倒されました。お話を伺いながらそのときのことを思い出しました。温度を例にして，空間の実在の根拠が，それ自体が具体的に幻想なんだという説明は説得力があります。幻想といえばこの世にないものを思い浮かべますが，そうじゃないんですね。

大栗　概念はちゃんとあって，ただ近似的に表われている。

マクロな階層ではちゃんとあって，あくまで実体なんです。それがミクロな世界ではそうでないもので説明できるという意味です。

三浦　この階層では実体と思われているけれど，一つ下の階層にいくと現象なんだよ，と。

大栗　たとえば原子は化学のレベルではきちんとした実在であって，それをビルディングブロックにして分子を組み立てて性質を調べるのですが，実際は原子核の周りを電子がぐるぐる回っているわけです。ですから，さらにミクロな世界で見ると一つのものではなく，より小さなものに分解できる。だからちゃんとしたものとしてあるけれど，基本的なものではないということです。

13. 宇宙の始まりの光

三浦　素粒子論は原子核，つまり原子の内部構造を明らかにしたわけですが，そこで陽子，中性子といったものが出てきて，さらにその下にクォークの世界があって，そこに何種類か出てくる。超弦理論のいうひももそのまた一つ下になるわけではないんですか？

大栗　弦理論の理解はまだ建設途中で，どういうふうに素粒子の標準模型を作っていくかにもいろんな提案があるのですが，一つのシナリオとしては，弦の特別な状態がそのまま電子やクォークである。たとえばクォークがさらに分解できて，その一つ一つが弦であるということではない。つまりプレクォークみたいになっているのではない。クォーク自身が弦の特別な状態として理解できる，そういう提案が主流です。ワンクッションおかないで，直接です。

三浦　ああ，そうなんですか。

大栗　階層構造というのは，その階層ごとには真実なんです。でなければ科学者は永遠に真実に辿りつけません。階層構造はどんどん続いていくわけですから。ただし，先ほどお話ししたように，重力と量子力学が統合されれば止まるかもしれませんが。

三浦　するともうほとんど王手をかけつつあって，そこまでいけば翻ってああそうだったのかと，すべてを違う色彩で見なければならない話になる寸前のところにあるということ？

大栗　そうですね。

三浦　これまで説明がつかなかったことを説明しようとして，まったく違う説明の方法を発見したら，その方法で階層的に上のほうのことまで説明できるようになった。その考え方にのっとると，この空間もまったく違ったものとして説明できる，と。すると人生観も違ってきますね。

大栗　先ほど病気の話がありましたが，ふだんはマクロな階層の話だけでよくても，特別な場合にはより深い階層において説明することが必要になることがあるわけです。ふだんは原子のことまで気にしませんが，場合によっては放射線療法を受けたりして，よりミクロな世界のことも知らなければならないことになる。それと同じように，たとえば宇宙の始まりを理解しようとすれば，量子力学的な空間や時間の性質，重力を理解する必要が出てくる。

たとえば，今から半世紀ぐらい前に，宇宙のはじまりの光が観測されています。ビッグバンの時の宇宙はプラズマのようにものすごく熱い状態で，光すら真っ直ぐ飛ぶことができなかった。やがて宇宙が冷えてきてプラズマが落ち着き，原子に固まってくると真っ直ぐに飛べるようになったのですが，その時の光が今も観測できます。つまり 138 億年前の光です。出た当時は波長が短かったのですが，宇宙が膨張してきて，いまは

マイクロ波ぐらいになっています。テレビで放映終了後などにザーとホワイトノイズが入るでしょう，あの数%は宇宙の始まりから来た光を拾っているんです。(笑)

三浦 始まりはつねに現在としてもあるんだ。(笑)

大栗 なぜそれが見つかったかというと，アメリカのベル研究所が大きな電波観測器をつくってノイズをなくそうと頑張ったのですが，絶対にとれないノイズがあった。それが宇宙の始まりからきたノイズだったんです。

そのノイズは宇宙の始まりに関するいろんな情報をもっていて，一つは偏光があるんです。光は振動する方向が2種類あり，それを測ると宇宙の始まりの膨張時代に時間や空間がどのように揺らいでいたかを観測できるだろうというので，日本が中心になって2025年を目標にLiteBIRD (ライトバード) という観測衛星を打ち上げ，宇宙の始まりからの偏光を測定して，空間が幻想だった頃の揺らぎの様子を見ようと計画しています。

三浦 どういうことが分かるんですか？

大栗 一つは，超弦理論からいろんな理論的制限が分かっていて，もし観測できれば超弦理論を棄却できるんです。科学ですから，予言をして棄却されれば考え直さなくてはいけない。なかなか面白いですよ。(笑)

三浦 手に汗握りますね。(笑)

14. 重力波の検出が意味すること

大栗 つい今年の2月12日，CaltechとMITが中心になったプロジェクトのLIGO (ライゴ) がブラックホールが衝突する時の重力波を検出して，日本でも各紙トップ記事になるほど話題になりました。朝日新聞は号外を出したぐらいです。

三浦 それはどういう意味をもつんですか？

大栗 重力波を直接検出したのですが，その存在はすでに1916 年にアインシュタインが予言していたことです。そもそもマックスウェル (1831 – 79) が電気と磁気を統一して理論を作り，電場と磁場がお互い絡みながら波のようにして伝わっていく電磁波というものがあると最初に予言しました。それをヘルツ (1857 – 94) が検証し，すぐにマルコーニ (1874 – 1937) が大西洋横断通信などに応用しました。それとまったく同じロジックで，アインシュタインも重力の方程式を導いた際，マックスウェルと同じ論理で波のように伝わっていく重力波があるのではないかと予言したんです。ただすごく弱いものなので，理論的にはあっても観測はできないだろうと考えていました。ただし，マックスウェルの電磁波は電場や磁場が揺らいでいくのですが，重力波の場合は空間や時間の揺らぎが伝わっていくから非常に特別なものです。それが去年の 9 月についに観測できたんです。

今回観測されるまでは，LIGO が見つける重力波は，二つの中性子星が合体するときに放出されるものだろうと予想されていました。星全体が一つの原子核のようになっている中性子星というのがあって，それが二つぐるぐる回って最後にくっつく，その時にたくさんの重力波を出すと予想されていたんです。ところが，ふたを開けてみたら，太陽の 30 倍ぐらいの重さをもつブラックホールが二つ——そんなものが宇宙にあるとは知られておらず，今回初めて分かりました。太陽の 30 倍の重さなのに，大きさは東京都位しかないので，とても密度が高いので，重力が強く，光さえ出てこない——そんなブラックホール 2 個が，お互いの周りをグルグル回って 0.2 マイクロ秒ぐらいの間に合体した時，エネルギーがすべて重力波になって出てきたんです。ブラックホールなので，光は放出できないのです。

三浦 そのエネルギーが半端じゃないんだ？

大栗 $E = mc^2$ ですから質量はエネルギーです。広島に落ちた原爆はほんの数グラムの質量がエネルギーになったのですが，今回のブラックホール合体では，太陽の3倍ぐらいの質量がその瞬間にすべて重力波のエネルギーになった。その瞬間に放射されたエネルギーは，僕らが見ることのできる宇宙全体の星すべての光のエネルギーよりも多かったと言われています。それが起きたのが17億年前ぐらいで，ずっと伝わってきて地球まで届いたのが観測できたんです。

これは非常に重要なことです。というのは，ガリレオ以来，人類は光で宇宙を見てきましたが，光は基本的に電磁波です。20世紀になってX線天文学とか赤外線天文学が始まり，まったく新しい宇宙の姿が分かってきましたが，それにしても電磁波の一種でした。ところが今回初めて重力波というまったく新しいミディアムで宇宙を見ることができたからです。重力波天文学という，非常に大きな出来事だったんです。

三浦 どうやって見るのですか？

大栗 重力はいわゆる空間の伸び縮みです。それでどういうことをするかというと，L字型の一本が4kmぐらいの腕をつくります。中は真空で，その中にレーザー光線を飛ばします。光は波長が揃っていれば，重ね合わせれば干渉，つまり縞模様ができるのですが，縞模様というのは長さを少し変えると模様が変わります。ですからL字型の中に違う方向からレーザー光線が飛んできて付根の所で干渉して縞模様ができたところに重力波が飛んでくると，長さが少し変わって縞模様が揺らぐ。その揺らぎによって，腕の長さの伸び縮みを測ります。だいたい原子核1個の1万分の1ぐらいのずれで測ります。

三浦 そんなの測れるんですか？4kmのなかの数cmとか？

大栗 いえ，もっと短いです，だって，4km行って戻ってきたものを，原子核1個よりもずっと小さい精度で測るわけ

ですから。本当にちょっとしかずれません。だからアインシュタインも絶対に観測できないと言ったくらいで，現代技術の粋です。

三浦　誤差の範囲内じゃないの，ということはないわけですね？

大栗　(笑) もちろん，それはちゃんと検証してあります。念のために 2 台つくったのですが，まったく同じ波形でした。

三浦　アメリカですか？

大栗　ええ，ルイジアナ州とワシントン州です。

三浦　お金持ちだなあ。

大栗　米国科学財団の史上最大規模のプロジェクトでした。二つの場所は 3,000 km ぐらい離れていて，10 ミリ秒ぐらいずれていましたが，それは意味があって，その間を光が飛ぶとピッタリそれくらいなんです。最初に重力波が来て先に一方に入って次にもう一方に入るとそうなるんです。

三浦　ということは，重力波の速さは……？

大栗　光の速さです。実は日本も岐阜県の神岡鉱山に KAGRA というのをつくっていますが，ちょっと間に合わなかったですね。完成するのは 3 年ぐらい先です。やはり 3 km ぐらいの腕で，地下にあるので誤差がより少ない。静かな環境で，しかも冷やします。鏡があって行ったり来たりして干渉するのですが，鏡に熱があると揺らぐので，極低温にしてそれを防ぐ技術を開発しています。完成すればアメリカより精度が高いでしょう。

三浦　その系列での発見が続けば，間接的であれ，最終的には超弦理論に関係してくる？

大栗　現在のものでは，おそらく難しいです。超弦理論の検証には宇宙の初期からの重力波を測る必要がありますが，いま測っているのはブラックホールの，宇宙ができてからずっと後

三浦雅士との対談：世界の見方を変える　183

の現象ですから。宇宙の始まりからの重力波はずっと波長が長いので，地上では測れないんです。だから宇宙に行く計画もすでにあります。ワシントン州の荒れ地の上に腕を建設してレーザー光を飛ばす代わりに，宇宙に探査衛星を飛ばします。宇宙は真空なので真空チューブを作る必要はありませんから，衛星を3台打ち上げ，その間をレーザー光線で結んで同じことをしようというのです。宇宙ではより長い距離を取れますから，波長が長いものでも観測できるだろうと。

　ただ，現在行われている地上の実験でももしかしたら分かるかもしれないのは，アインシュタインの理論は，重力の非常に強いところでは修正を受けると考えられていて，その修正の具合は超弦理論で理解できると思われているんですね。ブラックホールのすぐ近くは重力が非常に強いので，アインシュタイン理論からのずれがもしかしたら見つかるかもしれません。ですがふつうの光学望遠鏡ではブラックホールの近くは見えません。というのは周囲にあるいろんな物がブラックホールの重力に引きつけられてものすごい速さで加速して熱をもつんです。ブラックホールのまわりに降着円盤というものができて強い光を放ち，それに遮られて光学望遠鏡では見えない。しかし重力はどんなものでも遮ることはできませんから，重力波を観測すれば，ブラックホールの表面の様子も直接わかります。実際に今回の観測でも二つのブラックホールが合体していくさまが非常に詳細に，アインシュタイン方程式の結果と比べて検証することができたんです。

　KAGRA の他にもインドやヨーロッパでも重力波天文台をつくっていますし，今後いろんなところにできれば正確なデータが見えてきます。2台しかないと方向がわかりませんが，3カ所あれば三角測量でどっちから飛んできたかがわかりますし，4台あれば重力波が放出された時刻も分かります。すると

重力波が飛んできた時に，世界中の光学望遠鏡，たとえば日本のすばるなどに「そこを見ろ」と言う，すると目で見たものを組み合わせて何か情報が得られる可能性もある。そうしてこれまでアクセスできなかったブラックホールの表面の重力の強いところを見れば，アインシュタイン方程式からのずれが見えるかもしれません。

三浦 相対論や素粒子論の検証ということにもなるのでしょうが，超弦理論の場合，全体が変わっていくような理論なので，思いがけないことも出てくるかもしれませんね。

大栗 実験でも理論でもそうですね。今回の重力波のケースも，検出しようとはしていましたが，まさかブラックホールの連星からとは思っていなくて吃驚でした。

三浦 質量とか何とかも，結果から逆算して出てきたわけでしょう？

大栗 そうです。そういうこともあろうかと待ち構えてテンプレートはつくっていたんです。こういう質量をもったブラックホールがこのくらいの速さで衝突したらどういう波が出てくるか，あらかじめ一覧表にしていた。ですからデータが来たとたん，それをあてはめて逆算してみると太陽の30倍の質量だったというので，本当にみんな驚きました。

三浦 想像を絶しますね。そもそも，広島の原爆が数ミリなのに，東京都の大きさぐらいのものが一気に重力波を出しちゃったとなると，言語を絶します。

大栗 この近くで起きなくてよかったです。(笑)

三浦 超弦理論の全体がようやく実感できたような気がします。有り難うございました。

大栗 いえ，楽しいお話を聞かせて頂いて，こちらこそ有り難うございました。

三浦雅士との対談：世界の見方を変える　185

第III部

ヒッグス粒子と対称性の
自発的破れ

ヒッグス粒子とみられる新粒子
ついに「発見」

　2012 年 7 月 4 日に，CERN の LHC 実験が「ヒッグス粒子とみられる新粒子」の発見を発表して，日本でも新聞各紙の一面トップになりました。重力波といい，ヒッグス粒子といい，この数年の基礎科学の進歩に感銘を受けます。

　発表の翌日に岩波書店の雑誌『科学』から，翌 8 月号の冒頭に「科学時評」を書くよう依頼されました。3,000 字の依頼のところ，4,400 字になってしまいましたが，そのまま掲載してくださいました。

難易度：☆

　CERN (欧州原子核研究機構) は 7 月 4 日のジュネーブ時間で午前 9 時にヒッグス粒子探索実験の報告を行い，質量が 125 GeV (1250 億電子ボルト) 前後の新しいボゾン粒子が発見されたと発表した。これは陽子の質量のおよそ 133 倍にあたる。この粒子は標準模型でただひとつ発見されていないヒッグス粒子である可能性が高いが，これを確認するためにはまだ時間がかかるようである。ATLAS と CMS という検出器を使う 2 つのグループの代表によるセミナーは，ウェブキャストを通じて世界中に同時送信された。私が現在滞在しているアスペン物理学センターでも，コロラド時間で深夜の午前 1 時に 30 人近い物理学者が講義室に集まり，セミナーを視聴した。粒子検出の統計精度が示されるごとに歓声が起こり，素粒子物理学の歴史的瞬間に立ち会っているのだという高揚感があふれた。

1. 質量をもたらすメカニズム

　素粒子の標準模型は，現在知られているすべての物質の構成要素である 3 世代のクォーク (陽子，中性子や中間子などの中に閉じ込められている粒子) とレプトン (電子，ミューオン，タウ粒子とそれらに対応するニュートリノ)，そしてこれらの素粒子の間に働く電磁気力，強い力 (クォークを陽子などに閉じ込める，電磁気力より「強い」力)，弱い力 (ベータ崩壊の原因となる，電磁気力より「弱い」力) の 3 つの力を記述する場の量子論である。1960 年代から 70 年代の前半にかけて完成し，これまでに 3 世代のクォークとレプトン，その間の力を媒介するゲージボゾンがすべて発見されている。ヒッグス粒子は，標準模型で予言されながら発見されていない唯一の素粒子である。

　標準模型では，電磁気力，強い力，弱い力のいずれもが，ゲージ理論 (マクスウェル理論の一般化) で説明される。しかし，ゲージ理論の予言する粒子はそのままでは質量を持たない。たとえば，電磁気力を伝える光子には質量がなく，その力は距離の 2 乗に反比例して遠くまで伝わる。クォークの間の強い力を伝えるグルーオンも質量を持たないが，この力には「閉じ込め」という性質があるために，グルーオンは単独では陽子や中性子から出てくることはできない。それに対して，弱い力を伝える W や Z ボゾンは陽子の 90 倍程度の質量を持つ。弱い力が短距離でしか伝わらないのは，そのためである。そこで，W や Z ボゾンがどのようにして質量を持つのかが問題になる。

　この問題の解決に端緒を開いたのが，南部陽一郎である。南部は，超伝導を説明する BCS 理論の理解を深め，その本質が「対称性の自発的破れ」であることを洞察し，それを素粒子論

に応用した。超伝導体の中に磁場が入り込めないというマイスナー効果についてのロンドン理論は，超伝導体の中では光子が質量を持つことを示している。光子はゲージ理論の粒子でありながら，対称性が自発的に破れると質量を持てるのである。BCS理論は非相対論的な理論であったが，これを特殊相対論と組み合わせて素粒子の模型に使えるようにしたのがピーター・ヒッグスらの業績である。スティーブン・ワインバーグは，このアイデアを弱い力に適用し，WやZボゾンに質量を与える方法を見つけた。

　また，対称性の自発的破れは，クォークやレプトンの質量の起源をも説明する。これらの素粒子は，もし質量がなければカイラル対称性と呼ばれる対称性を持つ。南部は，逆にカイラル対称性が自発的に破れれば，質量が生成されるはずだと考えた。実は，弱い力の対称性はカイラルであり，この対称性が破れてWやZボゾンに質量が与えられると，同時にクォークやレプトンも質量を持つことができるようになる。まことにうまい話である。

　さらに，この対称性を使った弱い力の説明は，弱い力と電磁気力を統一することにもなった。弱い力と電磁気力は，もともとはひとつのゲージ理論に含まれるものであったのだが，その対称性が自発的に破れることで弱い力のWやZボゾンは質量を持ち，電磁気力の光子は質量のないままで残ったと説明されるのである。これがワインバーグ-サラム理論とも呼ばれる弱電磁力の統一理論であり，さらに強い力のゲージ理論と組み合わせたものが，素粒子の標準模型なのである。

　この標準模型において，対称性の自発的破れを引き起こす原因となるものがヒッグス場である。超伝導のBCS理論では，電子の集団現象として対称性が破れるが，標準模型ではそのための新たな場を理論に導入するのである。このように場が加わ

ると，その励起が新たな素粒子を生み出す。これがヒッグス粒子である。

2. 「発見」と呼ばれる統計精度にいたるまで

ヒッグス粒子と思われる新粒子を発見した CERN の LHC 実験では，円周 27 km のトンネルの中で陽子を加速して正面衝突させる。陽子同士の衝突でヒッグス粒子が生成されてもすぐに崩壊してしまうので，その過程で出てくる粒子を ATLAS と CMS と呼ばれる 2 つの検出器で観測し，ヒッグス粒子の痕跡を探すのである。日本のグループは，ATLAS に大きく関わっている。

CERN は昨年の 12 月に，124〜126 GeV のあたりに新粒子の可能性があると発表した。新聞報道などでは「99.98 パーセントの確率で発見」などと書かれたが，その意味するところは，新粒子ではなく統計のゆらぎの効果である確率が 5000 回に 1 回ということである。これは，サイコロを投げて 1 の目が 5 回続けて出る確率 (7776 回に 1 回) よりも大きい。ラスベガスのカジノに行って，このようなことが起きたときに，胴元を呼んで「あのサイコロには細工がしてある」と苦情を言う勇気があるだろうか。

素粒子物理学実験では，10 年ぐらい前から，標準偏差の 3 倍以上の現象は「観察 (observation)」，5 倍以上の現象が起きてはじめて「発見 (discovery)」と呼ぶ習慣になっている。標準偏差の 3 倍以上の現象が統計のゆらぎとして起きる確率は 370 回に 1 回，5 倍以上の現象が起きる確率は 174 万回に 1 回である。素粒子実験では，標準偏差の 3 倍程度の現象として発表されたが追試によって消えてしまった例がいくつもあるので，『フィジカル・レビュー・レターズ』などの権威のある査読雑誌

が，標準偏差の5倍を発見の基準として採用するようになったのである。さらにLHC実験では，ATLASとCMSという異なるデザインの検出器を使い，この2つのグループが発表までデータを交換しないようにするなどして，独立な検証を目指してきた。

7月4日の発表では，ATLASとCMSの両実験グループが標準偏差の5倍の基準を満たし，CERNのロルフ・ホイヤー所長は新粒子の発見を宣言した。

3. 本当にヒッグス粒子なのか

　この新粒子は果たして標準模型のヒッグス粒子であるのか。粒子の崩壊後に，2つの光子が互いに反対方向に飛び出し，そのエネルギーの和が125 GeV前後にピークを持つ事象があることから，この新粒子はボゾンであることがわかる。これが標準模型のヒッグス粒子だとするのは自然な見立てであるが，これを断定するためにはさらに検証すべきことがある。

　ニュートリノの質量を無視する狭義の標準模型には18個のパラメータがあり，これらは現在のところ基礎理論からは導くことができない。このうちで，ヒッグス粒子の質量を除くすべてのパラメータは実験的に決まっている。LHC実験でヒッグス粒子が生成し崩壊する反応には，ニュートリノの質量は重要ではないので，ヒッグス粒子の質量が決まれば，その反応の様子は標準模型から完全に予言できることになる。ヒッグス粒子には，2つの光子に崩壊するほか，WやZボゾンに崩壊してその各々がさらに2つのレプトンに崩壊するなど，さまざまな可能性がある。標準模型はこれらの崩壊過程の相対確率を予言するので，実験結果がその予言通りであることが確認できれば，ヒッグス粒子である重要な証拠になる。

また，ヒッグス粒子のスピンはゼロであり，パリティは偶で
あるはずである (つまり，鏡像変換のもとで波動関数に+1 が
かかる)。これらは，新粒子の崩壊過程で出てくる粒子の種類
や角度分布などの観測によって検証することができる。

　LHC は今後数カ月の間稼動を続けるので，その間にデータ
を集めて解析することで，今年末には新粒子が標準模型の予
言するヒッグス粒子であるかどうかの判定ができるかもしれ
ない。

　この新粒子がヒッグス粒子であった場合には，素粒子の標準
模型の予言する素粒子がすべて発見されたことになる。標準模
型は，特殊相対論，量子力学，ゲージ理論，対称性とその自発
的破れといった 20 世紀物理学の主要なアイデアが緻密に組み
合わされた，人類の知の最高傑作のひとつである。この理論の
構築に関わった理論物理学者，LHC に至る数多くの実験で標
準模型の検証と確立に関わってきた実験物理学者や技術者の皆
さんに，心からお祝いを申し上げたい。また，日本を含む参加
各国の納税者への感謝も忘れてはいけない。

4. 基本法則のさらなる探究

　標準模型の完成は重要な一里塚であるが，これで自然界の基
本法則の探究が終わるわけではない。まず，日本のスーパーカ
ミオカンデは，1998 年にニュートリノが質量を持つことを発
見している。狭義の標準模型では，ニュートリノには質量はな
い。標準模型を変更して，ニュートリノに質量を持たせること
はできるが，それにはいろいろな方法があり，どれが正しいの
かはわかっていない。たとえば，柳田勉らの提唱しているシー
ソー機構は，ニュートリノの質量が標準模型の限界をはるかに
越える高いエネルギーの現象を起源とする可能性を示唆して

ヒッグス粒子とみられる新粒子ついに「発見」　193

いる。

　過去 10 年間の宇宙物理学実験により，宇宙のエネルギーの
96 % は暗黒エネルギーや暗黒物質と呼ばれる未知の起源を持
ち，標準模型で説明できるのは 4 % に過ぎないことが明らか
になった。宇宙の 96 % が何からできているのかはまだわかっ
ていないのである。

　また，標準模型は電磁気力，強い力と弱い力を含むが，重力
は含まれていない。これらをすべて含む可能性があるのは，超
弦理論しか知られていない。超弦理論は重力を含み，また標準
模型を構成するために必要な材料をすべて備えている。しか
し，超弦理論から標準理論にいたる道筋をきちんと作り，標準
理論のパラメータを基本原理から決定することはこれからの課
題である。

　LHC は，2008 年 9 月 18 日に起きた超伝導電磁石の事故の
影響で，予定の半分のエネルギーで稼動している。数カ月後に
運転を停止し，電気系統などを精密に検査するために長期休止
に入る。2 年後には本来の 14 TeV (14 兆電子ボルト) で稼動
を再開する予定なので，高エネルギーのさらなるフロンティア
が開けることになる。暗黒物質を説明する素粒子が，陽子同士
の衝突で生成し発見される可能性もある。

　私が所属している東京大学のカブリ数物連携宇宙研究機
構 (Kavli IPMU) では，ニュートリノの質量の起源を探る
KamLAND の二重ベータ崩壊実験や暗黒物質の直接観測を目
指す XMASS 実験に参加しており，また国立天文台と共同で
宇宙の暗黒物質や暗黒エネルギーの歴史をさかのぼる SuMIRe
プロジェクトを推進している。自然界の基本法則の探索には，
今後 10 年の間にさらに大きな進歩が期待される。

ヒッグス粒子と対称性の自発的破れ

　東京上野の国立科学博物館の科学雑誌『milsil』の 2013 年 3 月号の特集「対称と非対称」に掲載された記事です。2008 年に，南部陽一郎さん，小林誠さん，益川敏英さんがノーベル物理学賞を受賞された際に，岩波の『科学』に書いた記事「素粒子物理学の 50 年 -《対称性の破れ》を中心に」を編集者がご覧になり，ご依頼いただきました。

　この『科学』の記事を書いてから 5 年の間に大きな進歩がありました。特に，2012 年 7 月に CERN が「ヒッグス粒子とみられる新粒子」の発見を発表し，これがヒッグス粒子であることがほぼ確定してきていました。そこで，このヒッグス粒子が，南部さんの「対称性の自発的破れ」の理論とどのように関係しているかについて，できるだけわかりやすく書きました。

　この特集には，化学者の黒田玲子さんの「キラリティの科学」——物理ではカイラリティと呼びますが，化学ではキラリティというのですね——や数学者の伊藤由佳理さん（2017 年から Kavli IPMU の教授になられました）の「謎解きは対称性で」という記事も掲載されていました。科学博物館の情報誌らしく，「翡翠コレクション」の記事や「春の草花の観察方法」の記事もあり，楽しく読みました。　　難易度：☆

　自然界の力のうち重力と電磁気力は古くから知られていましたが，20 世紀になって 2 つの新しい力が見つかりました。そのなかでも「弱い力」の働き方は謎に包まれていました。しかし，昨年報じられたヒッグス粒子の発見によって，ついに弱い力の美しさを覆い隠していた対称性の自発的破れの魔法が解かれたのです。

　昨年ヒッグス粒子が発見されたとき，マスコミなどでは万物に質量を与える「神の粒子」であると報道されました。しかし，実はこれはヒッグス粒子が予言されたずっと後になって，科学

広報のために創作された説明です。ヒッグス粒子発見の本当の意義をお話ししましょう。

1. 美女と野獣

　　娘がまだ小さかったときに，『美女と野獣』のミュージカルを見に行ったことがあります。心優しい「美女」ベルは，父親の身代わりとして，恐ろしい「野獣」の住む城に向かいます。しかし，ベルは，野獣が美しい心をもっていることに気がつきます。ベルの愛で魔法が解け，野獣は立派な王子様に戻るというお話です。

　　今回の特集のテーマである対称性は，自然現象の美しさをはかる目安の一つです。しかし，現象によっては，その美しさが隠されていて，注意して見ないとわからないこともあります。『美女と野獣』の話で恐ろしい見かけの野獣が美しい心をもっていたように，一見複雑な現象の背後に美しい対称性が隠されている場合がある。それがこの記事のタイトルにある「対称性の自発的破れ」です。

2. 地球は丸いか

　　2008 年に南部陽一郎が「素粒子物理学における対称性の自発的破れの理論」に対してノーベル物理学賞を受賞したとき，選考委員のラース・ブリンクは，授賞理由説明のスピーチを「地球は丸い」という言葉で始めました。地球が丸いのは重力がどちらの方向にも同じ強さで働くからで，これを回転対称であるといいます。重力の働き方が回転対称なので，その現れである地球の形も回転対称，つまり丸くなるのです。

　　しかし，ブリンクはこれに続けて，地球の表面は実は完全な球形ではないことを指摘します。地球の上には山もあれば谷も

ある。重力の法則は回転対称なのに，その法則に従ってできた
はずの地球には，対称性が完全には反映されていない。このよ
うにもともとの法則には対称性があったのに，それに従って起
きる現象に対称性が隠されているときに，対称性が自発的に破
れたといいます。

3. 強い力と弱い力

　素粒子論では，すべての物質は素粒子(=物質を構成する最
小単位の粒子)からできており，その間にさまざまな力が働く
ことで自然現象が起きていると考えています。私たちを地球に
つなぎとめる「重力」と電気や磁石の力である「電磁気力」は
古くから知られていましたが，20世紀になって「強い力」と
「弱い力」が発見されました。

　「強い力」は，クォークとよばれる素粒子を引きつけ合って
陽子や中性子をつくる力です。実は，地球上の物質の質量の
99％はこの強い力を起源としており，ヒッグス粒子がつくっ
ているのは残りの1％だけです。ヒッグス粒子が万物に質量を
与えるという説明が誤解であることは，これからもわかるで
しょう。

　「弱い力」は，原子核からの放射線が起源です。2011年3
月11日の東日本大震災に伴う福島第一原子力発電所の事故に
よって，放射性物質による広範囲かつ深刻な汚染が起きまし
た。特に問題となっているセシウム137の原子核は，陽子55
個，中性子82個からできています。そこに弱い力が働くと，
中性子が陽子に変身して，そのときに電子とニュートリノが放
出され，この電子のエネルギーが内部被曝の原因となります。

　学校の理科の時間では力は物体の運動を変化させるものだと
習うので，粒子の種類が「力」によって変化するというのは奇

妙に思われるかもしれません。しかし，私たちの日常の言葉遣いでも，「言葉の力」や「芸術の力」というときには，物体の運動ではなく，それを受け取る相手の考え方や心のあり方を変えるものとして力をとらえています。昨年ベストセラーになった阿川佐和子の『聞く力』のように，対談相手が話をする気にさせることも「力」とよんでいるのですから，弱い力が中性子を陽子に変えることもそれほど不思議ではないはずです。

4. 弱い力の不思議

　この2つの力のなかでも，弱い力はとりわけ謎に満ちたものでした。私たちのよく知っている重力や電磁気力は遠くにまで伝わります。地球は1億5000万 km 離れた太陽の重力の影響で公転していますし，方位磁石が南北を指すことは北極や南極から発している磁気の力が私たちのところまで届いていることを示しています。一方，弱い力は原子核の中の現象を説明することからもわかるように，非常に短い距離にしか伝わりません。100 京 (10^{18}) 分の1 m でも離れると効かなくなります。20 世紀になってミクロの世界の探究が進むまで，このような力があることがわからなかったのもそのためです。なぜ弱い力の伝わり方は，重力や電磁気力と異なるのでしょうか。

　弱い力には，さらに，パリティの対称性の破れという不思議な性質があります。ある法則に従って起きる自然現象が，鏡に映したように左右を入れ替えても，同じ法則に従っているように見えるとき，その法則にはパリティの対称性があるといいます。20 世紀の半ばまでは，自然界の基本法則はすべてパリティの対称性をもっていると信じられていました。しかし，原子核から弱い力によって放射線が出てくる様子を観察すると，これを鏡に映して見たときとは違う方向に放射されていることがわ

かりました。つまり、弱い力はパリティの対称性を破っていたのです。

では、弱い力はどのようにしてパリティの対称性を破っているのでしょうか。

5. パリティの破れのしくみ

電子などの素粒子は限りなく小さいものだとされていますが、にもかかわらず自転(スピン)をするという性質があることがわかっています。その回転の方向には、進行方向に向かって時計回りと反時計回りの2種類があります。そして、弱い力の現象を観察すると、時計回りの素粒子だけに弱い力が働いていることがわかりました。

時計回りの素粒子を鏡に映して見ると、反時計回りに見えます(図1)。そのため、時計回りの素粒子にだけ弱い力が働くと、鏡の中の世界では、反時計回りの素粒子だけ弱い力が働いているように見えます。こちら側と鏡の中とでは弱い力の働き方が異なるので、パリティの対称性が破れることになります。

このアイデアは実験結果をうまく説明しましたが、一つ問題がありました。時計回りか反時計回りかは、観測の仕方による

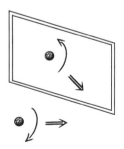

図1 進行方向に向かって時計回りに回転している素粒子を鏡に映して見ると、反時計回りの回転をしているように見える。

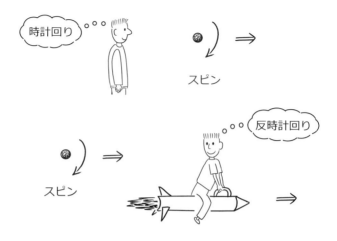

図 2 素粒子と同じ方向に走っている観測者が，素粒子を追い越して振り返って見ると，素粒子は逆向きに走っているように見える。時計回りに回転していた素粒子は，反時計回りの回転をしているように見える。

のです。

　素粒子と同じ方向に速く走っている観測者を考えて，この観測者が素粒子を追い越してしまったとしましょう。振り返って見ると，遅い素粒子は逆向きに走っているように見えます。すると，時計回りだった素粒子は反時計回りに見えるようになります (図 2)。時計回りの素粒子だけに弱い力が働くとすると，素粒子を追い越して振り返ると，反時計回りの素粒子に力が働くことになるのです。観測の仕方によって力の働き方が変わるのでは，法則としてつじつまが合いません。

6. カイラルとキラル

　そこで，とんでもない解決策が提案されました。素粒子に質量がなければよい。質量のない素粒子は光の速さで運動するの

で，追い越すことができず，矛盾が起きないというのです。もちろん現実の世界では素粒子は質量をもっています。では，どうしたらよいのでしょうか。

この矛盾に悩んだ物理学者たちは，質量がないという現実に反する仮定をすると，特別な対称性が見えてくることに気がつきました。たとえば質量のない素粒子が何種類かあって，自然法則は素粒子の種類を入れ替えても変わらないとしましょう。素粒子に質量がなく光の速さで走っているのなら，時計回りの状態は，どのように観測しても，反時計回りには見えません。そうすると，時計回りの状態だけを入れ替える対称性というものも考えることができます。これを「カイラル対称性」とよびます。

質量のない素粒子については，時計回りの状態だけを入れ替えるカイラル対称性を考えることができます。もちろん，現実の素粒子は質量をもっているので，カイラル対称性はありません。そこで南部陽一郎は，もともとの法則にはカイラル対称性があったのだが，それが自発的に破れていたとしたらどうだろうと考えました。

もともとの理論にカイラル対称性があったのなら，それを使って弱い力のパリティの破れを説明することができます。一方で，カイラル対称性が自発的に破れていたのなら，素粒子が質量をもっても矛盾しない。南部自身「まことにうまい話だ」と述懐している素晴らしいアイデアです。

しかも，カイラル対称性が自発的に破れると力が伝わる距離も短くなるので，これも弱い力を説明するのに好都合でした。スティーブン・ワインバーグとアブダス・サラム[*1]は，南部陽

---

　*1　スティーブン・ワインバーグとアブダス・サラム…弱い力の理論であるワインバーグ＝サラム理論で，シェルドン・グラショウとともに，1979 年のノーベル物理学賞を受賞。

ヒッグス粒子と対称性の自発的破れ　201

一郎の対称性の自発的破れの概念を応用して、弱い力の理論を完成しました。

ちなみに、この「カイラル」というのは、本特集の黒田玲子先生の解説記事にある「キラル」と同じ単語で、物理学者はカイラル、化学者はキラルと発音するようです。物理学でも化学でも、鏡に映したときに異なるように見える性質をカイラル/キラルとよぶのです。

7. ヒッグス粒子の魔法を解く

ワインバーグとサラムがカイラル対称性を自発的に破るときに使ったのが、ヒッグス粒子の理論でした。ところがどのように理論を工夫しても、遠くまで伝わる力が出てきてしまいます。原子核の中の力を説明しようとしていたので困ってしまいました。この力を何とかしなければと悩んでいたワインバーグは、ある日通勤途中に、遠くまで伝わるこの力は、電磁気力であることに気がつきました。ヒッグス粒子の理論を使うと、弱い力だけでなく、電磁気力も説明できる。まったく別の力だと思われていたこの2つの力は、実は1つの力を起源としていたのです。

電磁気力は離れても働くのに、弱い力は原子核のサイズの1000分の1の長さにしか伝わりません。また、弱い力は粒子の種類を変える、パリティを破るといった奇妙な性質もあり、電磁気力とはまったく異なる力のように見えます。しかし、それはヒッグス粒子がカイラル対称性を自発的に破っていたからです。理論の美しさ、すなわち対称性を隠し、弱い力を恐ろしい野獣の姿に変えていたのは、ヒッグス粒子だったのです。

対称性の自発的破れという南部の理論と、それを弱い力に応用したワインバーグとサラムによって、ヒッグス粒子の魔法が

解かれ，理論の真の対称性が明らかになりました。そして昨年のヒッグス粒子の発見により，このしくみが自然界で実際に起きていることが，ついに実験的にも検証されたのです。

南部陽一郎はノーベル賞受賞講演を次のような言葉で締めくくっています。

「物理学の基本法則は多くの対称性をもっているのに，現実世界はなぜこれほど複雑なのか。対称性の自発的破れの原理は，これを理解する鍵となっています。基本法則は単純ですが，世界は退屈ではない。なんと理想的な組み合わせではありませんか。」

強い力と弱い力の発見の歴史は波乱万丈で，ここには書き尽くせません。さらに知りたい方は，一般向けに書いた拙著『強い力と弱い力』(幻冬舎新書) をご覧ください。

追悼 南部陽一郎博士

シカゴ大学名誉教授でノーベル物理学賞受賞者の南部陽一郎さんは，2015 年に 94 歳でお亡くなりになりました。南部さんは，独創的なアイデアと長期的な展望によって，前人未到の分野を開拓してこられました。そして，ノーベル物理学賞の授賞対象となった対称性の自発的破れの理論をはじめ，強い相互作用のカラー自由度とゲージ理論による記述の提案，弦理論の提唱など，現代の理論物理学の基礎となる偉大な業績をあげられました。

個人的なことですが，私は 1989 年にシカゴ大学の助教授にしていただきました。南部先生の物理学に関する見識や高潔なお人柄に触れることができたことは幸いでした。1991 年にシカゴ大学を退職された後にも精力的に研究を続けられ，2011 年からは特別栄誉教授として大阪大学に研究室を持っておられました。お亡くなりになるほんの 1 ヶ月前にお会いしたときにはお元気そうで，カリフォルニア工科大学を訪問された時の話などを楽しそうになさっていました。

『日経サイエンス』2015 年 10 月号に掲載された追悼記事です。南部さんについてはたくさんの思い出があるので，12,000 字になりました。

難易度：☆

南部陽一郎先生は現代の理論物理学の基礎となる数々の業績を上げられました。南部先生の偉大な足跡を辿りながら，ご研究の意義を解説し，先生を偲びたいと思います。

南部先生の研究を解説する前に，ご専門であった素粒子物理学の考え方について簡単にまとめておきましょう。

20 世紀の物理学の基礎は「相対論」と「量子論」だと言われます。この相対論には，ニュートンの力学とマクスウェルの電磁気学を統合した「特殊相対論」と，さらに重力も含めた「一般相対論」の 2 種類があります。特殊相対論は 1905 年に，

一般相対論はその10年後の1915年に，どちらもアインシュタインによって完成されました。

特殊相対論と量子論を統合した理論は「場の量子論」と呼ばれており，さらに一般相対論まで統合できれば，物理学の基礎がひとつの理論にまとまると期待されています。超弦理論はその最も有望な候補として提案されていますが，まだ検証されていないので，一般相対論と量子論の統合は達成されていません。これをまとめると図1のようになります。

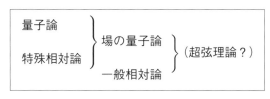

図1

南部先生は場の量子論の性質の研究と，その素粒子論への応用において数多くの偉業を成し遂げられました。また量子力学と一般相対論を含む究極の統一理論の候補である超弦理論の基礎となる考え方を提案されたのも南部先生でした。

量子論と特殊相対論を統合する場の量子論の重要な予言として「反粒子」の存在があります。電荷を持つ粒子があると，質量などはすべて同じなのに電荷のプラス・マイナスだけが逆転した反粒子があるというのです。ただし光子(光の最小単位の粒子)のように電荷を持たない粒子は自分自身が反粒子だと考えます。粒子と反粒子が出合うと消滅してしまい，そのエネルギーは光子などになって飛び去っていきます。逆に空間のある点にエネルギーが集中すると，粒子と反粒子の対が生成されます。このように場の量子論では粒子や反粒子が対生成・対消滅を起こすので粒子の数が変化します。

そのため，許される状態の可能性が飛躍的に多くなって，計

算をするとしばしば無限大という意味のない答えになってしまいます。この問題を解決したのが日本の朝永振一郎氏と米国のリチャード・ファインマン氏とジュリアン・シュウィンガー氏が開発した「くりこみ理論」でした。3氏はこの業績に対し，1965年にノーベル物理学賞を受賞しています。

南部先生は1940年に東京帝国大学の物理学科に入学されますが，2年生の時に戦争が始まります。2年半で卒業して陸軍に召集され大阪の技術研究所に配属されました。戦後は東京大学の嘱託となられます。大阪でご結婚された先生は東京に単身赴任されましたが，戦争直後で住宅事情も悪く，東京大学理学部1号館にある実験室用の大部屋に寝泊りをされていたそうです。

当時の様子について「夜でも隣部屋の住人を訪ねて議論することができた」ので，「自分のペースで自分の考えを発展」させるのには「理想的であった」と回想されています。

このときに研究室で机を向かい合わせにしていたのが朝永氏の共同研究者であった木庭二郎氏でした。木庭氏は毎朝誰よりも早く出勤してきたので，机をベッド代わりに寝ていた南部先生を起こしてしまうこともあったようです。当時，東京における素粒子論研究の中心は東京文理科大学 (筑波大学の前身)の朝永グループで，朝永氏が戦時中に研究していたくりこみ理論の考え方を発展させ，米国のファインマン氏やシュウィンガー氏と競っていました。南部先生は木庭氏を通じて場の量子論を学び，朝永グループのセミナーにも参加されるようになります。

1. 物性物理学にも関心

　ところで，場の量子論の方法は素粒子論だけでなく，物質の性質を理解し，新しい物質を発見する「物性物理学」にも応用されます。たとえば後に南部先生の「対称性の自発的破れ」の発見の契機となった物性物理学の超伝導の理論にも，場の量子論が使われています。南部先生が寝泊りされていた部屋の隣には，旧制第一高等学校の1年先輩であった久保亮五氏の率いる物性理論の研究室がありました。当時，久保グループで盛んに議論されていた話題に，戦争中にラルス・オンサーガー氏が発見した2次元イジング模型の厳密解がありました。

　イジング模型というのは磁石などの性質を理解するために考えられた理論です。原子の間に働く力によって磁性が生ずる様子を理解するために，実際の磁石を理想化して数学的に表現した理論です。紙の上の数式で表したモデル，つまり「模型」と呼ぶわけです。このような模型を「解く」とは，このような理論を使って磁石に磁場をかけたり消したり，また温度を上げたり下げたりしたときに，磁性にどのような変化が起きるかが正確に理解できるということです。磁石の強さを磁場や温度の関数として，きちんとした数式で表すことができたときに，イジング模型が解けたといいます。

　磁石の中の原子が一列に並んで，ひものように1次元的に伸びている場合を1次元イジング模型と呼び，これはエルンスト・イジング氏によって1925年に解かれていました。これに対し，原子が膜のように2次元に広がっている場合が2次元イジング模型で，これを戦時中に解いたのがオンサーガー氏でした。3次元のイジング模型はまだ解かれていませんが，ここ数年の間に，「ブートストラップ」という方法で重要な結果が得られつつあります。

南部先生はこの久保グループとの交流からオンサーガーの解について知り，別な方法でイジング模型を解く方法を発見されました。この結果をまとめたのが南部先生の最初の論文 (参考文献 [1]。以下同じ) となりました。この頃からの物性への興味が，後に，超伝導理論を通じて対称性の自発的破れの発見につながったのだそうです。

　1949 年に大阪市立大学が設立されると，朝永振一郎氏の推薦で助教授になられ，さらに翌年には 29 歳の若さで教授に昇進され，研究グループを立ち上げられます。当時の様子を「惨めなバラック建ての研究室でいつもひもじい思いをしていた時代である。それにもかかわらずこれほど自由を楽しんだことはなかった」と回想されています。

　大阪での研究成果のひとつに西島和彦氏や山口嘉夫氏と共同で行われた，宇宙線観測で知られていた V 粒子についての論文 [2] があります。この研究は南部先生が渡米後に西島氏らが発展させ，素粒子を分類するストレンジネスという新しい量子数 (粒子の性質を表す数) を導入した「中野 – 西島 – ゲルマンの法則」の発見につながりました。

　また場の量子論の枠組みの中で，2 つの粒子が引力によって結びついてひとつの複合粒子になる現象を記述する方程式を発見されました。たとえば中間子はクォークとその反粒子である反クォークが結びついてできていますが，この中間子の性質を調べるためには，南部先生の開発された方程式が使われています。素粒子論から物性理論まで幅広い分野で使われることになる重要な方程式ですが，論文 [3] の最後に説明なしで式が書いてあったので，多くの人々には理解されなかったようです。そのためか，2 年後にもっと詳しい論文を書いたハンス・ベーテとエドウィン・サルピーターの名前を取って「ベーテ – サルピーター方程式」と呼ばれています。

このように南部先生のお仕事の中には，先生が先行されていたにもかかわらず他の研究者の名前が定着してしまっているものがいくつかあります。しかし，南部先生は「損をするような仕事がいくつかあるくらいでなければ駄目だ」と鷹揚たるものでした。

　南部先生の大阪市立大学時代は場の量子論についての純粋に理論的な問題から，宇宙線で発見した粒子の解析に至るまで，アイデアが堰を切ってあふれ出してきたという印象があります。

　気鋭の素粒子論研究者としての活躍ぶりは学外でも知られていたようです。素粒子の質量のパターンについての推測を書かれた論文 [4] が大発見だとして話題を呼び，ある日，映画館に寄って映画を 2 本ほどご覧になってから，のんびりと大学に出勤すると，研究室で新聞記者たちが待ち受けていたということもあったそうです。南部先生は「単なる数あわせ (numerology) だったのですが」とおっしゃっていました。

2. 雌伏のプリンストン時代

　1952 年にはロバート・オッペンハイマー氏の招きで米国プリンストンの高等研究所に 2 年間滞在されます。南部先生は，このときのことを「試練期」であったと書き記されています。その様子については南部先生のシカゴ大学での大学院生であったマドハスレー・ムカージー氏の追悼記事 [5] に引用されている南部先生の手紙によく表れているので，一部を翻訳します。

　「若いときには理想に燃え，野心があり，我慢ができないものです。私もそうでした。物理の大問題を解くのでなければ満足できません。それと同時に自分に自信がなく，常に他人と比べて不安になります。私自身，高等研究所で 2 年間を過ごした

ときに，それを痛切に感じました。成し遂げたいことができなかった。誰もが私より賢く見えて，私は神経衰弱に陥ってしまいました。当時は，こんな問題をかかえているのは哀れな自分だけだと思っていました。その頃のライバルたちが，みんな同じ経験をしていたことを知ったのは，もっと後のことでした。」

南部先生とは比ぶべくもありませんが，私自身 26 歳で渡米したときに最初に滞在したのが高等研究所でしたので，ここに書かれていることは身にしみてわかります。この手紙はムカージー氏が卒業後に研究に行き詰まって南部先生に相談したときに書かれたものだそうで，次のような言葉もあります。

「貴女のおっしゃることはよくわかります。物理学者になるのは楽ではありません。音楽家になるのをあきらめて物理学者に転向した友人の話では，コンサート・ピアニストになるほど難しくはないそうですが，音楽の場合には才能があるかないか，それだけです。物理の研究も技のひとつなので，才能が重要ですが，才能にもいろいろなかたちがあります。物理には異なるスタイルを受け入れる余地があります。また，才能がそのまま成果につながるわけではありません。」

「物理の研究はそれが楽しいからするものです。遊び心が大切です。行き詰まったら思いつめないで，特定の目標や野心と関係なく，そのときに自分ができることをやってみることです。短期的には柔軟に，長期的には忍耐強くなることを学びましょう。軽い気持ちで書いた論文が，もっと重要だと思ってまじめに書いた論文より，後になって注目を浴びることもあります。私はゴールドバーガーがシカゴに連れてきてくれたおかげで，うつ状態から救われました。そのときには，それしか職のオファーがなかったんです。幸運も必要ですが，幸運は何もないところには起きません。はぐくみ育てなければいけないのです。」

南部先生は思慮深く見識があり，誰に対しても紳士的に対応されるので，その業績はもちろんのこと，その人柄でも世界中の科学者から尊敬されていました。この手紙にも，先生の人を思いやる心が表れていると思います。私も 2009 年に仁科記念賞を受賞したときに，南部先生からいただいた手紙を大切に持っています。

3. 充実のシカゴ時代

　ムカージー氏への手紙にもありますように，南部先生はマービン・ゴールドバーガー氏の誘いで 1954 年にシカゴ大学の助手に，1958 年には同大学の教授に昇進されます。そして 1970 年には米国市民権を取得されています。南部先生の最も偉大な業績とされる (1) 対称性の自発的破れの理論，(2) 強い力のカラー自由度とゲージ理論による記述の提案，(3) 弦理論の提唱は，どれもシカゴ大学でなさったお仕事です。

　ここでシカゴの町とシカゴ大学について少し書いておきましょう。私はプリンストンの高等研究所に滞在していた年の冬に，南部先生からお電話をいただき，シカゴ大学の助教授にしていただきました。シカゴ市は米国中西部の経済や文化の中心地で，交響楽団や美術館は世界的に有名です。

　日本にたとえるとニューヨークが東京，ロサンゼルスが大阪だとすると，シカゴは名古屋でしょうか。北欧系の移民が多く，質実剛健な土地柄でも知られています。先生はシカゴでの生活を楽しまれていたようで，車でいろいろなところにご案内いただいたことを憶えています。

　シカゴ大学は市の中心からミシガン湖に沿って車で 15 分ぐらい南に下ったところにあります。世界最大の製油会社を立ち上げて財を成したジョン・D・ロックフェラー氏が，シカゴに

も東海岸のアイビーリーグに匹敵する大学が必要だとして提供した資金を元に 1890 年に設立されました。

英国のオックスフォード大学に倣ったゴシック様式の建物が並ぶキャンパスは美しく、「知識を創出し人類の生活を豊かに」

図 2　米国での研究生活

南部氏は 1952 年，朝永振一郎氏の推薦を受けプリンストン高等研究所で研究を始め，1954 年にシカゴ大学に移る。その頃の南部氏をよく知る研究者の 1 人が，後にニュートリノ天文学のパイオニア的業績でノーベル賞を受賞した小柴昌俊氏。小柴氏は 1951 年に東京大学大学院に進むと武者修行のため大阪市立大学の南部氏の研究室の門を叩いた。1953 年，小柴氏はロチェスター大学に留学，プリンストンにいた南部氏と再会し，少壮の宇宙線研究者として 55 年，南部氏がいたシカゴ大学の研究員になってからはさらに交流を深めた。

　小柴氏から提供いただいた写真。『日経サイエンス』に寄稿された記事 (「南部さん，西尾さんとの 60 年」日経サイエンス 2009 年 5 月号) では，上段の写真について次のように述べられている。「1955 年，私がロチェスターで学位を取って，シカゴに移ったその翌月の 8 月に，シカゴにいた物理屋が集まってピクニックをした。テーブルを囲む人々の中で，左の列の手前から菊地良一さん，1 人おいて私 (小柴)，1 人おいて藤井忠男さん，南部さん，右の列の手前から 3 人目が 2007 年まで日本学士院長をされていた長倉三郎さん，その向こうの女性が南部夫人」。また下段の写真については次のように述べられている。

　「1969 年夏，シカゴの南部さんのご自宅に伺ったときに撮影した。右から順に南部さん，私の亡くなったボスのシャイン教授の奥さん，私 (小柴)，南部夫人」。

　写真の出典は「南部さん，西島さんとの 60 年」(小柴昌俊，日経サイエンス 2009 年 5 月号)

をモットーとする研究に重点をおいた大学です。私が着任した頃にはシカゴの北の住宅地から通勤してくる教授たちもいましたが，以前はほとんどの人が大学から歩いて通える距離に住んでいたそうです。南部先生は同僚とは公私にわたって家族のような付き合いだったとおっしゃっていました。

　南部先生の所属された原子核研究所は，素粒子物理学の理論と実験の両方で大きな業績を上げることができた最後の物理学者といわれるエンリコ・フェルミ氏が主宰していました。毎週開かれていた研究所全体のミーティングについて「プログラムを決めず，誰でも思いつくままに立ち上がって，自分が考えて

図3 西島和彦氏から提供いただいた写真。西島氏は1950年，南部氏の大阪市立大学の研究室の助手として研究生活を始めた。写真は1976年頃，西島氏がシカゴ大学を訪れたとき，空港で撮影された。左端が南部氏，中央が西島氏，右は当時，シカゴ大学の南部氏のもとで研究していた江口徹氏。江口氏は西島氏と同じく，後に京都大学基礎物理学研究所長を務める。

写真の出典は「南部さんと始まった研究人生」(西島和彦，日経サイエンス2009年5月号)。

まだ完成していないことでも自由に発表したり議論したりすることを奨励されていた。原子核，素粒子，宇宙線，太陽系物理，天体物理，宇宙化学など研究所のすべての分野がトピックスとなった。これは私にはたいへんな刺激であった」と回想されています。

南部先生の研究は，このように分野間の風通しのよいシカゴ大学の環境で開花しました。

(1) 対称性の自発的破れ

2008年度のノーベル物理学賞の授賞対象となった「対称性の自発的破れ」とは，自然界が基本法則のレベルでは対称性を

持っていても，現実の世界ではそれが隠されている場合がある
という考え方です。この研究の発端は物性物理学における超伝
導の現象を説明するために，ジョン・バーディーン，レオン・
クーパーとロバート・シュリーファーの3氏が考案した理論で
した。南部先生はこの理論が完成する前に，シカゴ大学でシュ
リーファー氏の講演をお聞きになりました。このような機会が
あったのも，先生の幅広いご興味とシカゴ大学の学際的な環境
のおかげでしょう。

　しかし，シュリーファー氏の説明には納得できないことがあ
り，そのときの心境を「感動と疑問の混じったものだった」と
回想されています。この疑問に始まる2年間の研究により，超
伝導状態の本質が対称性の自発的破れにあることを見抜かれま
した [6]。また，対称性の破れに伴って「南部－ゴールドストー
ン粒子」と呼ばれる質量のない励起状態が現れることを理論的
に示されます。さらに，この仕組を素粒子論に応用すること
で，素粒子の質量の起源を説明することを提案されました [7]
[8]。このアイデアはヒッグス粒子の理論に取り入れられ，現在
の素粒子の標準模型の基礎となっています。

　南部先生はノーベル賞受賞記念講演を次のように締めくくっ
ておられます。「物理学の基本法則は多くの対称性を持ってい
るのに現実世界はなぜこれほど複雑なのか。対称性の自発的破
れの原理は，これを理解するための鍵となっています。基本法
則は単純ですが，世界は退屈ではない。なんと理想的な組み合
わせではありませんか。」

　ここには南部先生の自然に対する考え方が端的に表れている
と思います。対称性の自発的破れの発見は。物理学の「真空」
についての考え方を根本から転換することにもなりました。

　『広辞苑』の真空の項目を見ると第2の語義として「物質の
ない空間」と書いてあります。日常の言葉遣いでも「何もない

追悼 南部陽一郎博士　215

カラッポの空間」が真空でしょう。物理学者はこの物質のない
空間という考えを一般化して「エネルギーが最も低い状態」の
ことを真空と呼んでいます。粒子が飛び回っている空間では，
その全体のエネルギーは個々の粒子のエネルギーの総和でしょ
う。そうすると粒子がまったく存在しないときにエネルギーが
最も低くなる。つまり広辞苑の説明と同様，何もない状態が真
空になると考えられます。素粒子物理学者も真空とは何もない
カラッポの空間だと思っていたのです。

　ところが南部先生の理論によって，真空には何もないところ
か，そこには豊かな構造があることがわかりました。素粒子が
質量を持つようになるのも，南部–ゴールドストーン粒子が現
れるのも「エネルギーが最も低い状態」が対称性を自発的に
破っているからです。真空がどのようなものであるかによって
粒子の性質が決まる。この画期的な発見によって「粒子のない
最も簡単な状態」だと思われていた真空が，素粒子物理学の中
心的な研究課題になりました。

　「南部以前」には議論する余地のない自明の存在だった真空
ですが，「南部以後」は新しい素粒子理論が提案されるたびに，
まずは「その理論の真空は何であるか」が問われるようになっ
たのです。まさしく素粒子論のパラダイム・シフトでした。

(2) 強い力のカラー自由度とゲージ理論による記述

　さて，先ほどイジング模型の話のところで理論物理学におけ
る「模型」という言葉の使い方について説明しました。素粒子
の標準模型というときの模型も同様の意味で使われています。
この記事で何度も出てきている場の量子論は素粒子論の基本と
なる理論です。しかし，場の量子論にはどのような粒子がどれ
だけあって，その間にどのような力が働いているのかによって
様々なバージョンがあります。その中で，実験結果に合うよう

に粒子の種類やその間に働く力を選んで，特定のバージョンの
場の量子論を作り，それを現実世界の「模型」として使って新
たな素粒子現象を予言する作業のことを，素粒子論では「モデ
ル・ビルディング (模型の構築)」と呼びます。

　対称性の自発的破れは特定の模型ではなく，普遍的に起きる
現象であり，物性物理学の超伝導から中間子などの性質，さら
には素粒子の標準模型のヒッグス粒子など様々な現象の理解に
使われています。その一方で，南部先生は素粒子のモデル・ビ
ルディングにおいても重要な成果をあげておられ，その最も重
要なもののひとつが「強い力」の理論です。

　素粒子の標準模型にはクォークと呼ばれる素粒子が含まれて
いて，これが 3 つ集まると陽子や中性子などのいわゆるバリオ
ン，クォークと反クォークが結びつくと中間子になると考えら
れています。クォーク同士を引きつけあって，これらの粒子を
作るのが強い力です。

　クォークは 3 つの「色の自由度」を持つと考えられており，
この色が電磁気における電荷に対応する役割を果たしていま
す。この色の自由度を導入したのが南部先生でした。また，電
磁場が電荷に反応して電磁気の力を伝えるように，色の自由
度に反応する「ゲージ場」と呼ばれる場を考えて，これが伝え
る引力のためにクォークが陽子，中性子，中間子などを作ると
提案されています [9] [10]。これは数ある場の量子論の中から，
強い力を説明するのに最適なものを選んでクォークやその間に
働く強い力を説明する理論模型を提案されたもので，モデル・
ビルディングの典型ということができるでしょう。

　南部先生の提案された模型は 8 年後にディビッド・グロス
氏とフランク・ウィルチェック氏，またこれと独立に行われた
ディビッド・ポリツァー氏の理論的研究によって，素粒子実験
で観測されていた「漸近自由性」という現象を説明するもので

追悼 南部陽一郎博士　217

図4 半世紀を経ての栄誉

南部氏が「対称性の自発的破れ」を提唱して約半世紀を経てノーベル賞が贈られた。シカゴ大学での贈呈式の模様。

(写真：Dan Dry/University of Chicago)

あることが確認され，強い力の基本理論として確立しました。

このように南部先生は 1960 年代に，現在の素粒子の標準模型の基礎となっている対称性の自発的破れや強い力のゲージ理論など斬新なアイデアを生み出されました。これらの研究は場の量子論に基づくものですが，実は場の量子論の研究は 1960 年代には素粒子物理学の主流ではありませんでした。1950 年代に素粒子物理学の加速器実験の技術が発達すると新しい素粒子や新しい現象が次々に見つかるようになりました。しかし，場の量子論の理解が未熟だったために，実験結果をうまく説明できなかったのです。南部先生の強い力の理論を発展させたグロス氏は，私との対談の中で，当時の様子を次のように語っています [11]。

「当時，素粒子物理は本当に金の鉱脈でした。毎月のように多くの新粒子が発見されており，新粒子や新現象の発見は難しいことではありませんでした。実験的にはすごくエキサイティングな時代で，実験家がこの分野の支配者でした。理論家はまったく無力でした。場の量子論は主流ではありませんでした。無力だったからです。物理学者にとって，計算できること，理論の限界を探れること，アイデアの正否を判定可能な予言ができることは必須です。当時の場の理論では摂動論的な手法であるファインマン図形でしか計算ができなかったので，強い力にはまったく不十分でした。」

このように，場の量子論の研究が時流から外れていた時代に，南部先生はこの分野で様々な重要な発見をされ，グロス氏らによる漸近自由性の発見など 10 年先の発展の種を蒔かれていたのです。

(3) 弦理論の提案

この記事の最初に書きましたように量子論と一般相対論の統

一は達成されていませんが，その最も有力な候補が超弦理論です。これは自然界を構成する基本単位が点のような粒子ではなく，1次元に「ひも」のように広がったものであるというアイデアに基づく理論です。このアイデアを提案されたのも南部先生でした。

南部先生が弦理論を提案された論文 [12] については，ちょっとしたエピソードがあります。

先生は弦理論のアイデアを 1970 年の夏にデンマークのコペンハーゲンで開かれる国際会議で発表するつもりで，講演の原稿も用意していらっしゃいました。そして夏休みを利用して家族とともにアメリカ西部を車で横断して，カリフォルニア州のサンフランシスコまで行き，そこから飛行機でコペンハーゲンに向かおうという計画をされました。

ところがユタ州のグレート・ソルト湖をこえたところで車が故障してしまいます。グレート・ソルト湖は西半球最大の塩水湖です。私も何度も車で通ったことがありますが，ソルトレークシティから西に向かうと，水が蒸発した湖は一面の塩に覆われています。見渡す限り真っ白な世界の中を一本の道がのびていて，そこを何時間も走ることになります。夏には 40 ℃ を超える灼熱なので，南部先生の車はオーバーヒートを起こしてしまったそうです。湖の端までたどり着かれた先生は車の修理ができるまで数日間，ユタ州とネバダ州の州境にある宿場町ウェンドーバーに足止めされてしまいました。

そして，やっとの思いでサンフランシスコに着いたときには，コペンハーゲンの会議には間に合いませんでした。南部先生は出席される代わりに，あらかじめ用意しておいた講演の原稿をお送りになりました。そのうち会議録に掲載されることになるだろうと思っていらしたそうですが，主催者の手違いのためか，会議録は出版されずじまいになってしまいました。

このような事情によって，南部先生の原稿を見た人は限られていました。しかし，先生の独創的なアイデアは素粒子論の研究者の間でよく知られていたので，先生が弦理論の創設者の一人であるということも広く認められているのです。幸いにして，この原稿は残っていました。そして 1995 年に南部先生の論文選集 [13] が出版されたときに，この原稿が再録され誰でも読むことができるようになりました。私はこれを読んで先生の先見性に改めて感銘を受けました。

　1991 年にシカゴ大学を退職された後にも精力的に研究を続けられ，特別栄誉教授として大阪大学に研究室を持っておられました。2 年前の 2013 年 7 月 16 日に，南部先生が大阪大学で講演をされた際のビデオを YouTube で見ることができます [14]。

　最後にお会いしたのは，今年の 6 月でした。私の所属するカリフォルニア工科大学 (カルテク) の学生がいたずらで作った T シャツやマグカップ [15] をおみやげにお持ちしたところ喜ばれて，カルテクを訪問されたときの話やマレー・ゲルマン氏の逸話などを楽しそうにお話くださいました。それからほんの 1 カ月後に悲しい知らせをお聞きし，驚いています。

4.　物理学の "魔法使い"

　私が 2013 年に上梓した科学解説書『強い力と弱い力』[16] では過去 1 世紀の素粒子物理学の発展の歴史を辿り，その第 5 章では南部先生のお仕事の解説をしました。そして，その章の最後に「偉大な理論物理学者には賢者，曲芸師，魔法使いの 3 種類のスタイルがある」という話を書きました。

　「賢者型」の研究者は明確な問題設定から始めて，前提をすべてきちんと指定し，論理を着実に踏まえて，進んでいきま

図5 2人の師とともに

2008年,当時京都大学基礎物理学研究所の所長だった江口徹氏の還暦記念国際研究会のバンケットでのスナップで,上がスピーチをする南部氏,下は左から南部,江口の各氏と筆者。筆者は1986年・東京大学の江口氏の研究室の助手として研究生活を始め,1989年にはシカゴ大学の南部氏の研究室の助教授となった。

(写真:筆者提供)

す。彼らの論文を読むと，その一歩一歩は誰にでも素直に追えるものですが，論文を読み終えて気がつくと途方もなく遠くまで来ていることがあります。一方，「曲芸師型」の研究者は，これまで誰も考えたことのない斬新な視点で問題を捉え，急峻な山々を軽々と登っていきます。彼らの論文を読むと，奇抜な論法に驚かされ狐につままれたような気分になりますが，独特の説得力があるのも特徴です。

賢者型の研究者の代表としてはゲルマン氏，曲芸師型の研究者の代表としてはファインマン氏が挙げられると思います。どちらもカルテクの伝説的な教授ですが，この2人の研究スタイルの違いについては，こんなたとえ話があります。

「深い森の真ん中に小屋があって，ファインマンは森の東の端から，ゲルマンは西の端から出発して，地図やコンパスを持たずに，どちらが先に小屋にたどり着くかを競った。ファインマンは太陽の位置や風の向き，キノコの生え方や木々のどちら側にコケがついているか，などをよく観察して独特のカンを働かせ，迷うことなく，まっすぐに小屋に向かっていった。ファインマンが小屋を見つけると，ゲルマンもほぼ同時に到着していた。そこで小屋から西の方を見ると，森の木々はゲルマンによってすべて切り倒され，西の端から小屋までが見渡せるようになっていた」

そして，ごく希に「魔法使い型」としか考えられない研究者が現れます。彼らの仕事は時代を超越しているので，並みの研究者にはすぐに理解できません。論文を読んでも，どうしてそのようなことを思いついたのか，なぜそうなっているのか，見当がつきません。しかし，彼らはこれまで誰も見たことのない自然界の深い真実を指し示しているのです。南部先生は20世紀を代表する魔術師だったと思います。先ほどのたとえ話を続けると，ファインマンとゲルマンが小屋にたどり着いたとこ

追悼 南部陽一郎博士　223

ろ，その壁にはすでに南部陽一郎の名前が刻まれていたという
ことになるでしょう。

　南部先生の先見性について，著名な理論物理学者であるブ
ルーノ・ズミノ氏は「南部の仕事は 10 年先を見通している。
そこで，南部の仕事を理解すれば他の研究者より 10 年先んじ
ることができると思いがんばって勉強したのだが，やっと理解
したと思ったら，すでに 10 年たっていた」と自嘲気味に語っ
ています。

　また，2004 年に「強い力の漸近自由性の発見」に対し，グ
ロス，ウィルチェック，ポリツァーの 3 氏がノーベル物理学賞
を受賞した際には，スウェーデン王立科学アカデミーが公式発
表の中で「南部の理論は正しかったが，時代を先取りしすぎ
た」との異例の言及をしています。

　南部先生は独創的なアイデアと長期的な展望によって前人未
到の分野を開拓し，素粒子物理学の流れを変え，新しい基礎を
築いてこられたのです。

【参考文献】

[1]　A NOTE ON THE EIGENVALUE PROBLEM IN CRYSTAL STATISTICS.
Y. Nambu, in Prog. Theor. Phys. 5,1,1950.

[2]　ON THE NATURE OF V-PARTICLE I.Y. Nambu, K. Nishijima and
Y. Yamaguchi, in Prog. Theor. Phys. 7,615, 1951./ON THE
NATURE OF V-PARTICLEV-PARTICLE II. Y. Nambu, K. Nishijima
and Y. Yamaguchi, in Prog. Theor. Phys.7,619, 1951.

[3]　FORCE POTENTIALS IN QUANTUM FIELD THEORY. Y. Nambu,in
Prog. Theor. Phys. 5,614, 1950.

[4]　AN EMPIRICAL MASS SPECTRUM OF ELEMENTARY PARTICLES. Y.
Nambu, in Prog. Theor. Phys. 7, 595,1952.

[5]　YOICHIRO NAMBU: THE PASSING OF A GENTLE GENIUS. M. Muk-
erjee, Huffington Post 07/20/2015.

[6]　QUASI-PARTICLES AND GAUGE INVARIANCE IN THE THEORY OF SU-
PERCONDUCTIVITY. Y. Nambu, in Phys. Rev.117,648,1960.

[7] A 'SUPERCONDUCTOR' MODEL OF ELEMENTARY PARTICLES AND ITS CONSEQUENCES. Y. Nambu, in Proceedings ofthe Midwest Conference on Theoretical Physics, eds. F.J.Belifante, et al. Purdue University 1960.

[8] DYNAMICAL MODEL OF ELEMENTARY PARTICLES BASED ON ANALOGY WITH SUPERCONDUCTIVITY I. Y. Nambu and G. Jona-Lasinio, in Phys. Rev. 122,345,1961. / DYNAMICAL MODEL OF ELEMENTARY PARTICLES BASED ON ANALOGY WITH SUPERCONDUCTIVITY II.Y. Nambu and G. Jona-Lasinio, in Phys. Rev.124,246,1961.

[9] THREE TRIPLET MODEL WITH DOUBLE SU(3) SYMMETRY. M. Y. Han and Y. Nambu, in Phys. Rev.139,B1006,1965.

[10] A SYSTEMATICS OF HADRONS IN SUBNUCLEAR PHYSICS. Y. Nambu, Preludes in Theoretical Physics, eds. A. De-Shalit, et al.,133,1966.

[11] 「ディビッド・グロス教授に聞く」, 大栗博司著, IPMU News 第 8 号, 2010 年 12 月. 以下の書籍にも再録。
『素粒子論のランドスケープ』, 大栗博司著, 数学書房, 2012 年.

[12] DUALITY AND HADRODYNAMICS. Y. Nambu, note prepared for Copenhagen High Energy Symposium, August 1970(unpublished).

[13] BROKEN SYMMETRY: SELECTED PAPERS OF Y. Nambu. eds. T. Eguchi, K. Nishijima, World Scientific 1995.

[14] https://youtu.be/SuGGDdgIucw

[15] http://planck.exblog.jp/22189339/

[16] 『強い力と弱い力』, 大栗博司著, 幻冬舎新書, 2013 年.

もっと知るには…

「クォークの閉じ込め」, 南部陽一郎, サイエンス (日経サイエンスの前身)1977 年 1 月号.

「対称性の自発的破れとひも理論」, 南部陽一郎, 日経サイエンス 2009 年 3 月号.

「南部さんと始まった研究人生」, 語り:西島和彦, 日経サイエンス 2009 年 5 月号.

「南部さん, 西島さんとの 60 年」, 小柴昌俊, 日経サイエンス 2009 年 5 月号.

「素粒子物理学の予言者 南部陽一郎」, M. ムカージー, 日経サイエンス 1995 年 4 月号.

以上の記事など南部氏に関する記事は別冊日経サイエンス 165『素粒子論の一世紀』に収載。ただし「クォークの閉じ込め」は一部抜粋して,「南部さんと始まった研究人生」は加筆してそれぞれ収載。

ヒッグス粒子発見の次に来るもの

岩波書店は 2013 年で創業 100 周年になり，その記念行事のひとつとして，いろいろな分野の 228 名が現代社会の課題とそれへの考え方を各々2,000 字で語る『これからどうする—未来のつくり方』が出版されました。「文系理系の研究者，政治家から作家，俳優まで様々な立場の方に将来への予測・主張・夢を語っていただく」とのご依頼があったので，ヒッグス粒子が発見され，標準模型が完成した素粒子物理学は，次に何を目指すのかをテーマとする記事を書きました。　　難易度：☆

　素粒子物理学の 2012 年の最大の話題はヒッグス粒子の発見であった。素粒子物理学の目的は，この世界の最も基本的な法則を見つけることで，そのために築き上げられたのが「素粒子の標準模型」と呼ばれる理論である。この理論は数々の実験的な検証を受け，これまでのところこの理論と矛盾する素粒子現象は見つかっていない。この理論の予言する粒子のなかで唯一発見されていなかったのがヒッグス粒子だった。この発見によって標準模型は完成した。理論物理学者が紙と鉛筆で予言した粒子が，巨大実験施設で発見されたことは，自然には発見されるべき合理的な法則があり，それは人知によって解き明かすことができるという科学者の信念を裏付けるものであった。

　しかし標準模型によって説明できるのは，我々の世界のほんの一部に過ぎない。近年の天体観測技術の発達によって，宇宙の大部分は標準理論には含まれていない物質でできていることが判明した。正体がわからないので「暗黒物質」と呼ばれているこの物質は，宇宙の中に我々の知っている普通の物質の 5 倍以上もある。この暗黒物質は，まだ未発見の素粒子からできて

227

いると考えられており，これを直接捕まえようとする実験は，世界各国で行われている。ヒッグス粒子を発見した欧州原子核研究機構 (CERN) の今後の実験で，暗黒物質が人工的に生成され観測される可能性もある。暗黒物質の正体がわかれば，より基本的な法則を発見しようとする人類の歩みに，新たな章を開くことになるであろう。

さて，アインシュタインの有名な公式 $E = mc^2$ は，エネルギー (E) と質量 (m) とが本質的に同じ量であることを表している。たとえば，広島に投下された原子爆弾では，ウランの質量のほんの 0.6 グラムがエネルギーに変換したことで，TNT 火薬にして 15,000 トンに相当する大爆発が起きた。また，1 円玉は 1 グラムであるが，この質量をすべて電気エネルギーに変換できたとすると，標準家庭八万世帯の 1 カ月分の消費電力をまかなうことができる。宇宙の中に，普通の物質や暗黒物質がどのくらいあるのかも，その質量を，それと等価なエネルギーに換算して測ることができる。

宇宙全体にどのくらいエネルギーがあるのかは，宇宙が「これからどうなる」かを予想するために重要である。2011 年のノーベル物理学賞の授賞対象は宇宙の加速膨張の発見であった。しかし，普通の物質や暗黒物質のエネルギーだけでは，この加速膨張が説明できないこともわかった。普通の物質のエネルギーは加速膨張に必要なエネルギーのたった 5 ％，暗黒物質のエネルギーでも 27 ％に過ぎないのである。残りの 68 ％は，正体がわからないので「暗黒エネルギー」と呼ばれている。

暗黒エネルギーは，暗黒物質よりもさらに奇妙な性質を持ち，未知の素粒子を仮定しても説明できない。この謎を解くためには，宇宙を支配する力である重力のより深い理解が必要であると考えられている。しかし，素粒子論の基礎である量子力学と，重力を説明するアインシュタインの一般相対性理論の統

合は，いまだに達成されていない。そのような理論の最も有力な候補が，超弦理論である。この理論は，物質の基本単位が，素粒子のように大きさのない点ではなく，ひものように空間の中で拡がっていると仮定することで，量子力学と一般相対性理論の統合に関わるさまざまな数学的問題を解決した。超弦理論を使って暗黒エネルギーの正体を説明できれば，この理論の検証作業が大きく進むことになるだろう。

　素粒子物理学のような基礎科学の研究は，研究者の純粋な好奇心を動機とするので，「何の役に立つのか」を問われることが多い。しかし，普遍的な価値をもつ発見が，広い分野の科学の発展につながり，それが思いがけない応用を持つようになることは歴史の教えるところである。19 世紀に電子が発見されたときにも何の役にも立たないと言われたが，現在の私たちの生活は電子技術抜きには考えられない。アインシュタインの一般相対性理論のような抽象的な理論ですら，カーナビやスマートフォンの地図に使われている GPS (全地球測位システム) に応用されている。

　技術の限界を試す実験は，新しい技術の開発にもつながる。たとえば，ヒッグス粒子を発見した CERN は，研究者の間で情報を共有するためにワールド・ワイド・ウェブを開発したが，この技術の特許を取得することなく全世界の人々と分かち合った。これだけでも，CERN に投入された公金には十分なリターンがあったと言える。我々が日々手にふれるもののほとんどすべては，科学の成果によって開発されたり改善されたりしたもので，さらなる進歩のためには基礎から応用につながる幅広いポートフォリオが必要である。イノベーションがやせ細らないためにも，「役に立たない研究」の果たすべき役割は大きい。

　研究室の帰りに夜空の星をながめながら，この答えを知っているのは世界に自分しかいないという感動を覚えるというよう

なことは，科学の研究者なら誰しも経験することである。自然界の仕組みを探り，宇宙の中で人類がどのような存在であるかを知ることは，我々の人生を豊かなものにする。このような人類の知識の進歩に，日本が大きく貢献していることは，近年のノーベル賞受賞者数の増加を見ても明らかである。素粒子物理学のような基礎科学への投資は，日本が世界の中で尊敬される国，私たちが誇りにできる国であり続けるためにも重要であると思う。

第 IV 部

数学との関係

場の量子論

　雑誌『数学セミナー』は，2012 年に創刊 50 周年となり，「未来への宿題」と題した記念特集が組まれ，「これから 50 年先 (中長期的なスパン) を見据えた数学に対する宿題・課題を若い読者に向けて，誌面にて語っていただきたい」という依頼を受けました。「50 年先への宿題」とは大層なお題ですし (私自身の宿題もできていないのに)，また執筆者のリストを拝見すると錚々たる先生方ばかりなので躊躇しましたが，多様な分野の話題があったほうがよいかと思い，お受けしました。

　私の宿題は，素粒子論の基本言語である「場の量子論の数学的基礎付け」としました。場の量子論の典型例だとされる量子電磁気学の摂動展開がなぜ収束しないのか，なぜ連続極限が存在しないと考えられているのか。また，「存在しないはずの理論」を使ってなぜ計算ができて実験結果とうまく合うのかなどを，できるだけわかりやすく説明するように努力しました。

難易度：☆☆

　　現代物理学にとって場の理論はなくてはならない道具です。素粒子物理学の目的は，自然界の基本法則を発見し，それを使って宇宙創成の謎をはじめとする我々の存在の根源にかかわる問題に答えることですが，その現在の到達点を表す「標準模型」は場の量子論の言葉で書かれています。しかし，場の量子論の有用性は素粒子の分野に限ったことではありません。1911年にオランダのカメルリング・オネスが発見した超伝導のメカニズムは，半世紀近く後の 1957 年にバーディーン，クーパー，シュリーファーが場の量子論を使って明らかにしました。この超伝導の理論は南部陽一郎によって素粒子論に移植され，陽子などの素粒子の質量の起源の説明に使われました。物性理論から生まれたアイデアが素粒子論に適応できたのは，両分野が

場の量子論という言語を共有していたからです。天文学においても，宇宙の大規模構造の起源とされる宇宙マイクロ波背景放射のゆらぎから，恒星の進化や超新星爆発の理解にいたるまで，場の量子論は幅広く使われています。

そもそも場の量子論は，特殊相対性理論と量子力学を融合するために考え出されたもので，ハイゼンベルグとパウリによって提案されてから80年以上経っています。しかし，この理論にはいまだに数学的に満足のいく定式化がありません。

場の量子論の「場」とは，電磁場などというときの「場」。時空間の各点に独立の自由度がある無限次元の力学系のことです。これにシュレディンガー流の量子力学を当てはめると，波動関数はこの無限次元空間の上の関数になるので，そのままでは数学的に意味がつけられません。また，ファインマン流の経路積分では，場の可能な配位をすべて考え (このときに，「可能な配位」とは正確にどのようなクラスのものを考えるのか―微分可能なものだけか，連続であればよいのか，不連続なものまで含めるのか―も明らかではありませんが)，その無限次元の空間の上で何らかの意味での積分を行うと考えます。これもまた，数学的には定義されていない操作です。

理論物理学には「つべこべ言わないで計算しなさい (Shut up and calculate)」という流儀があって，数学的にきちんとしていなくても，計算さえできればよいではないかという研究者が実は多いのではないかと思います。基礎付けなど，数学者に心配させておけばよいというわけです。実際に，この流儀で場の量子論の計算を行って，ただちに困ることはあまりありません。このように問題を先送りにできる理由については，この記事の後半で説明します。

しかし，私たちは場の量子論の本当の姿に気がついていないだけかもしれません。場の量子論の研究は，過去30年ほどの

間に，現代数学のさまざまな分野と深いかかわりを持つように
なりました。こうした交流によって，それ以前にはまったく闇
に包まれていた場の量子論の「非摂動効果」(後述) の世界が垣
間見られるようになってきました。場の量子論にしっかりとし
た基礎ができれば，数学者がこの分野に本格的に参入すること
ができ，さらに深い構造が明らかになると期待されます。

　場の理論の数学的定式化は一朝一夕にできることとは思えま
せん。しかし，編集部からのご依頼は「50 年先を見据えた「数
学」に対する宿題・課題を」とのことでしたので，場の量子論
の数学的定式化の障害となっている諸問題を反省し，将来を展
望することにします。

1. 場の量子論の問題点 1：紫外発散

　これからしばらくは，電子とその間の相互作用を伝える電
磁場の量子論，すなわち「量子電磁力学」を例にとって解説し
ます。電子と電磁場の相互作用の大きさは，電子の電荷で決ま
ります。電荷がゼロなら場の運動方程式は線形になり，これを
「自由場」と呼びます。自由場は，力学系としては調和振動子
の集まりと同じなので，それを量子化することは簡単です。

　次に電荷がゼロでない場合を考えるのですが，もはや厳密
な計算は期待できません。そこで電荷の効果が小さいとして，
「摂動展開」を行います。摂動とは，そもそも太陽系の惑星の
軌道をニュートン力学で計算するときに導入された言葉です。
惑星はケプラーの法則に従って太陽の周りをほぼ楕円軌道に
沿って運動しています。しかし，惑星同士も重力を及ぼしあっ
ているので，計算の精度を上げるためには，その効果を評価す
る必要があります。摂動論は惑星の軌道を系統的に計算する方
法として 18 世紀から 19 世紀にかけて発達し，特に海王星の

存在を予言したことは摂動論の大きな成果でした。摂動とは perturbation の和訳で，これはもともと「かき乱す」という意味。太陽の周りの楕円軌道が，惑星間の重力によってかき乱される様子を捉えるというわけです。

そこで量子電磁力学でも，電荷が小さいと仮定して電荷の値についてべき展開によって物理量を求めることを摂動展開と呼びます。ところが，数学的基礎付けをなおざりにした報いで，計算の結果が無限大になってしまいます。その原因は，量子電磁力学が無限次元の空間の上の量子力学だからです。そこで，この無限次元空間を有限次元で近似します。たとえば私たちの4次元の時空間を格子に仕切って，「場」が離散的な格子点の上でだけ値を取ったとします。時空間全体のひろがりも有限にしておけば，格子点の総数が有限になるので，その上の場の配位空間も有限次元になります。

格子点の間隔を l，格子全体のサイズを L と書きましょう。4次元の連続な時空間の計算に使うためには，最終的に $l \to 0$，$L \to \infty$ の極限を取る必要があります。ここで，$l \to 0$ の極限で現れる無限大を「紫外発散」，$L \to \infty$ の極限で現れる無限大を「赤外発散」と呼びます。これは光のスペクトルで，「紫外」が波長の短い方向，「赤外」が波長の長い方向を表すことからきている言葉です。

このうち赤外発散にはあまり害はありません。極限の取り方をきちんと考えれば解消されます。

一方，紫外発散を解消するためには，「くりこみ」が必要になります。まず，電子の電荷 e や質量 m などの理論のパラメータを，格子間隔 l の関数と考えます。そして，物理量を計算した後で，$l \to 0$ の極限 (これを「連続極限」と呼びます) が有限になるように $e(l)$ や $m(l)$ を選びなさい，というのがくりこみの計算方法です。この方法は 1940 年代の後半に，リチャード・

場の量子論　235

ファインマン，ジュリアン・シュウィンガー，朝永振一郎らによって開発されました。

　場の量子論全体の定義は完成していませんが，摂動展開の各項の計算方法それ自身は，くりこみの手続きも含めて，数学的にもきちんと定式化できるものです。最近では，数学者が執筆しアメリカ数学会が出版した教科書もあります [1]。また，量子電磁気学の場合，摂動展開の計算は実験結果と驚くほど高い精度で一致します。たとえば，電子は電荷のほかに磁気双極モーメントを持っていますが，この量は摂動展開を使った計算で有効数字 12 桁まで計算されています。しかも，その値は誤差の範囲で実験による測定値とピッタリ一致しています。これは理論の検証としては，おそらく物理学史上で最高の精度でしょう。参考のために，双極モーメントの大きさを表す g-因子の理論値と実験値を引用します。数字の後の ± は誤差の幅を表しています。

$$g \text{ 理論} = 2.0023193043622 \pm 0.0000000000017.$$

$$g \text{ 実験} = 2.0023193043614 \pm 0.0000000000006.$$

理論の誤差は，摂動のさらに高次の項の大きさなどを見積もったものです。

2. 場の量子論の問題点 2：摂動展開の発散

　摂動展開だけでは場の量子論の定義にはなりません。実際，くりこみ理論の確立に貢献したフリーマン・ダイソンは，1952 年の論文 [2] で，量子電磁力学における電子の散乱振幅の摂動展開では，収束半径がゼロであることを示しました。摂動論を使うと，散乱振幅 F は電子の電荷 e の偶数べきによる展開として，

$$F(e) = a_0 + a_2 e^2 + a_4 e^4 + \cdots,$$

と表されます。電子の電荷は実数に値をとるので，$e^2 > 0$ です。もし，この展開が有限な収束半径を持つのであれば，$e^2 < 0$ に解析接続することができるはずです。

　しかしダイソンは，$e^2 < 0$ とすると通常の真空が不安定になってしまうことを指摘しました。摂動展開をするときには，電子も光子も存在しない真空がエネルギー最低の状態であると仮定し，電子や光子が飛び交っている状態はその真空の励起状態であると考えます。しかし，$e^2 < 0$ に解析接続すると，電子の間に働くクーロン力が，斥力ではなく引力になってしまいます。電子の間に引力が働くということは，近づくとポテンシャル・エネルギーが下がるということです。そこで N 個の電子と N 個の陽電子 (電子の反粒子) のある状態を考えて，電子は電子同士，陽電子は陽電子同士で，別々の場所に集まったとしましょう。どの二つの電子の対の間にも引力が働くので，N 個の電子を集めると，ポテンシャル・エネルギーは $\frac{1}{2}N(N-1)$ に比例して下がるはずです。陽電子の集まりについても同じことが言えます。

　一方，アインシュタインの関係式 $E = mc^2$ のために，電子を一つ作るには mc^2 の静止エネルギーがかかります。ここで，m は電子の質量，c は光の速さです。陽電子の質量は電子と同じなので，静止エネルギーも同じ。電子と陽電子を N 個ずつ作るためには $2N$ に比例した静止エネルギーが必要になります。

　電子同士，陽電子同士を集めればポテンシャル・エネルギーは $N(N-1)$ に比例して下がる。一方，電子や陽電子の静止エネルギーは N に比例する。そこで，N を十分大きくしてやれば，ポテンシャル・エネルギーが勝って，真空よりエネルギーの低い状態が作れることになります。しかも，N を大きくとれ

場の量子論　237

ば，エネルギーがいくらでも低い状態を作ることができる。エネルギー・スペクトルが底なしになってしまうのです。

$e^2 > 0$ のときには真空が最低エネルギー状態だったのに，$e^2 < 0$ になると理論が底なしになって破綻してしまう。したがって，解析接続可能という仮定は間違いで，摂動展開の収束半径はゼロであるというのがダイソンの主張でした。

3. 場の量子論の問題点 3：ランダウの特異点

展開が収束しないということは，摂動展開だけで捉えられない効果があるということです。これを「非摂動効果」と呼びます。わからないことに名前をつけただけです。では，何らかの方法で非摂動効果を捉えることができれば，量子電磁力学を数学的に定義できるようになるのでしょうか。

紫外発散のところで説明しましたが，電子の電荷 e や質量 m を固定したまま格子間隔 l をゼロに取ると，摂動展開の各項は無限大になります。くりこみ理論では，この無限大を相殺するために，電荷や質量を l の関数と考えます。特に量子電磁力学の場合には，紫外発散を吸収するためには，格子間隔を短くするにつれて $e(l)$ を増大させなければなりません。レフ・ランダウは 1955 年の論文 [3] で，l が有限の値 l_s のところで，すでに $e(l_s) = \infty$ となってしまうことを示しました。これは「ランダウの特異点」と呼ばれています。有限の格子間隔 l_s で e が無限大になるのでは，連続極限が取れません。

ランダウの特異点があるために，量子電磁力学には連続極限が定義できないと考えられています。にもかかわらず，物理学者はこの理論を使って計算を行い，実験と有効数字 12 桁で一致する結果を得ています。存在しないはずの理論を使って，なぜ精度の高い計算ができるのでしょうか。

4. 連続極限がなくてもかまわない？

物理学は，自然現象をその典型的なサイズによって分類し，その各々にあてはまる理論を考えます。たとえば，ナビエ–ストークス方程式は空気や水などの流体の運動を記述しますが，波長が分子間の距離と同程度になると使えません。分子レベルの現象を記述するには，ボルツマン方程式が必要になります。一方，天気予報のために大気の流れを計算する際には，ナビエ–ストークス方程式を使います。ボルツマン方程式までさかのぼる必要はありません。このように物理の世界では，現象のサイズに応じてそれを記述するのに適切な理論があるのです。これをそのサイズに当てはまる「有効理論」と呼びます。

その一方で，物理学は還元主義の立場を取る科学なので，すべての現象は基本法則から導かれると考えます。そして，より小さいサイズの現象を記述する法則がより基本的とされています。自然界の基本法則を探求する素粒子物理学が，より短距離の物理現象に向かうのはそのためです。

量子電磁力学も有効理論です。原子のエネルギー準位や電子の磁気双極モーメントの計算には量子電磁力学が使われますが，最先端の素粒子加速器の実験で観測される現象を説明するためには，これでは不十分。より基本的な理論である「素粒子の標準模型」を使う必要があるのです。

ナビエ–ストークス方程式をつかって天気予報をするときに，それがボルツマン方程式から導かれるものであることを知らなくてもよかったように，量子電磁力学が有効理論として使えるサイズの現象については，より基本的な理論が何であろうと，計算結果に影響はありません。具体的には，考えている現象のサイズがランダウの特異点 $l_{\circ}$ よりも十分大きければ，量子電磁力学を使った計算には意味があるのです。

場の量子論　239

現実の素粒子の世界では量子電磁力学は有効理論であり，ランダウの特異点が出現する前に素粒子の標準模型を使うべきサイズになる。量子電磁力学のランダウの特異点の問題は，標準理論の中で解消されるのです。しかし，標準模型それ自身にもランダウの特異点があることがわかっており，それを解消するためにはさらに基本的な理論が必要になります。

5. The buck stops here

量子電磁力学で連続極限が取れなくても困らなかったのは，「有効理論なので，無限小の距離まで理論が意味を持たなければならない義理はない」と考えるからです。量子電磁力学の基礎付けの問題は標準模型に，標準模型の基礎付けはさらに短距離の物理を記述する理論 (それが何であるのかは，まだわかっていませんが) に先送りにされてきました。米国の第33代大統領ハリー・トルーマンの机の上には "The buck stops here(責任は私が取る)" と書いた札が置いてあったそうです。場の量子論でも有効理論の連鎖を断ち切って，定義を引き受けてくれる理論はあるのでしょうか。

1973 年にグロス，ウィルチェックとポリツァーは，ヤン-ミルズ理論 (非可換ゲージ理論) の「漸近自由性」を発見しました。これは格子間隔 l を短くすると結合定数 $e(l)$ が小さくなり，連続極限 $l \to 0$ でゼロになるということです。量子電磁力学とは逆の状況で，ヤン-ミルズ理論にはランダウの特異点の問題が起きないのです。

この漸近自由性の発見は素粒子論の転機になりました。

摂動展開に頼らずにヤン-ミルズ理論の計算を行う方法として，格子ゲージ理論があります。これは，時空間を格子に仕切って場の量子論を有限自由度の系で近似するというアイデア

を忠実に実行したものです。格子ゲージ理論はコンピュータによる数値計算と相性がよく，この方法によって，バリオン (陽子や中性子のように三つのクォークからなる粒子) やメソン (湯川秀樹の中間子のように二つのクォークからなる粒子) の質量など，摂動展開では計算できない量が求められ，実験ともよい一致を見ています。これは，ヤン-ミルズ理論を使った計算が，非摂動効果についても意味があることの状況証拠になっています。

漸近自由性の発見と格子ゲージ理論の数値計算の成功のため，ヤン-ミルズ理論には連続極限が存在し，数学的な定義が可能であると予想されています。クレイ数学研究所がミレニアム問題の一つとして，「ヤン-ミルズ理論の数学的定式化を与えよ」と出題したのもそのためです。

量子電磁力学も漸近自由性を持つ理論に埋め込むことができます。つまり，長距離の現象を記述するときには量子電磁力学で近似できるが，短距離では漸近自由性を持つような場の量子論を考えることができるのです。このような漸近自由性を持つ理論に厳密な定義が与えられれば，その有効理論である量子電磁力学にも数学的な裏づけが取れたことになります。

6. ブラックボックスを開けよう

序文で，場の量子論の研究は，過去 30 年ほどの間に，現代数学のさまざまな分野と深いかかわりを持つようになったと書きました。場の量子論に数学の新しい方法が応用され，その過程で，異なる数学の分野の間に新しい関係が見出されるようになりました。私自身の経験に基づいた例を四つあげます。

(1)　私が大学院の修士課程を卒業して最初に書いた論文 [4] では，リーマン面上の共形場理論 (共形変換のもとで不変な場

の量子論) の相関関数の性質を調べました。2次元の共形場理論は，無限次元のビラソロ代数の対称性を持つ。一方で，その相関関数はリーマン面のモジュライ空間を使って幾何学的に解釈することができる。この二つの構造が同じ共形場理論に現れることを使って，ビラソロ代数の表現論とモジュライ空間の幾何学が関係することを示しました。共形場理論を使って見つけたものなので，数学的な導出ではありませんが，その関係自身は数学的に表現し証明することができます。

(2) 1990年代の前半には，カラビ–ヤウ多様体にコンパクト化された超弦理論の計算を行うために，「トポロジカルな弦理論」の手法を開発し，その過程でミラー対称性を高い種数のリーマン面に拡張しました [5]。ミラー対称性を使うと，リーマン面から多様体 M への正則写像の数え上げの問題を，ミラー多様体 W の上の周期積分やラプラス作用素の行列式といった，まったく異なる計算と結びつけることができます。

(3) 2000年には，3次元トポロジーの組みひもの不変量が，6次元のカラビ–ヤウ多様体上のトポロジカルな弦理論の分配関数で計算できることを示しました [6]。この関係から，トーリック型のカラビ–ヤウ多様体のグロモフ–ウィッテン不変量を組合せ論的に計算する，トポロジカル・バーテックスの方法が生まれました。

(4) 2004年には，トポロジカルな弦理論の分配関数が，ブラックホールの量子状態の数え上げの問題と関連することがわかりました [7]。数学としては，前者はカラビ–ヤウ多様体の幾何と，後者はゲージ理論の古典解の空間の解析と関係します。

これらの例に共通するアイデアは，一つの物理量を異なる側面から見ることで，異なる分野の数学を使って計算し解釈することができるということです。場の量子論を使っているので数

学的な導出ではありませんが，得られた関係式は数学的に意味のある主張で，そのいくつかには証明が付けられています。たとえば，トポロジカルな弦理論の分配関数は，2次元トーラスから多様体 M への正則写像の数え上げを使って計算することもできるし，ミラー多様体 W の上のラプラス作用素の行列式によっても計算できる。これから，種数1のミラー対称性が予言され，その一部は証明されました。

　数学にはいろいろな役割があり，「論理的に厳密である」，「未来永劫変わらない絶対不変の真理を確立する」という面はもちろん大切です。しかし，私のような非数学者にとっては，「一見まったく異なるもの同士を結びつける」ことも，数学の大きな威力です。この意味で，場の量子論は数学の「考えるヒント」になっていると言えるでしょう。

　しかし，場の量子論は数学者にとってブラックボックスです。場の量子論を使った物理学者の発見は数学者には予想であり，その証明には，物理学者の持つ場の量子論に対する直感とは別なアプローチが必要になります。場の量子論の基礎が確立すれば，このブラックボックスを開けてそのからくりを直接見ることができ，より深い理解が可能になることでしょう。

　場の量子論には，私たちがまだ知らない深い構造があるようです。そもそも場の量子論は，「特殊」相対性理論と量子力学を統合するための理論です。これに対し，「一般」相対性理論と量子力学を統合する量子重力理論の建設は，さらに難しい問題だと考えられてきました。しかし AdS/CFT 対応によると，反ド・ジッター空間 (負曲率の極大対称空間) 上の量子重力の理論は，1次元低い空間の上の共形場理論と等価になります。そしてこの対応を使うと，量子重力のさまざまな謎を，共形場理論に翻訳して解明することができます。たとえば，スティーブン・ホーキングが1974年に提示し，長年理論物理学者を悩ま

せてきたブラックホールの情報問題は，AdS/CFT 対応によっ
て解決しました。場の量子論に数学的基礎を与えることは，量
子重力の理解にもつながるのです。

　場の量子論の連続極限についての物理学者の理解は，いまだ
に素朴な段階です。これは，古代ギリシア人の無限小の理解に
たとえられると思います。紀元前 5 世紀のゼノンの逆理に代表
されるように，無限小の素朴な解釈はさまざまな誤解のもとに
なりました。数学が無限小をきちんと扱えるようになるために
は，17 世紀のニュートンやライプニッツによる微積分の発見
が必要だったのです。無限自由度の問題を解決して，場の量子
論を数学の研究対象にすることができれば，微積分に匹敵する
新しい地平が広がると期待し，その基礎付けを数学への課題と
して提案します。

【参考文献】

[1] K. Costello, "Renormalization and Effective Field Theory," Mathematical Surveys and Monographs, American Mathematical Society (2011).

[2] F. J. Dyson, "Divergence of Perturbation Theory in Quantum Electrodynamics," Phys. Rev. 85 (1952) 631.

[3] L. D. Landau, "On the Quantum Theory of Fields," in Niels Bohr and the Development of Physics, ed. W. Pauli, Pergamon (1955).

[4] T. Eguchi and H. Ooguri, "Conformal and Current Algebras on General Riemann Surfaces," Nucl. Phys. B282 (1987) 308.

[5] M. Bershadsky, S. Cecotti, H. Ooguri, and C. Vafa, "Kodaira-Spencer Theory of Gravity and Exact Results in Quantum String Theory," Commun. Math. Phys. 165 (1994) 311.

[6] H. Ooguri and C. Vafa, "Knot Invariants and Topological Strings," Nucl. Phys. B577 (2000) 419.

[7] H. Ooguri, A. Strominger, and C. Vafa, "Black Hole Attractors and the Topological String," Phys. Rev. D70 (2004) 106007.

役に立たない研究の効能

　　日本数学会の会員誌『数学通信』の 2012 年夏季号の巻頭言です。本文で引用した「10 年後にどのようなリターンがあるのか」という言葉は，2009 年の業務刷新会議の事業仕分け作業で，基礎研究の意義に関連して聞かれたものでした。基礎研究の意義を広く伝える努力を怠ってはいけないと思い，書きました。　　　　　　　　　　　　難易度：☆

　一昨年の秋に，カリフォルニア工科大学の数学教室の方々から数学教授併任にならないかと聞かれました。私は物理学者として教育を受け，まともな定理を証明したこともないので最初はご辞退しましたが，数学への貢献の仕方もいろいろあるからと言われてお受けすることにしました。数年前に日本数学会の会員にも加えていただいていたところ，今回は数学通信の巻頭言を書くようにとのありがたいご依頼をいただきました。数学者でない私に，本誌の読者の多くの方々と共有できる話題には何があるだろうかと思案し，役に立たない研究の効用ということを思いつきました。

　もちろん，直接役に立つ応用数学を研究されている方もいらっしゃるので，役に立たない研究が共通の話題というのは乱暴かもしれません。しかし，本誌では純粋数学の記事をよく拝見するので，このような研究の効能について語るのも的外れではないかと思いました。

　純粋な好奇心から生まれた数学や科学の発見が，思いがけない応用を持つことはよくあることです。19 世紀に電磁誘導を発見したマイケル・ファラデーは，当時の財務大臣であったウィ

245

リアム・グラッドストーンに「電気にはどのような実用的価値があるのか」と問われ，「何の役に立つかはわからないが，あなたがそれに税金をかけるようになることは間違いない」と答えたと伝えられています。ファラデーの発見は，電気力と磁気力とが密接に関連していることを明らかにし，この二つの力はマクスウェルにより一組の方程式にまとめられました。そして，ファラデーとグラッドストーンとの会話の半世紀後には，電気と磁気との統一により電磁波が発見され，グリエルモ・マルコーニによって大西洋を横断する無線通信が実現されました。ファラデーやマクスウェルの好奇心による発見が，今日の情報社会の基礎となる技術を生み出したのです。

　「役に立たない知識の効用」と言えば，プリンストン高等研究所の初代所長であったアブラハム・フレックスナーが 1939 年に雑誌『ハーパーズ』に寄稿した記事の題名でもあります。フレックスナーは，電磁気の統一から無線通信が生まれたという上記のエピソードなどを例に取り，「科学の歴史において，人類に利益をもたらした重要な発見のほとんどは，役に立つためではなく，自分自身の好奇心を満たすために研究にかきたてられた人々によって成し遂げられた」，また「このように役に立たない活動から生まれた発見は，役に立つことを目的として成し遂げられたことよりも，無限に大きな重要性を持つことがある」と述べています。

　これは 70 年も昔の記事ですから，もっと最近の引用をしましょう。カリフォルニア工科大学の学長であるジャン＝ルー・シャモーは，今年春に次のようなスピーチをしています。

　「科学の研究が何をもたらすかを予め予測することはできないが，真のイノベーションは人々が自由な心と集中力を持って夢を見ることのできる環境から生まれることは確かである。」「一見役に立たないような知識の追求や好奇心を応援すること

は，わが国の利益になることであり，守り育てていかなければいけない。」

　数学や理論物理学などの研究を目的とする高等研究所の初代所長のフレックスナーが役に立たない研究の弁護をするのは当然と言えるかも知れませんが，土木工学を専攻とするシャモー学長がこれを奨励するのには説得力があります。しかも，これが米国の利益になるというのです。役に立たない研究の重要性を理解してもらう素地は十分にあるのだと思います。

　しかし，こうしたフレックスナーやシャモーの引用に違和感をおぼえる方もいらっしゃるかも知れません。数学や基礎科学の研究はそれ自身の価値のために行うもので，「思いがけない応用」などを持ち出す必要などないと思われるかもしれません。確かに，科学は人類を迷信や偏見から解放し，また私たちの心を豊かにしてきました。アンリ・ポアンカレが「科学のための科学」を擁護したことも有名です。フレックスナーやシャモーも，思いがけない応用を目指して研究せよといっているわけではありません。たとえば，フレックスナーは同じ記事の中で，数学の研究は「個人の魂を浄化し高めることによる満足感だけで正当化できるものである」と明確に述べています。

　その一方で，思いがけない応用があるからといって，好奇心による研究の価値が減ぜられるわけではありません。発見の価値の評価の仕方にもいろいろありますが，それがどれだけ幅広い分野に影響を与えるか，またどれだけ新しい研究を触発するかということも，ひとつの目安だと思います。ポアンカレ自身も，「価値のある科学」とはより普遍的な法則を見つけることである。そして普遍的な科学に価値があるのは，それがさらに多くの科学の説明につながるからであると述べています。このように普遍的な価値のある発見が，長い目で見て，実用方面にも応用を持つようになることは自然なことだと思います。

役に立たない研究の効能　247

私が所属するカリフォルニア工科大学は私立大学なので，財団や篤志家に基礎研究の意義を説明する機会がよくあります。その際に，「このような研究が精神的な豊かさをもたらすことはわかるが，それが人々の生活をどのように改善することになるのかも知りたい」ということをよく聞かれます。後者のような理由のほうが，幅広い支援を得やすいという親切なアドバイスなのだと思います。このようなときには，「興味の赴くままに研究しているのだ」と突き放すのではなく，質問の意図を真摯に受け止めて，基礎科学の普遍的価値について丁寧に説明するようにしています。

　日本では，数学や科学の基礎研究のほとんどは国民の税金で行われているので，納税者がクライアントになります。その代表者に「10年後にどのようなリターンがあるのか」と聞かれたときに慌てふためかなくてもよいように，日ごろから基礎研究の重要性を広く伝える努力が必要だと思います。

　最近の日本の風潮を見ると小手先のイノベーションの奨励が目に付きます。私たちが日々手にふれるもののほとんどすべては，科学の成果によって開発されたり改善されたりしたもので，さらなる進歩のためには基礎から応用につながる幅広いポートフォリオが必要です。イノベーションがやせ細らないように，「役に立たない研究」を行う大学や研究所の果たすべき役割は大きいと思います。

杉山明日香との対談
科学を知れば，もっと豊かになれる

大栗博司×杉山明日香 [*1]

　女性向けのファッション誌『DRESS』の 2015 年 11 月号に，科学をテーマにした連載対談「今宵，サイエンス・バーで」の記事として掲載されました。幻冬舎から『数学の言葉で世界を見たら』を上梓したところだったので，数学がテーマになりました。対談相手の杉山明日香さんは，理論物理学の博士号を持ち数学の教鞭を執りながら，ワインのソムリエの資格もお持ちでワイン関係のお仕事もなさっている多才な方でした。

難易度：☆

　数学は苦手…。そう思っている人は多いのではないだろうか？でも，心の奥底では数学ができるようになりたいと願っているはず。それは恐らく，無意識のうちに，数学が生きていくうえで必要不可欠なものだと気づいているから。人はなぜ，数学を見て見ぬふりできないのか？『数学の言葉で世界を見たら』の著者である物理学者の大栗博司博士に伺いました。

1. 数学を学ぶことは言葉を学ぶようなもの

　杉山　先生はアメリカで素粒子物理学の研究をしていらっしゃるわけですが，数学者ではない先生が，『数学の言葉で世界を見たら』という題のご著書を出されたのは，非常に興味深

---

*1　杉山明日香 (すぎやま・あすか)。サイエンスコーディネーター。
理論物理学博士。有名予備校の教鞭をとる。日本ソムリエ協会認定ソムリエ。
http://www.asuka-edu.co.jp/

大栗博司さん

いなあと。私は十数年,予備校で高校生に数学を教えているんです。

大栗 物理学も数学も理系の分野といわれますが,やっていることはかなり違います。私の研究している物理学は自然の現象の理解を目指しますが,数学はそのための言葉です。数学を使うと,物事を正確に表現できるので,科学的な説明に適しているのです。一方,科学が進歩していくと,新しい数学が必要になり,これが数学の発展を促すこともあります。"必要は発明の母"というわけです。特に,物理学と数学は,車の両輪のように手を携えて進歩してきました。

杉山 物理学と数学の関係は,物理が数学の言葉をツールにするだけでなく,数学者に対して新しい課題を与え,数学の未知の領域を切り開くことにもつながっているわけですね。

大栗 私はカリフォルニア工科大学で物理学の教授をしてきましたが,数年前に数学教授も併任するようになりました。私が物理学の研究のために開発した計算方法のなかには,数学者によってきちんとした証明がつけられ,数学の定理に昇格したものもあります。そのような形での数学への貢献が認められたのです。そこで,使い手の立場から見た数学についての本を書いてみました。

杉山 "父から娘に贈る数学"という副題がついていますね。

杉山明日香さん

大栗 15歳になる私の娘はカリフォルニアで生まれ育ちました。この先もアメリカで暮らしていくであろう彼女に対して，私ができることは何だろう？と考えたとき，英語やアメリカ人としての教養を教えることは無理でも，数学であれば語ることができると思ったんです。数学というのは，誰もが知っておくべき基本的教養です。欧米の教育には，古代ギリシアやローマの時代から続く「リベラル・アーツ」という伝統があります。当時は奴隷制ですから，リベラルというのは奴隷ではない自由人，自分の人生を自らの意志で切り拓いていくことが許される人たちのことでした。指導的立場に立つべき自由人は，自分の頭で考えて解決する能力を身につけなければならない。そのための学問が「リベラル・アーツ」です。それは，論理，文法，修辞，音楽，天文，算術，幾何という7部門からなっていて，最初の3つの論理，文法，修辞は説得力のある言葉で語るための技術です。言葉は思考の器ですから，しっかりした言葉で語れることは，自分で考える能力をつけるためには必須なのです。

杉山 そこに，算術と幾何という数学の分野が2つも入っているのが興味深いですね。

杉山明日香との対談：科学を知れば，もっと豊かになれる　251

大栗 言葉を扱う文学や外国語は文系科目，数学は理系科目というふうに一般には分けられますが，私は数学を学ぶことも言葉を学ぶようなものだと思っているんです。数学は，そもそも基本原理に立ち返り，正確に物事を表現するために作られ，発展してきた言葉です。だからこそ，科学においても非常に強力な言葉としてこれまで重用されてきた。

杉山 数学は世界共通言語ですよね。数式ひとつで世界中の人を説得できる。それは日本語や英語には決してできないことですから。

大栗 古代ローマ帝国が滅びた後，ヨーロッパを再び統一したカール大帝が「新しい言葉を学ぶことは，もうひとつの魂を得ることになる」と語っているように，外国語を学ぶことで，新しい思考やものの見方を身につけることができます。娘は日本語と英語のバイリンガルで育ったおかげで世界が広がり，物事をより広く深く考えることができるようになった。そこでさらに数学を使いこなすことができるようになれば，もうひとつの新しいツールを手に入れたのと同じこと。ますます未来の可能性が広がると思うんですよ。

2. 数学は論理的思考を鍛えるのに役に立つ

杉山 娘さんは理系ですか？

大栗 まだわかりません。アメリカでは日本のように高校で理系，文系に分かれるということはないので。

杉山 日本だと，理系の生徒たちは数学好きで，数学を学ぶのが楽しい，当たり前という感覚があります。でも，文系の生徒たちは，数学がアレルギーという人が多い。数学なんて社会に出たら何の役にも立たない。せいぜい使うのは足し算，引き算，掛け算くらいだと言います。実際，ゆとり教育のときには二次方程式の解の公式が中学校の教科書から削除されました。

大栗　日常生活で二次方程式を使う機会は少ないかもしれません が，論理を追うことで解の公式を導くという経験をすることが大切なのだと思います。そもそも数学というのは，公理，つまり，誰もが認める仮定からスタートして，誰もが納得できる論理に従って定理を導いていく方法です。その手法を編み出したのが古代ギリシア人でした。古代のインドや中国の人たちも数学の定理を知ってはいましたが，それはあくまで経験から導いたものです。

杉山　古代ギリシア人が仮定から論理を組み立てて結論に至る演繹法であるのに対し，古代インドや中国ではデータから一般的な結論を導き出す帰納法。いずれも人間が何かを正しいと認識する方法ではありますが，演繹法のほうが説得力がありますね。

大栗　同じ古代ギリシアで民主主義が生まれたというのは非常に興味深いと思います。私は歴史の専門家ではないので，なぜ民主主義が地中海世界で発達したのか，その理由はわかりません。でも，交易が盛んだったことを思えば，いろんな考えの人がいて，さまざまな言葉や価値観があるなかで，万人に共通の原理からはじめて論理を積み重ねることが，相手を説得できる方法だと考えるに至ったのではないでしょうか。

杉山　まさに，論理で真実を見出していく数学と同じですね。

大栗　論理を極限まで突き詰めて考える。その究極の形が民主主義と数学ではないかと思うんです。そのようなわけで，数学は，論理的な思考を鍛えるのに役に立つ。これは，民主主義社会である現代を生き抜いていく上でも大切な技術だと思います。

3. 数学というのは人間が作った仮想世界

杉山　ところで，先生がいちばんお好きな数字はなんですか？

大栗　難しい質問ですね。ひとつだけあげるということは，それを選ぶ原理が必要です。う～ん，そうなると 0，ですかね。0 と 1 がいちばん基本的な単位で，そこからすべての算術が作られます。さらに，0 だけの算術というのもありますが，1 だけでできない。ですから，数字をひとつ選ぶとしたら，それだけで算術の世界を作ることのできる 0 ですね。

杉山　二進法は 0 と 1，三進法は 0 と 1 と 2。0 と 1 は必ず入っていますね。しかし，0 はひとつでも，足し算や掛け算ができるので，算術になっている。だから 0。明解ですね。ちなみに，古代ギリシア人は 0 という数字を使っていません。0 が発見されたのは，インドですよね。

大栗　最初に数としての 0 についての記述があるのは，インドの天文学者で数学者だったブラーナグプタが 7 世紀に書いた本だとされています。そもそも数というのは，りんごが 1 個，2 個，3 個というふうに，目に見えるものを数えるためにできたものなので，何もない状態を数にするのは，さすがにギリシア人も思いつかなかったのでしょう。数を数える 1, 2, 3 という数字のことを自然数と言いますが，自然数の間では足し算と掛け算ができます。でも，引き算となると，自然数の中には収まらない場合が出てきますよね？

杉山　3 から 2 を引くと 1 で自然数ですが，2 から 3 を引くと自然数ではありません。

大栗　そこで，自然数でないのなら，新しい数を発明して，引き算ができるようにすればよいではないか，ということから 0 や負の数が発見されたんです。2 から 2 を引くと 0，2 から 3 を引くとマイナス 1 というわけです。数学というのは，そう

254

やって新しい数をつけ加えていくことをひとつの発展の仕方として進化してきました。でも，知の巨人であるパスカルやデカルトも，負の数をなかなか認められなかった。

杉山　それなのに，私たちは今，当たり前のように「$(-1) \times (-1) = 1$」と言うことを知っています。でも，それは単に暗記しているに過ぎません。どうして負の数同士を掛けると正の数になるのか，その原理を理解している人も，説明できる人も，そんなにはいないと思うんです。先生のご著書では，それが鮮やかに説明されていました。

大栗　数学は暗記科目じゃないんですね。だから私は数学が好きなんです。数学では，誰もが認める公理からはじめて，誰でも納得できる論理を積み重ねて，定理を導いていきます。各々のステップは誰でも追えるのに，行き着いたところが直感に反していることがある。これこそが数学の醍醐味だと思います。そんなわけないじゃん，と。

杉山　負の数字同士をかけて正の数になるわけがないと思いますものね。

大栗　「$(-1) \times (-1) = 1$」というのも，誰もが認める足し算と引き算のルールからはじめて，論理をきちんと追っていくと正の数になるんです。それは，あっと驚くような思いもかけない結論です。そこに至るステップは，誰も疑いようがない。しかし，その論理を順序だてて追わずに，いきなり結論だけを見せられると，どうしてそうなるのか，何のことだかさっぱりわからない。だから暗記するしかなくなる。

杉山　ここで改めて，どうして負の数字同士を掛けると正の数になるのか，ご説明をお願いできますか？

大栗　小学生の杉山さんが，毎日学校帰りに100円のジュースを買うとします。そのお金は貯金の中から工面します。そうすると，貯金が毎日100円ずつ減っていく。お金が減っていく

のはマイナスですから，貯金が毎日マイナス 100 円になりま
す。2 日経つと 200 円減るので，$-100 \times 2 = -200$ です。

杉山 n 日経つと $-100 \times n$ 円ですね。

大栗 では昨日，つまり $n = -1$ ではどうなるでしょう？

杉山 昨日は今日より 100 円多く貯金があったので，$-100 \times -1 = 100$。つまり，負の数と負の数を掛けると，まぎれもな
く正の数になる。子どもに教えるのに，本当にわかりやすいで
すよね。

大栗 大事なことは，昨日をマイナスで表わすというルー
ルです。それさえ認めてしまえば，答えは自然に現れます。数
学の世界というのは，人間が作り出した仮想世界です。ゲーム
の世界のようなものなので，最初のルールさえ腑に落ちれば，
あとは論理を追うだけです。いったん，その世界の公理を認め
さえすれば，そこには果てしなく豊かな世界が広がっている。
数学の研究とは，この仮想世界の中で宝探しをするようなもの
です。論理のステップを追いながら探検していくのが楽しい――
それこそが数学という学問の本質です。人間は，そうやって物
事に楽しみを見つけ，人生を豊かにすることを覚えた唯一無二
の生物なんです。

4. 数学は，人知れず生活の役に立っている

杉山 数学は確かに楽しいですよね。でも，それだけでな
く，ちゃんと世の中の役に立っている。仮想世界ではあるけれ
ど，確かにこの世に存在しています。素数が好きな私として，
これだけは言っておきたいのが，インターネットでお買い物を
するときのカード決済の安全を保つために，素因数分解が使わ
れています。それをみなさんご存知ですか？と。(笑)

大栗 素因数分解というのは，自然数を素数の積で表わす
ということ。たとえば，210 という数字は，$2 \times 3 \times 5 \times 7$ と

分解できて，すべてが素数です。素数というのは1と自分以外の数では割り切れない数のことです。いちばん小さい素数は2で，あとは3, 5, 7, 11, 17,……と続いて，無限にある。自然数の研究の基礎となる物なので，数学者が知的興味から研究してきましたが，最近，重要な応用が見つかりました。インターネットサイトで買い物をするときには，クレジットカード番号などの個人情報が途中で盗まれないように，暗号化して送りますが，そのために素因数分解の性質が使われているんです。

杉山　さらには2乗してマイナスになる虚数なんて，もっとも実生活とはかけはなれた架空の数字です。それが科学技術のいたるところに応用されていますね。つまり数学は，私たちの身のまわりで，人知れず役に立ってくれているわけです。

大栗　そもそも，最初から役に立つことを目指してやったことというのは，応用にも広がりがありません。「世の中にすぐ役立つ研究をせよ」というプレッシャーはありますが，19世紀にそんなことばかりをしていたら，蒸気機関の改良に力を注いで，電気や電波通信，新物質などによる生活の改善はなかったわけです。それらは，すべて好奇心からはじまっています。もちろん，すぐに世の中に役立つ研究も必要ですが，10年，100年先に，子や孫の世代に役立つ研究も必要。金融関係の人は，資産投資のダイバーシフィケーション（多様化）ということをおっしゃいますが，研究投資についても，基礎から応用につなぐ豊かなポートフォリオが必要です。いい研究は，長い目で見ればいつかは役に立ちます。

杉山　いい研究というのは，具体的にはどういうことでしょうか？

大栗　ひとつは，やって楽しいということが重要です。楽しくなければ集中して研究することができないし，集中できなければ，いい結果を得ることはできませんから。一流の研究者

杉山明日香との対談：科学を知れば，もっと豊かになれる　257

が，研ぎ澄まされた好奇心で面白いと感じるときには，何か意義があるものです。もうひとつは，得た結果が，どれだけ広い分野に影響を与え，科学全体の進歩に貢献できるかということです。そういう研究こそが，思いがけない応用につながる。19世紀イギリスのファラデーという物理学者は，当時の財務長官に「電気の研究が何の役に立つのか？」と問われたとき，「私には何の役に立つのかはわかりません。でも，確かに言えることは，いつか役に立ったとき，あなたはそれに税金をかけるでしょう」と答えました。それから半世紀も経たずに，彼の研究によって電波通信ができるようになり，大西洋を横断する電波通信が実現しました。

杉山　いずれは何かの役に立つ。それこそが科学者の方たちの研究のモチベーションですものね。

大栗　人類は文明を築き上げ，科学が発展し，宇宙はどうしてできたのか，宇宙はこれからどうなるのか，なぜ私たちはここにいるのか，と問うようになるまで進化してきました。人類が誕生するまでには50億年がかかっていて，これは太陽の寿命のちょうど半分です。もし人類が滅びてしまったら，これほどのことを成し遂げるチャンスというのは，再び巡ってこないかもしれない。宇宙にしても，ここまで宇宙を理解してくれる生物がいないと寂しいだろうなと。人間が築き上げてきたものを大切にし，さらによいものにして，未来の世代に引き継いでいきたい。この本を書いたのは，そういう思いがあったからです。

[撮影/谷口 京，構成/和田紀子]

第V部

研究所の運営，異分野との交流

アスペン物理学センター

　2016 年に中日新聞から中日文化賞を受賞したご縁で，中日新聞に随筆コラム「心のしおり」への寄稿を依頼されました。ちょうど，米国コロラド州にあるアスペン物理学センターの所長に内定したところだったので (記事が掲載された 7 月には理事会で承認されていました)，所長になった感想を書きました。

難易度：☆

　スキーが好きな人は，ロッキー山脈の懐深くにあるアスペンという町のことを聞いたことがあるかもしれない。この町は，私たち物理学者にとっては，科学史に残る数々の大きな発見がなされた聖地でもある。その舞台となったのが「アスペン物理学センター」。私は今月，その所長に就任した。

　同センターのことを知ったのは，大学院に入学した 1984 年の夏だった。京都大学で素粒子論の研究を始めたときに，米国コロラド州の町で大きな発見があったといううわさが伝わってきたのだ。この発見の意義について書くスペースはないが，素粒子論の方向を変える出来事で，私自身，今日に至るまで，この発見が切り開いた分野を中心に研究をしてきた。

　1962 年に，当時まだ三十代だった二人の物理学者が，夏休みの間，コロラドの山の中に研究者を集めて，自由な雰囲気で議論のできる環境を作ろうとしたのが始まりだった。初年度の参加者は五十名程度だったが，現在では，全世界から毎年千人もの物理学者が訪れ，最低三週間は滞在して研究を行っている。どこの大学にも属さず，物理学者がボランティアとして運営しており，常勤のスタッフは事務の担当者数名というユニークな

体制だ。

　私が初めてアスペンに行ったのは，1989 年にシカゴ大学の助教授に着任したときだった。シカゴからだと，車で頑張って走れば一泊二日。初日は，延々と続くトウモロコシ畑の中を，高速道路でひたすら西に向かう。翌日，コロラド州のデンバーのあたりに来ると，それまで真っ平らだった大地の先に，巨大な山々がそびえ立っている。ロッキー山脈だ。ロッキーの渓谷を縫う高速道路をさらに数時間走って，ようやくアスペンに到着する。

　もともとは銀鉱の町だったが，米国が金本位制に移行したことで一時寂れてしまう。しかし，二十世紀になってスキー場の開発で再興した。また，世界中の政治・思想・ビジネスのリーダーを集め社会や文化の諸問題を話し合うアスペン・インスティテュートが設立され，夏季にはアスペン音楽祭・音楽院が開かれるなど，文化的にも充実した米国でも有数のリゾート地になっている。

　アスペンという名前は，周りの山々に茂るポプラの一種にちなんでつけられたものだという。このアスペンの木々と野生のセージに囲まれた建物の中に講堂と研究室がある。眺めのよい二万平米の敷地は公園のように整備され，テーブルやベンチが配置され，屋外でも議論ができるようになっている。

　初めて行ったときには，正式なプログラムは週に二日だけで，後は自由に研究してくださいと言われて戸惑った。しかし，落ち着いた環境の中で，時間を気にせずに考えたり，様々な分野の参加者と議論をすることで，新しい発想が浮かんでくる。それ以来，ほぼ毎夏アスペンに行くようになり，そこでひらめいたアイデアから数多くの研究成果を得ることができた。

　アスペン物理学センターは非営利法人であり，ノーベル賞受賞者を含む会員と，その中から選ばれた理事が運営している。

アスペン物理学センター　261

私は2003年に会員になり，2011年からは理事としてお手伝いしている。そして，今月の理事会で所長に選出された。

アスペン物理学センターでは，専門分野間の垣根を超えて，自由に交流できる環境を育てることで，様々な学際研究を生み出してきた。この成果を生かして，数学や生物学など，より幅広い分野との連携も促進していきたい。また，財政基盤の強化と設備の改善も重要な課題だ。奇しくも，私はアスペン物理学センターが設立された年に生まれた。同い年の研究所のおかげで，私の研究人生は豊かなものになったので，恩返しをする機会をいただいたと思っている。

ピーター・ゴダード，村山斉との鼎談

研究所の役割，数学と物理学の関係 *1

P. ゴダード×村山斉×大栗博司 (聞き手) *2

　カブリ数物連携宇宙研究機構の季刊誌『Kavli IPMU News』は，毎号著名研究者のインタビュー記事を掲載していて，本書のウィッテンさんとの座談会もそのために行われました。通常は，各々の方の研究分野についてお話を聞くのですが，2014 年 6 月号に掲載されたピーター・ゴダードさんを囲む座談会では，研究所の運営の話題が中心になりました。

　ゴダードさんは，ゲージ理論や共形場理論で大きな業績をあげられる一方で，ケンブリッジ大学のニュートン研究所の立ち上げに初代副所長としても力を振るわれ，同大学のトリニティ・カレッジ学長や米国プリンストンの高等研究所所長も務められました。

　同席した村山斉さんは，カブリ数物連携宇宙研究機構の機構長であり，また私もカリフォルニア工科大学のウォルター・バーク理論物理学研究所の所長に就任予定 (数か月後に正式就任) だったので，ゴダードさんの経験談はとても参考になりました。

　座談会の後半は，数学と物理学の関係や基礎科学の価値についても話が盛り上がりました。この記事は，雑誌『数学セミナー』にも再録されました。　　　　　　　　　　　　　　　　　　　　　難易度：☆

---

　*1　これは 2014 年 4 月 1 日に東京大学カブリ数物連携宇宙研究機構にて行われ，『Kavli IPMU News』26-27 号に掲載された鼎談の内容をもとに，再編集したものです。鼎談の全文をお読みになりたい方は
http://www.jpmu.jp/ja/public-communications/ipmu-news
をご覧ください。

　*2　ピーター・ゴダード (Peter Goddard)1945 年イギリス生まれ。
専門は数理物理学 (ゲージ理論，共形場理論，弦理論)。
村山　斉 (むらやま・ひとし)1964 年生まれ。専門は素粒子論
(特に超対称性理論，初期宇宙論，加速器実験の現象論)。

1. ニュートン研究所の設立の経

大栗 ゴダードさんは，今や数理科学の分野では世界有数の研究機関となっているニュートン研究所の初代副所長を務められました。発足の際には，研究棟の設計・建設にも尽力されたとお聞きしています。

村山 まずはじめに，ニュートン研究所のビジョンをどのように描かれたのか，どうやって研究者を集めようとされたのか，ということについてお話を伺いたいと思います。

ゴダード 1980年代半ば，私をはじめとするイギリスの研究者たち，特にケンブリッジ大学での同僚たちの多くは，国内に現在のニュートン研究所のような施設がないことの危機感をひしひしと感じていました。長年にわたり，アメリカのプリンストン高等研究所が世界的に特別の役割を果たしてきましたが，それに触発されて，似たような研究所が世界中に作られました。ドイツ・ボンのマックス・プランク数学研究所やパリ近郊にある IHES (フランス高等科学研究所)，アメリカ・バークレーの MSRI (数理科学研究所)，サンタバーバラの ITP (理論物理学研究所，現在はカブリ理論物理学研究所 (KITP)) などがその一例です。

私たち研究者の多くがこういった研究所でサバティカルや休暇を過ごしています。多くの研究者と交流し，研究に集中できる環境で過ごすには非常に良い場所ですから。しかし，イギリスにはこういった研究所が皆無でした。ITP に行って研究プログラムの運営を手伝ったり，ドイツ・オーバーヴォルファッハ数学研究所のワークショップに参加したりなど，海外で研究活動を行うことは結構なことですが，一方で，双方向の流れを作り，イギリスへ，もちろんケンブリッジへ，研究者を引き寄せることも重要だと考えていました。既にロンドンではこのこ

P. ゴダードさん

とを考え始めた人たちもいましたが,実現には至りませんでした。ちょうどそのころ,ケンブリッジに好機が訪れました。ケンブリッジ大学全体ではなく,その中のトリニティ・カレッジとセント・ジョンズ・カレッジに,研究所設立のために利用可能な資産があるかもしれないことが分かったのです。ケンブリッジ大学が資金を提供し,英国研究会議にそれにマッチする資金を出すように説得すれば,国際的研究所を設立できるかもしれないと思いました。

次に,私たちは研究所の研究分野および運営のモデルはどうあるべきかを決める必要がありました。私たちは,研究分野は非常に広く設定されるべきで,そうすれば広い支援を得る助けになるであろうと感じていましたが,それと同時に,分野間でのクロスオーバーが起きている研究領域が望ましいのではないかと考えました。そうすれば,新たに設立する研究所には,通常大学では集まる機会のない研究者を異なる学問分野から参集させることができるという,より大きな付加価値を生み出せます。このような研究所の重要性が増した一つの理由は——それは1930年代にプリンストン高等研究所が創設されたときの基

本理念の一つだったのですが——現代の，そして世界中の大学が今や多忙な場所であるということだと思います。大学は学者が研究室の机に向かい，世俗に超然として基本的な問題について思索にふけることを期待される場ではなく，起業家として期待される場なのです。一般的に，彼らには隣の学科の同僚達と交流する時間がありません。むしろ，他の場所にいて会議に出る必要がないときに，異なる学問分野の研究者たちと交流することの方が多いと思います。これが世界中で私たちのところのような研究所が増えた理由の一つであると思います。

　もし私たちが幅広い研究分野を有する研究所を作れば，恐らくより広範囲の研究者からより多くのサポートを得るであろう。そして，そうすれば学際領域で運営する機会が得られるであろうと考えたのです。これは，別にニュートン研究所で行うことが学際的でなければならないということではなく，個別の研究プログラムをそれぞれ比較して，この研究所でそれを実施することによる付加価値は何かを考えようということなのですが。

　村山　その議論の口火を切ったのは誰ですか？マイケル・アティヤーですか，それともあなたかほかの誰かですか？

　ゴダード　何人かいました。ピーター・ランドスホフ，マーティン・リースなどです。

　村山　マーティン・リースが？

　ゴダード　ええ，マーティン・リースは最初から最後まで関わりました。それからピーター・ランドスホフは私と一緒に単純で退屈な仕事もほとんど引き受けました。それから，非常に優れた数学者であるジョン・コーツもメンバーの一人です。

　大栗　物理学者だけでなく数学者も議論に加わっているのは，イギリスでは伝統的に理論物理学者は数学科に所属すると考えられたためですか？

村山 斉さん

ゴダード 部分的にはそうですね。というのは，この議論を最初にプッシュしたのは，応用数学・理論物理学科を含む数学部だったからです。

大栗 あなたご自身やマーティン・リースのような一流の理論物理学者が多数，数学部に所属していたのですね。

ゴダード はい，そうです。他の学部からもサポートを得ましたが，数学部が主として議論を推し進めました。私は数学部の理論物理学教授でした。

大栗 研究所の仕組みについて質問があります。先ほど，ニュートン研究所より前に数学の研究所がいくつか存在していたとおっしゃいましたね。しかし，研究所にはいくつかの種類があります。例えば，IAS や IHES のような研究所の強みは，その教授陣にあります。その分野の指導的学者たちがいて，彼らが研究者を惹きつけています。一方，MSRI のような研究所は，教授陣は基本的には所長と副所長だけで，研究プログラムの力で研究者を惹きつけます。あなたが選択したのは MSRI 方式でした。そういう種類の選択をした理由は何だったのでしょうか？

大栗博司さん

ゴダード 1988年頃だったと思いますが、研究所を構成しようとしていた研究者の間で次のような議論がありました。どのような研究所を作るのか、各種の構造的側面を見ると、いくつかのポイントがあります。重要な点の一つに「任期なしの教授陣を持つか、それとも持たないか？」があります。それぞれに論拠がありますが、特定の研究所にとっての論点の一つは、「どうやって研究所を支援する組織を確保するか？」です。どうやって研究所のことを大切にしてくれる集団を得るか。もちろん、一つの方法は指導的学者たちを教授陣に据えることです。これには ITP などが当てはまります。任期なしの教授陣を置いた場合に起きる別の問題として、人事の失敗があると思います。高等研究所のようなところで、これまで教授人事の失敗がほとんどなかったことは驚くべきです。

大栗 このような研究所では、人事で失敗するわけにはいきませんね。

2. リスクを恐れては良い研究成果は生まれない

ゴダード　失敗は問題とはいえ非常に稀なケースであって，それよりも重要なことは画期的な成果を挙げることです。リスクのない環境にしようとしているわけではありません。重要なことは，人々の思考様式を変革するような成果を挙げること，対象の本質を変えること，ブレークスルーを達成することなのです。そういうことを成し遂げることと，非常に良い研究をしているが実際には何も変えないようなことと，二者択一であるならばどちらを選ぶかは一目瞭然でしょう。

大栗　その決断はなかなか難しいですね。そうするにはリスクを覚悟しなければなりません。

ゴダード　そうです。それが肝心なのだと周囲を説得しなければなりません。一人か二人，期待されたほど優れた仕事はしない人がいるかもしれない研究所の方がましなのです。エドワード・ウィッテンやピエール・ドリーニュたちのように，私たちの知的活動の全領域の理解の仕方を完全に再構築してしまう人たちが出てくるわけですから，はるかに望ましいのです。ある標準より下の人が誰もいないことよりも，今言ったことの方をもっと気にかけるべきなのです。

大栗　しかし，ニュートン研究所の場合は別の方向をとることに決められました。

ゴダード　そうです。理由はいろいろありましたが，実は本質的な点は私たちが決定したプログラム的な研究活動のモデル，まあ言ってみれば，特にITPのモデルに関係するものでした。私たちは，この運営のモデルを念頭に，任期なしの教授陣は必要ないと決めたのです。任期なしの教授陣を置くと，非常に多額の経費を要しますし，ケンブリッジでは概ねほとんど全員が教育の義務を負っているので，大学内でまったく教育義

ピーター・ゴダード，村山斉との鼎談：研究所の役割，数学と物理学の関係　269

務のないこのような教授職，あるいはある意味でこの研究所に
与えられた特権とさえ見られるような教授職を新しく作り出そ
うとすれば，何らかの反発を引き起こすことになるでしょう。
また，このような研究所を作ろうとすると，ケンブリッジ外の
人たちはケンブリッジにできるからという理由で嫉妬するであ
ろうし，ケンブリッジ内の人たちは研究所がこのような特別の
条件を与えられているという理由で嫉妬するかもしれないとい
う危険があります。

大栗　そうとも言えますが，別の見方もできると思います。
サンタバーバラにITPができたときも嫉妬した人がいるかも
しれませんが，ITPに属さないほとんどの教授たちは，これ
がジョセフ・ポルチンスキーやラース・ビルドステンのような
研究者を惹きつける優れた手段であると納得したのではないで
しょうか。

ゴダード　もちろん，ITPができる以前でもジム・ハート
ル，ジョン・カーディ，ボブ・シュガーなど優れた人たちがい
ましたが，ITPができたために物理学の大学院としてのサンタ
バーバラの地位が非常に上がったと思います。

3. 研究所の隣に数学部も移転して

大栗　ところで，ニュートン研究所は数学関係の建物群の
中にあり，数学科と隣あっているため，非常に良く機能してい
ますね。

ゴダード　現在はその通りです。私たちは，ある時点で研
究所をどこに作るのか決断を下さなければなりませんでした。
ケンブリッジ大学の中心部に研究棟を建てる場合には，既存の
建物を利用することになります。既に私たちは，研究者の交流
を促進するように新しい研究所を設計することが非常に重要で

あり，もし既存の建物を手に入れた場合，私たちが満足のいくように実現するのはほとんど確実に不可能であると考えていました。既存の建物を切り裂いて内部を再構築するのは非常にコストがかかるからです。

大栗　それでケンブリッジ大学の伝統的なエリアの外に移ることを決断したのですか？

ゴダード　それが主要な理由の1つでした。2番目の理由は，応用数学・理論物理学科と純粋数学科から構成される数学部は過密状態で，あらゆるスペースが既に満杯でしたから，私たちは新しいことは何もできず，多くのビジターを呼ぶと快適にすごしてもらうことさえできませんでした．

もし研究所を中心部に置いたとしても，数学部はどのみちある時点で移転しなければならないかもしれない。そうならば，多分我々がそう仕向けるべきであろうということを悟ったのです。そのとき，幸運にも私の所属するセント・ジョンズ・カレッジが7エーカー (約 28,000 m²) の未使用地を所有していました。それはもっと遠くのガートン・カレッジを拡張してケンブリッジに近づけるためにずっと留保されていたもので，数十年空き地のままでした。私たちが，数学部が移転できるような土地をカレッジが所有していないかという話を持ち出した際，カレッジのバルサー (財務担当のフェロー)，クリス・ジョンソンがこの特定の用地について言及してくれたのです。実際は数学部全体がこの敷地にぴったり収まるということが分かりました。

大栗　いずれは数学関係の建物群をそこに建設するというビジョンを既にもっておられたわけですね。

ゴダード　数学部の移転には，実はもっと時間がかかるだろうと考えていました。しかし，研究所が発足するやいなや，元の数学部の建物から研究所まで，1マイル (約 1.6 km) の距

離を行き来することは実に不便だと感じました。思い立って
ちょっと話をしに行こうという気にはならないでしょう。そう
いう人たちはあまり協力しようという気にならないでしょう
し，研究所にあまりありがたみを感じないでしょう。それで，
私たちは，ニュートン研究所の開設直後，数学部を隣に移転さ
せるよう努力しなければならないと決めたのです。

そこでピーター・ランドスホフと私は，マーティン・リース
のような人たちの助けも借りて数学部の建物の建設資金の調達
に着手しました。

4. 研究所運営で重要性を増す民間助成金

大栗 資金集めの話が出ましたが，ケンブリッジ大学で特
に数理科学の建物群を建設するために，またその後，高等研
究所に移られてからも，大いに資金集めに携わってこられたこ
とと思います。こういった基礎科学に寄付を行う民間の慈善事
業は，イギリスやアメリカの伝統に強く根ざしているようで
すね。

ゴダード ええ，ここ数十年，ほぼ20世紀においては，特
にアメリカにおける伝統でしたし，数世紀を振り返れば，イ
ギリスにおいても長い間に渡る強い伝統がありました。特に
オックスフォード大学とケンブリッジ大学が現在もっている資
産とある範囲の独立性を獲得したのは，カレッジに対して人々
が与えた資産によるもので，その点が他の大学と違います。し
かしイギリスの伝統的な唯一の資金調達法は，20世紀初め頃
から始まる高等教育の拡大と多様化によって徐々に損なわれて
きました。特に大学に実験室が必要になってきたため，大学で
教育し，研究をするのがどんどん高くつくようになってきたの
です。大学院レベルではますます資源が必要となり，それと共

に第一次世界大戦もあり，その時点でケンブリッジ大学とオックスフォード大学に危機が訪れました。そして，政府が大学に資金を供与し始めました。最初は，政府が大学に影響を及ぼすために資金を供給するのではなく，大学委員会を通じて行われ，政府は意思決定から切り離されていました。その仕組みも1970年代から，特に1980年代に徐々に損なわれてきました。現在では，政府が大学に資金を与えるのは，政府が望むことを大学に行わせるためであるという見方になっています。

大栗　政府が大学にインセンティブを与えているということでしょうか。

ゴダード　はい，そうです。特に1990年頃から，大学に好きなことをさせようとか，大学は社会において独立した勢力であるべきだ，と言うよりは，目的として富の創出に力点が置かれるようになりました。したがって，その変化は政府の資金援助がひも付きになりがちであることを意味するようになったのです。また，政府の展望が，少なくともイギリスではそうであるし，アメリカでもそうだと思うのですが，以前よりも短期的になったため，世論に対してより敏感になっています。選挙で再選されることにより強く関心をもつようになり，それは2〜3年の時間スケールで結果を得ることを求められることを意味します。そうしないと次の選挙に影響を与えられないからです。私たちが新しい建物，その他を必要としたとき，こういった特徴的な点がすべて影響しました。政府が資金を出してくれることはまったく当てにできなかったので，私たちはケンブリッジ大学のために自分で資金を調達しなければならないと確信するようになりました。

どの国でも政府の予算措置はますます計画経済的色彩を帯びる一方だと思いますから，民間の助成金が非常に重要になるであろうという結論になることは確かだと思います。政府はます

ます課題を設定しようとし，その課題はしばしば短期的です。それに付随するものとして，上意下達という別の側面があります。これは上からの命令で問題が解決できる——仮に，イギリスは関数解析が弱いと決まったとしましょう。そこで，数年間で数100万ポンドを注ぎ込めば状況を劇的に変えることができる，という考え方です。もちろん，そうはなりません。そんなものは学問的な力を増強する方法ではありません。短期的な効果は上がるかもしれませんが，学問の世界において上からの命令により2〜3年のタイムスケールで重要な発展が可能であるという考えは，単純な誤りであると私は思います。しかし，官僚たちはそれを信じています。なぜなら，それが彼らのレゾンデートル，存在理由だからです。

　これに伴うほかの側面に，会計検査の自己目的化，つまり，納税者に対して，予算を予定通りに使ったことを証明できなければならないという考え方があります。これは，予算を得たときには，その使い道が決まっているはずだということです。このような考え方の問題は，計画が始まったときには，予算を得た研究がその後どのように進んでいくかはわからないということです。これは，多くの国で行われている官僚的な科学予算の配分方法では決して見極めることのできない重要なことであると思います。

　私は高等研究所に参加するメンバーによくこう言ったものでした。「何をしようとするのか，どうやってしようとするのか，いつまでに終わらせようとするのか，それがもし分かっているようなら，それは真に独創的な研究ではない。」私たちがしていることは，あらかじめ想像できないようなことを発見することです。私たちには豊かな想像力があるかもしれませんが，実際に起きることは予期できたことよりもっとずっと驚くべきことであるということには，本当に興奮させられます。空想科学

小説の大家，ジュール・ヴェルヌと H.G. ウェルズを見てみればわかるでしょう。彼らは 19 世紀末および 20 世紀当初にあの素晴らしい物語を書いています。しかし，彼らが書いたことと比べ，科学で実際に起きたことを考えてみれば遥かにエキサイティングです。

大栗 そうですね。科学の進歩は彼らの想像を超えていました。ですから，こういう基礎科学の研究，特にその目標は，前もって計画できるものではありません。

ゴダード ええ，超弦理論の発展を見てみれば，どの段階も人々が予想したものには決してなりませんでした。

大栗 また，あちらこちらさまよったあげく得られた成果は，予期できない応用を持つことがよくあります。

ゴダード ええ。実用的な結果になることさえあります。たとえば，私たちの生活の大きな部分を何よりも変えてしまい，また何にも増して商業的可能性を作り出したものの一つがワールド・ワイド・ウェブですが，それはどこかの会社の研究開発部門が，「さて，インターネットがあるから，これを商業活動に応用するにはどうしたらよいだろう。どうしたら，もっと役に立てることができるだろうか」と考えてできたものではありません。これは科学的なチャレンジに応えようとして生み出されたものだったのです。

5. 数学と基礎物理学の関係

大栗 ここで，数学と物理学の間の学際的研究についてもご意見を伺いたいと思います。イギリスでは物理と数学の区分けが，(フランスやドイツなどの) 大陸側の数学と違うのではないかと思うのですが，これはあなたの学際的な研究活動に関する考え方に影響を与えましたか？ イギリスでは物理学者の中に

も数学者とみなされる人たちがいるという意味で，物理と数学の交流が大陸側よりも緊密に見えますが。

ゴダード　境界は常に人為的なものであり，地域の文化によって決められるものと思います。いろいろな方法を駆使して物理の問題を解こうとするのは，イギリス，特にケンブリッジ大学の伝統です。その来歴をたどると，大学が構築された歴史に行き当たるのですが，例えば，ケンブリッジはオックスフォードや他の地域の大学と違っていました。ケンブリッジでは18世紀以降，主要な科目が実は西洋古典学ではなく数学で，ケンブリッジでの首席学位試験は数学でした。

大栗　全学生に適用されたのですか？

ゴダード　ええ，そうです。18世紀以降，数学の特別な試験が発展し，最高の学位を得たいと思ったら数学をとらなければなりませんでした。それは1820年頃に西洋古典学が数学と並んで首席学位を得るために学ぶ科目となるまで続きました。たとえば，詩人のウィリアム・ワーズワースのような人も数学を学びました。彼は数学の奨学金を得てケンブリッジに入学しましたが，あまり良い成績ではありませんでした。その後19世紀後半には，ジェームズ・クラーク・マクスウェルから始まる大物科学者たちが，数学を卒業してキャベンディッシュ研究所に入ることになります。それから20世紀初頭には経済学者のメイナード・ケインズのような人さえ最初数学から学び始めたのです。これはケンブリッジ大学に見られる特徴ですが，数学の枠組みの中で人々はさまざまな道に分かれて行きました。常にその伝統が背景にあり，現在に至る道筋に影響を及ぼしてきました。

しかし国際的に見ると，明らかに数学と基礎物理学の関係が時とともに非常に大きく変化したように思います。1960年代には，例えば現在物理のセミナーで当然とみなされている類の

数学について，十分な知識を持っている人はほとんどいなかったのではないでしょうか。

大栗　そうですね。それに関して，フリーマン・ダイソンが書いた *"Missed Opportunities"* の中で彼は「数学と物理学の結婚は過去何世紀もの間，非常に実り多いものであったが，最近，離婚に至った。」と言っています。たぶん 1970 年代はじめに書かれたものだと思いますが。離婚の原因の 1 つは，素粒子物理が混沌とした状態だったことです。その当時は，素粒子の標準模型が確立する前，ゲージ理論が主流になる前で，まさにゲージ理論が急に羽ばたき始めた頃でした。

ゴダード　ゲージ理論の成功は，1971–72 年頃にジェラルド・トフーフトがもたらしました。そして標準模型の構築に至ったわけですが，ここで支配的影響を与え本当に物事を変え始めたのは，1970 年代半ばのマイケル・アティヤーたちの仕事であり，その後エドワード・ウィッテンによる影響力の高まりであったと思います。それが，何をもって物理学者が学ぶべき適度な数学とみなすべきかについての人々の認識を本当に変えたのだと思います。例えば，私が大学院生のときに研究した最初の問題は，複素平面上の散乱行列の特異点でした。物理的な領域では特異点とその不連続点はある程度理解されていると思われていましたが，摂動論の範囲で複素特異点を理解しようとする試みには限界があり，したがって物理領域の外部における特異点，および複素特異点を考えるように指導されました。この問題については，(現在では常識になっている) ホモロジーの手法など用いた研究はありましたが，当時はそれについて知っている人はほとんどおらず，話をするときは，一から十まで翻訳することが必要でした。

大栗　(ホモロジーは物理の) 標準的な言葉ではなかったのですね？

ピーター・ゴダード，村山斉との鼎談：研究所の役割，数学と物理学の関係　277

ゴダード　ええ。実のところ，やや胡散臭く思われていました。歴史を振り返ると，ある言葉で問題を議論して解き，それを別の言葉に翻訳して説明するということは，よく行われてきました。ただし，ニュートンでもそうだったかどうかについては，議論があります。彼は，あらゆることを古典的な幾何学，すなわちアポロニウスほかのギリシアの幾何学で説明し，微積分を使った説明は記しませんでした。しかし，自分では微積分を使っていたのです。当時の科学者は，古典的な幾何学で議論をしていましたから，彼は微積分の使用を隠していたのだと思います。

また，ディラックはあるとき，自分は幾何学を使って研究したと言いましたが，彼が正確にはどのように幾何学を使ったのかについては，疑問があります。彼は時間・空間について考える上で幾何学を使い，相対論的方程式などを考える上でも幾何学を使いました。では，彼はヒルベルト空間を考える際にも幾何学を使ったのか？おそらくそうではなかったでしょう。

こういった過程はさまざまな局面で続いていますが，しかし今や隠す必要はありません。もはやそれほど胡散臭くはありません。ところで，大栗さんは数学と物理の関係をどう考えていますか？

大栗　あなたが言われたように，現代数学は，ゲージ理論と超弦理論，それから基礎物理学の他の分野についての物理学者の理解を強固なものとしてきました。その一方で，物理学からの洞察もまた数学に前向きの影響を与え，例えば証明すべき予想や，幾何学について考える新しい方法を提供してきたと思います。特に，幾何学の量子的性質は，数学者はもちろん知らなかったことなのですが，今や数学の最前線，中でも幾何学と表現論の領域で非常に共通する潮流となっています。ですから，双方にとって非常に有益であったと思います。自然の基本

的法則をより深く理解しようと試みるとき，大抵いつも既存の数学は役に立たないというのは，当然のことです。ニュートンは微積分を創り出さなければならず，マクスウェルは偏微分方程式を使わなければならず，アインシュタインはリーマン幾何を使わなければなりませんでした。

ゴダード　しかし，マクスウェルが使った偏微分方程式や，アインシュタインが使ったリーマン幾何は既に存在していました。

大栗　既に存在していましたが，その当時は最先端の数学でした。私たちが人類の知識の限界を押し広げようとするときに，既存の数学が役立つかもしれないという保証がないことは当然です。ですから，物理学者と数学者の交流は双方に役立ち得るものです。その交流は，数学者に対して研究するべき新しい問題を与え，新しい領域を切り開き，また数学の異なる領域を結びつけます。

6. 数学と物理は再婚した？

ゴダード　現在，数学と物理学には同時に発展している領域があります。ある意味，同時に発展していることは偶然のように見えます。例えば無限次元リー群論と，それが物理学における着想や頂点作用素代数などとどのように関係していたか。これらは平行して発展しましたが，始まりは互いに完全に独立で，まったく関係なく，しかし同時に始まったのです。これらが本当に偶然なのか，あるいは窺い知れない何かがあるのか，と考えると，いつも深い興味にかられます。70 年代，そしてたぶん 80 年代も，数学的問題により興味を持っていた人たちは物理を語る上で数学を使う心構えができていたのに対し，現象論的問題により興味を持っていた人たちはそうではなく，あ

る種の隔たりを産み出す傾向にありました。しかし，今はそれが解消されたように見えます。なぜなら，村山さんのように現象論的問題にも興味を持ち，また数学に関連した話をまったく厭わない人たちが大勢いますから。その意味で状況が本当に変わったのだと思います。

大栗 村山さんのような，素粒子の理論モデルを構築し，実験によって検証されることを望む人たちにとってもこの種の発展から現れた着想と数学が，大きな余剰次元など，以前は考えもしなかったようなモデルの構築に役立っているのではないでしょうか。

村山 歴史を遡ってみると，例えばマレー・ゲルマンがクォーク模型を提案したときが物理学者が $SU(2)$ より大きい群を使い始めた最初でした。そうですよね？群論の流行に苦言を呈す人もいました。そういう人たちは，どうもこのレベルの群論にさえもついていけないような人たちだったようです。それから群論の言葉は忘れ去られた感がありましたが，実際は，クォークのフレーバー対称性だけでなく，ゲージ対称性やその他に対する正しい言葉であったことが分かりました。群論なしで現在，私たちが知っているような素粒子物理が存在したであろうとは思いません。

ゴダード その通りですが，私はその裏の面もあったと思います．1950 年代のどこかでゲルマンが，ストレンジネスなどを導入したため $SU(2)$ より大きい群が必要なことを悟り，$SU(2) \times SU(2)$ などについて語り始めた人たちがいました。彼らはこれがコンパクト・リー群であることは知りませんでしたし，彼らは数学者にすぐ聞きに行くということをしませんでした。誰に聞いたら良いのか分からなかったようです。ゲルマンがあるとき言ったことですが，彼は自分自身で問題を解こうと腰を据えてとりかかったけれど，7 個の生成元を得たところで

断念したそうです (後にゲルマンが使った $SU(3)$ 群には，8 個の生成元があった)。今から思うと不思議なことです。今では，分類問題にせよ，空間の幾何の問題にせよ，直接数学の文献にあたるのが普通ですから。

大栗 数学と物理は再婚したのですね。

ゴダード いえ，私が思うに，そもそも離婚しておらず，別居を試みただけだと思います。当然のことですが，この数学と物理の関係は，何か神秘的な，あるいは少数のグループ内のみに限って興味をもたれるものではないということです。さまざまな傾向をもった人たちに一般的に受け入れられる，文化の一部なのです。非常に理論的な問題について考えたいとか，LHC からの最新の結果を本当に理解したいとかに関わらず，それ以上の共通する文化を誰もがもっています。

村山 どうすれば私たちは社会に対する直接的影響をもたない，こういった分野を擁護できるとお考えですか？

7. 直接的ではなく文化的影響を与える基礎科学

ゴダード 基礎科学は，何かの病気の治療法となるかもしれないようなものを創り出す，といった意味での直接的に役に立つ影響はありませんが，明らかに貴重な文化的影響を及ぼします。私は (学者ではない) 友人と話してそれを意識しました。今や彼らは基礎科学で起きていることを，以前より多くを知るようになりました。例えば，ヒッグス粒子の発見にどれだけ興味がもたれているか，見ればわかるでしょう。概念的な見地からはもっと重要な W と Z の発見とは比較にならないほど巨大なものです。もしもヒッグス粒子が存在しなかったら，私たちはみんなノイローゼに陥っていたでしょう。それは私たちがこのヒッグス粒子の発見というイベントを，長年待ちわびてきた

からだと思います。

また私は，CERN のような研究機関や，多くの国々でそういう研究機関への予算配分に関わっている人たちが，納税者等に状況を説明する上でより一層努力をしなければならないということをはっきり悟ったと思います。単に広報室からプレスリリースを発表して済ますというわけにはいかないこと。人々に何が起きようとしているかを理解してもらうための全体的なプロセスでなければならないこと。そういったことすべてが，一般市民の認識する私たちがいる研究所の位置づけに対して，私たちがしていることをより良く理解してくれるような方向で，役立つと思います。

50 年も 80 年も前は，研究には象牙の塔が必要だという姿勢でしたが，現在その姿勢はどこでも違っていると思います。もちろん，学術的な環境を保護することは大切です。研究者に，明日には役に立つ結果を出すように四六時中求めることはせず，ゆったり考えることのできる空間を与えるということです。しかし，それは，外部の人たちに私たちのしていることを説明し，彼らを招き入れ，彼らに講演し，私たちがしていることを彼らと議論することと完全に両立するものです。なぜなら，私たちは外部の世界と接触のない，修道院のようなコミュニティーに孤立してはならないからです。このような接触をもつことは，私たちにとって実際に良いことであり，外部の世界にとっても良いことなのです。

村山　イギリスではそうなっていますね？サイエンス・カフェはイギリスで考え出されたものではなかったでしょうか？

ゴダード　ええ，そうですが，どんな成果になるか分からない，その成果が予測できない，というようなことを研究する人たちにも機会が与えられなければいけない，ということを発信する必要があります。このような研究こそが，私たちの宇宙

についての理解を変えてしまい，遂には生活の実際的な側面を変えてしまうものです。これをきちんと説明していくのは簡単ではありません。しかし，それを説明する能力とやる気がある人は，どんどんやっていく必要があります。

村山・大栗　発信し続けていくことは重要ですね。本日は深遠なお話を伺うことができ，ありがとうございました。

[2014 年 4 月 1 日，Kavli IPMU にて]

落合陽一，四方幸子との鼎談
アートとサイエンスの可能性

落合陽一×大栗博司×四方幸子 [*1]

2016 年に開かれた茨城県北芸術祭「KENPOKU ART 2016」の公式ガイドブックで，芸術祭キュレーターの四方幸子さん，出展アーティストの一人の落合陽一さんと鼎談をしました。

落合陽一さんは筑波大学のデジタルネイチャー研究室を主宰されていて，超音波を使って物体を宙に浮かせて自在に動かす「3 次元音響浮揚」など，計算機とアナログなテクノロジーを組み合わせた視覚的・触覚的作品を創作されているそうです。

私は芸術は素人なので，キュレーターの四方さんに，「現代芸術では普通の人が見ても理解できないということがありますが，そのようなときにはどうしたらよいでしょうか」という不躾な質問もさせていただきましたが，丁寧にご対応いただき，「アートは答えではなく，問いを提示することだと思っています」というご返事をいただきました。これからは，作品から問いを受け取るつもりで観てみようと思います。

難易度：☆

茨城県北芸術祭を特色づけるテーマのひとつに，新しい科学技術を使った最先端のアート表現を紹介することがあげられる。その代表的な出品アーティストの一人が落合陽一だ。ここ

[*1] 落合陽一 (おちあい・よういち)。1987 年生まれ。メディアアーティスト。筑波大学長補佐，大阪芸術大学客員教授，デジタルハリウッド大学客員教授を兼務。ピクシーダストテクノロジーズ(株) CEO.
http://yoichi ochiai. com
四方幸子 (しかた・ゆきこ)。キュレーティング及び批評 (20 世紀美術〜メディアアート)。東京造形大学・多摩美術大学客員教授，明治大学兼任講師，IAMAS 非常勤講師。AMIT ディレクター。

では落合が尊敬する「超弦理論」[*2]の第一人者で，現在，日本科学未来館のドームシアターガイアで上映中の 3D ドームシアター映像「9 次元からきた男」の監修も務める理論物理学者の大栗博司，そしてキュレーター・四方幸子の 3 名が，アートとサイエンスの可能性を語った。

1. アートとしての美と，理論としての美

四方　今回の芸術祭では，最新の科学技術を駆使したメディアアートやバイオアートを積極的に取り上げたいと考えています。茨城県の南部には筑波大学，そして国立の研究機関が多くあり，遡るとつくばでは 1985 年に科学万博が開催されるなど，科学技術の先端的な試みが行われています。県北の豊かな自然と文化を背景に，これまでにない形でアートと科学の融合を目指していきたいというのが趣旨のひとつです。落合さんは山側エリアの常陸大宮市にある，旧美和中学校での展示ですね。

落合　出品作のひとつはシャボン膜の表面に映像を映し出す《コロイドディスプレイ》です。シャボン玉の表面は鏡面反射の透明な薄膜なので映像を投影できませんが，その表面を超音波で揺らすと表面張力波が起こり，映像が投影できるようになるんです。僕は作家としては，かねてから「映像と物質」に興味があります。エジソン以来，人間は映像，光と音でコミュニケーションをとってきたわけですが，我々の頭の中にあるイメージと，手で触れるような物理的な空間にあるものとはギャップがあります。映像の中で人間はスーパーマンのように

---

*2　基本粒子を点ではなく 1 次元的に広がった弦 (ひも) と考える理論のこと。超弦理論では宇宙を「9 次元の空間と時間」として，宇宙のマクロ世界の重力とミクロ世界の素粒子の理論を統一する「万物の理論」の最も有力な仮説として注目されている。

四方幸子さん

空を飛ぶけれど,物理世界ではできません。

大栗　実際に経験していないことを映像で見ているということですね。

落合　そうです。音や光を使ってそのギャップを埋めて,人のイメージを人間が直接触れることができたり,受容可能な構造を設計するようなことに興味があるんです。

大栗　《コロイドディスプレイ》では人間の慣れ親しんだシャボン膜という素材を使うことが重要ですか?

落合　アーティストとしては重要ですが,研究者としてはさほど重要ではありません。

大栗　つまり,アーティストとしての側面と,新しい映像媒体を作るというエンジニアリングというか研究者としての側面もあるわけですよね。その違いはどうお考えですか?

《コロイドディスプレイ》 2012

落合陽一さん

落合 僕の中には明確な違いがあります。たとえば物語の中では妖精は一瞬で現れては消えるような存在として描かれますが、ピコ秒[*3]程度の持続時間しかないプラズマ[*4]で妖精を描いて、人が触ったり見たりできるような関係性を作れば、科学技術の文脈と、人間がこれまで妄想してきたイメージの文脈

[*3] 1兆分の1秒。
[*4] 高度に電離した気体の総称で、空間を自由に運動する荷電粒子の集合体。

の中に心象的な結実点が生まれるのではないか。シャボン膜の中に蝶が写っていると，それがいわゆる画面の中にある映像とは異なる文脈で見えてきて，物質感のあるものとして捉えられるようになる。そこに作品としての心象的なポイントがあるような気がします。そのためにはどういう技術的な可能性があるのかを探していて，例えば妖精や，蝶の羽のキラキラした美しさと技術が一致したところを作品として残しています。それ以外の時は，プラズマをどうやって新しいメディア装置にするかなどを考えています。

大栗　やり方を見極めたら，あとはもうエンジニアリングになるわけですね。

四方　落合さんはバーチャルと現実の間に接点を作っておられますが，大栗さんは理論物理学者として理論的な探求をされていますね。

大栗　僕の研究は，自然界の基本法則を明らかにし，それを使って宇宙の謎を解こうとするものです。ただ僕らの日常言語は進化の過程で日常的な経験を記述するために生まれたものですから，超ミクロな世界や宇宙の始まりといった極限的なものの記述には適していません。そこで人工言語としての数学というツールで理論を構築していくわけです。表現したいものはあっても，まずツールがないと漠然としたものになってしまいます。新しいツールができると「自分は実はこれを表現したかったのだ」ということが表出してくる。物理学者が新しい数学的表現を探すことと，アーティストが表現の方法を作ることは似た側面があると思います。

落合　僕もその結実点をいつも探しています。メディア装置を作り続けていると，それが自分の中の表現したい文脈とぶつかるんです。芸術祭に向けて，ホログラム計算した超音波で空中のある一点から音を出す新作もちょうど作っています。

大栗博司さん

大栗 超音波のホログラムを使って,何もないところから音がしてくるということですね。僕らがよく知っている光のホログラムは2次元に蓄えられた映像と結実させて,何もないところが光ることで3次元の映像ができますが,それが音でできる。それは面白い。

落合 技術的には完成したのですが,何の音にするかを今考えているところです。空中から心的存在の囁き声が突然聞こえたら面白いんじゃないか,とか。

大栗 突然耳のあたりで命令を囁かれたり,危ない応用ができそうですね(笑)。僕は実際の研究にアート的なものが直接関わるということはないのですが,数学や物理学の世界で「理論の美しさ」というのはあります。なかなか一般的に説明しにくいけれども,そういう漠然とした意味での「美」という概念はあります。だから落合さんの場合は美に二重の意味があると思います。エンジニアリングとしての美と,それを使って新し

「9 次元からきた男」
監修：大栗博司，監督：清水崇，ビジュアルディレクター：山本信一 (30 分/3D/4K ドームシアター) ⓒMiraikan

い表現を行うアートとしての美という，そういう意味での二重の美です。

落合 大栗先生が監修された「9 次元からきた男」を拝見して，カラビ–ヤウ多様体[*5]が登場する場面で，あれをもし左右の目に別々の映像を投影したらどんな風に見えるんだろうと気になりました。

大栗 それは実験としては面白い試みなんですが，実際にそれに近いことをやってみたところ，危険すぎるからやめることになりました (笑)。

落合 「9 次元からきた男」がすごく良い試みだったのは，イメージや数式でしか表現できないものを，どうやって表現するかという大きな葛藤に向かっているところで，カラビ–ヤウ多様体のビジュアライゼーションは明らかにアートだと思いました。

[*5] 代数幾何などの数学の諸分野や数理物理で注目を浴びている特別なタイプの空間。超弦理論では，時空の余剰次元が 6 次元のカラビ–ヤウ多様体の形をしていると予想されている。

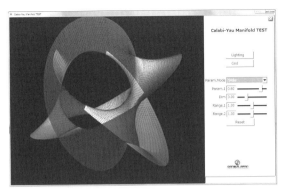

カラビ-ヤウ多様体のビジュアル化　© Omnibus Japan

大栗　カラビ-ヤウ多様体は6次元空間ですから見ることはできません。高次元に埋め込んで方程式として書くことはできますから，それをある面から見た3次元にプロジェクションすることでビジュアル化しています(上の写真)。ちょっと複雑な話になってしまいましたが，まずは9次元という世界があり，それを探求している科学者がいるということを第一に伝えたいと思いました。かつよく見ると科学的な内容もいろいろと織り込まれている。

四方　一般の人にああいう美しい映像として見てもらうのは素晴らしい取り組みですね。

二重の美についてですが，美術史の中ではサイエンスの問題が出て来るのは複製技術以降，ここ150年くらいのことです。

大栗　ただ絵具にしても，たとえばプルシャンブルーは18世紀に発見されて，それが日本に伝わって浮世絵の表現が広がった。絵画や彫刻のように実際に作ってみせるものというのは，昔からサイエンスやエンジニアリングと密接な関係があったと言えるのではないですか。

四方　たしかに絵具やマチエールといった点ではそうです

ね。ただ，昔は宗教画に代表されるような，象徴的・表象的な意味を持つアートが多いのですが，20世紀初頭，現代物理学が現れた時代に，例えば言語を解体するダダイズムのようなアートが生まれています。サイエンスとアートがある意味でシンクロし始めて，アートの可能性がかなり変わってきたと思います。

大栗 それは恐らく科学技術が人間の体験領域を広げているということと関係していますよね。400年前の科学革命，さらに産業革命，メディア革命などによって，新しい技術が日常生活に取り入れられるペースがどんどん速くなってきた。それをアーティストが積極的に取り入れるから，科学技術とアートの関連が密接になっている印象があるのではないでしょうか。

四方 インターネットの普及も大きいですよね。

落合 そうですね。厳密に言うと，科学とエンジニアリングとアートは違うと思いますが，ただインターネットが登場して以降，誰かが試行錯誤してできたひとつのシステムを，インターネットで検索してダウンロードし，3Dプリンターを使ってフィジカルなものとして簡単に手に入れることができるようになりました。昔なら手の技を磨かないとできなかったことが可能になった点は非常に大きいです。でも，大衆の興味を惹きつけて驚きや感動を与えるという意味では，産業革命の頃のケミカルサイエンスは極めてアート的な側面を持っていました。ポスト工業社会になって社会におけるサイエンスとアートの位置付けが断絶しただけで，現在ではサイエンスとテクノロジーとアートの見分けはその受容の過程においてほぼつかなくなっているように感じます。

2. 科学は目的のある問い，アートは問いを提示する

四方 ベタな質問ですが，サイエンスとアートにはどのような違いがあるとお考えですか。

大栗 サイエンスには客観的な評価基準があります。サイエンスは「自然を理解する」目的があるので，美しい理論であっても自然が採用していなければ駄目。ただし実は数学でも「良い定理」や「悪い定理」があって，それはある程度主観的です。数学者のポアンカレ[*6]は「より多くの科学技術の分野に影響を与え，新しい科学の可能性を広げるものが良い科学である」という意味のことを言っています。同じように，アートも新しい芸術表現を作ることで，これまで表現できなかったことが可能になれば，それは客観的に価値があると言えますよね。

落合 アートはよく「人間の心を動かすものだ」と言われますが，僕はそれもやがてコンピューターサイエンス的になってくると思っています。SNS上で反応が見られるビッグデータの時代には，人間が何を受け取ったらどんな反応をするかはデータでわかってくるようになるはずです。そうすると「この作品のどこに皆が惹かれたのか」，やがて数値化できるようになる。

大栗 それによって，客観的な視点ができるということですね。

四方 今後はアートやサイエンスが人間の認識を超えていくのかもしれません。人間の知覚以外のものをサイエンスが見せてくれるのはとても重要だと思います。

[*6] ジュール＝アンリ・ポアンカレ (1854〜1912)。フランスの数学者。数学，数理物理学，天体力学など，純粋数学と応用数学のあらゆる領域にわたり重要な基本原理を確立し，すぐれた業績を残した。

芸術祭の展示場所となる旧美和中学校を視察する落合陽一

芸術祭のメインビジュアルポスターの撮影を行っている様子

大栗 たとえば20世紀の初めに出てきた量子力学を直接的に知覚できなくても,そこから生まれたエレクトロニクスは私たちの日常生活に実用的,概念的な面で様々な影響を与えています。科学は一歩ずつ階段を上っていくようなもので,今は囲碁で言えばずっと先の手を読んでいるような状況だと思います。アートでも表現が進歩してくると,普通の人が美術館に行って作品を見ても理解できないという現象が起こるのではないかと思いますが,それについてはいかがですか?

四方　アートはやはり答えではなく，問いを提示すること
だと思っています。そういう意味で科学は答えを出す目的のあ
る問いで，その違いがあると思います。

大栗　アートは問うことそれ自体が目的であるということ
ですね。

四方　何らかの形で自分も参加しないとアートにならない
と思いますし，今回の県北芸術祭には落合さんの作品のような
間口の広い作品もあれば，プロセスを見せること自体を作品
化したものなど，サイエンス系といっても多様な作品が並びま
す。解釈も自由ですし，ぜひ積極的に参加して，自分なりの問
いを見つけていただけたらと思います。

[6 月 19 日，麻布十番にて]
(撮影/森 孝介：p286, p287, p289, p294)

第VI部

朝日新聞WEBRONZA

ついに太陽系脱出
ボイジャー36年の強運

　朝日新聞のオピニオン誌『論座』が，2008年にWEBマガジンWEBRONZAとなり，私は2013年に執筆陣に参加しました。これまでの15本の記事の中から，いくつかを再録します。

　2013年9月に，ボイジャー1号が太陽圏を越えたというニュースが，朝日新聞とニューヨークタイムズ紙で1面トップ記事になりました。「なぜ重要なのかわからない」という意見がありましたので，WEBRONZAに記事を書きました。ボイジャー1号と2号が発射されたころは，私はまだ高校生だったで，宇宙探索の夢が広がりました。まだがんばって飛んでいて，地球に信号を送り続けているということが嬉しいです。
難易度：☆

　9月13日の朝日新聞朝刊の一面トップ記事「ボイジャー太陽系脱出」を読み，ついにここまで来たかという感動をおぼえた。

ボイジャー1号が撮影した木星の大赤斑(NASA提供)。

今から 36 年前の 1977 年の夏，ボイジャー 1 号と 2 号はフロリダ州のケープ・カナベラルから木星に向けて発射された。飛び立ったのは 2 号が先だったが，途中で追い越して木星に先に近づいた方が 1 号と呼ばれている。当初の目的は木星と土星の探査のみで，耐用期限は 5 年と設定されていた。しかし，探査が成功して予算が追加され，2 機はさらに遠くへ向かった。1 号はそのまま太陽系外に進んだが，2 号は冥王星と海王星の探査も行うことができた。

　地球表面から打ち出された物体が，重力に逆らって太陽系を脱出するためには，発射時に秒速 16.7 km 以上でなければならない。しかし，ボイジャー 1 号と 2 号が地球を飛び立ったときの速さはこれに満たなかった。しかも，姿勢制御と軌道補正のための小さなエンジンしか搭載されていない。そこで，「スイングバイ」という技術が採用された。これは，惑星の近くを通り過ぎるときに，万有引力によって惑星に引っ張られ，惑星の公転運動を利用して速度を変化させるという方法である。ボイジャー 1 号と 2 号は，木星でのスイングバイによって運動エネルギーを増加させ，太陽系からの脱出速度に達した。また，木星，土星，天王星と海王星は各々太陽の周りを異なる速さで公転しているが，175 年に一度，太陽に向けてほぼ一列に並ぶ。1982 年にこの「惑星直列」が起きたので，ボイジャー 2 号は飛び石のようにスイングバイをして，次々に惑星を訪れることができた。2 世紀に一度のチャンスであった。

　1990 年，太陽から 60 億 km 離れた位置にあったボイジャー 1 号は，最後にもう一度振り返り，太陽と 6 つの惑星を連続写真として撮影した。この写真では，地球は漆黒の宇宙に浮かぶ青い点にすぎない。この「太陽系家族写真」を別れの挨拶として，偉大な宇宙探査プロジェクトも終わりを告げたかと思われた。

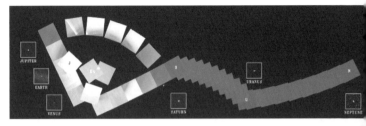

1990年にボイジャー1号がとった39枚の組み写真。「太陽系家族写真」と呼ばれる (NASA 提供)。

しかし，冥王星 (もはや惑星の仲間ではない。日本学術会議は「準惑星」と呼ぶことを勧めている) の属するカイパーベルトを超えても，ボイジャーは機能し続けた。電力とメモリーを節約するために姿勢制御システムは停止させたが，太陽のコロナから発せられているイオン化された原子の流れである太陽風と磁場を観測し，出力わずか 23 W の通信機で地球と連絡を取ることができた。

太陽系の端とはどこにあるのか。私たちの太陽系は，天の川銀河の中を移動している。銀河の星の間には，星間物質と呼ばれるプラズマがある。一方，太陽からは太陽風が吹いている。太陽風が星間物質に出会うときに起きるのは，台所のシンクに蛇口から水を出した時の現象と似ている。蛇口から落ちてきた水は，シンクの底に当たって水平に拡がる。しかし，シンクに水がたまってくると，ある大きさの輪ができる。輪の端に水の段ができて，その内側では水が勢いよく広がっていくが，その外側では水の動きは見られない。蛇口から落ちた水が広がっていくにつれて勢いがなくなり，あるところで外側にたまった水の圧力に負けてしまうのである。このときにできる輪が「末端衝撃波面」である。太陽風が星間物質に出会うときにも，末端衝撃波面ができる。これが太陽系の端である。その内側が「太

陽圏」，その外側が星間空間。ボイジャーが太陽系を脱出したというのは，末端衝撃波面を超えたということである。

このボイジャー計画を推進してきたのは，私の所属するカリフォルニア工科大学 (カルテク) の一部門のジェット推進研究所 (JPL) である。JPL は第 2 次世界大戦直前にカルテクに立ち上げられたロケット研究グループに始まり，現在では米航空宇宙局 (NASA) の無人宇宙探査を一手に引き受けている。1972年から現在に至るまでボイジャー計画の科学主任であり，JPLの所長も務めたエドワード・ストーン教授は，この分野の英雄である。私は 2000 年にカルテクの教授に着任したとき，即座にストーン教授に面会をお願いした。当時のお話では，電池が働いている間にボイジャーが太陽圏を脱出できるか微妙だという印象だった。

気象が変化するように，太陽風の強さも時間とともに変化している。もし太陽風が強くなると，太陽圏が膨張し，末端衝撃波面も遠ざかる。一方，ボイジャーに搭載されているプルトニウム電池は毎年 4 W ずつ電力が下がる。末端衝撃波面に到達するまでボイジャーの電池が使えるかどうかは時間との戦いである。幸いにして大きな太陽風は起きず，観測データの解析から，ボイジャー 1 号は昨年の夏に末端衝撃面を超え，星間空間に突入したことが明らかになったというのが今回のニュースである。

ストーン教授は，「この歴史的一歩を記したことは，星間空間を探索するというボイジャーの新しい使命の始まりでもあり，興奮させられる」と語っている。これまで望遠鏡でしか見ることのできなかった星間空間の世界が，人類の作った探査機で直接観察できるようになったのだ。2020 年ごろまでは星間空間の観測が続けられるという。また，数年後には 2 号も太陽圏を脱出するはずである。

ついに太陽系脱出　ボイジャー 36 年の強運　301

私事であるが，ボイジャー1号と2号が木星に近づいたとき
には私は高校生，土星の観測をしていたのは大学生のときだっ
た。その後，2号が天王星を通過したときに大学院で素粒子論
の研究をはじめ，海王星に到達した年に博士号を授与された。
私は，ボイジャーの太陽系の旅とともに，科学者として成長し
てきたように思う。太陽圏を越えたボイジャーが，まだまだが
んばっているのは心強い。

　宇宙の無人探査は，多くの科学的成果をもたらしてきた。宇
宙に打ち上げられた数々の望遠鏡や観測機は，太陽系内の惑星
探査のみならず，遠くにある星や銀河，また宇宙の始まりや終
わりについての新しい情報を私たちに与えている。無人探査は
費用効率が高く，またボイジャー計画のように途中で計画を変
更できる柔軟性もある。しかし，その将来は必ずしも明るいも
のではない。米国では，財政状況の悪化と，ハッブル宇宙望遠
鏡の後継機であるジェームズ・ウェッブ宇宙望遠鏡計画の費用
膨張によって，次期無人探査計画の予算が圧迫されている。重
力波を宇宙で観測しようという宇宙重力波望遠鏡計画も，JPL
が欧州宇宙機関と共同して開発していたが，予算削減によって
JPL は撤退せざるをえなくなった。重力の謎を解きたいと研究
を続けている一人として，残念というしかない。

　そんなとき，新型ロケット「イプシロン」打ち上げ成功の
ニュースが飛び込んできた。高性能・低コストのロケット技術
の実現で，宇宙開発への夢が膨らむ。今回搭載されている衛
星は，金星や火星，木星の大気や磁気を観測するという。ボイ
ジャー計画を越える 21 世紀の宇宙探索が，日本の創造力と技
術力から生まれることを期待したい。

内側から見た米国の大学入試制度

　2013 年 6 月に講談社の雑誌『群像』に掲載された随筆を，WE-BRONZA に再録したものです。

　『群像』と言えば，第 2 次世界大戦終結の翌年に創刊された「講談社文藝の本丸」(知り合いの編集者の言葉) です。私には縁のない雑誌だと思っていましたが，編集部の方が拙著『重力とは何か』をご覧くださり，「初めて腹にすとんと落ちるような快感がありました」とのことで，ご依頼をいただきました。

　随筆では，まず米国の大学入試の歴史から説き起こしましたが，日本ではあまり知られていない話だったようで，担当の編集者の方からは，「そもそもの始まりは，ユダヤ人差別だったというのは衝撃でした」とのコメントをいただきました。また，現在の大学入試のやり方についても，経験にもとづいて詳しく説明しました。これについては，「編集部では，入社試験を担当した編集者たちが，"大栗さんの随筆を読んで，目が醒めた気分"と感動しておりました」との感想をいただきました。

　文芸誌からの依頼は初めてでしたが，丁重な編集作業に感銘を受けました。初稿をお送りすると，その日のうちに真っ赤にコメントが入れられた原稿が送り返されてきて，通信添削のようでした。日本語の勉強をさせていただきました。　　　　　　　　　　　難易度：☆

　私の所属するカリフォルニア工科大学(通称カルテク)は，学部学生の数にして東京大学の 15 分の 1 という小さな大学であるが，122 年の歴史の中で卒業生から 15 名，教授から 16 名のノーベル賞受賞者が輩出している。また，英国の教育専門誌『タイムズ・ハイヤー・エデュケーション』の世界大学ランキングでは，長年 1 位だったハーバード大学や理工系の雄である MIT を退け，2 年連続で 1 位になっている。優秀な学生を集める秘密を知ろうと，入試委員会に参加してみた。

　米国の入試制度は「多様な人材を確保する仕組み」と紹介

されることが多いが，実は 20 世紀の初頭までは，今の日本と同様に学業成績と筆記試験の点数によって入学者を選んでいた。しかし，1920 年代に教育熱心なユダヤ人の子弟が大挙してハーバード大学などに入学するようになったので，「人格による合否判定」という主観的要素を盛り込むことで，ユダヤ人の入学者数を恣意的に制限できるようにした。そもそもの始まりはユダヤ人差別だったのだ。

1960 年代に公民権運動が盛んになり，さらに 1978 年に州立大学の入試で人種を考慮に入れることは合憲であるという連邦最高裁判決が出ると，大学内の人種構成を，人為的にでも米国全体の人種構成に近づけることが公に奨励されるようになった。また，大口の寄付が期待できる資産家や卒業生の子弟を入試で優遇することも，公然と行われている (カルテクでは行われていない)。客観的な基準による説明責任を求められない入試制度は，大学の運営に都合のよいものだったのだ。

米国の大学では，入試は専門の職員に任されていることが多いが，カルテクでは教授も合否判定に参加する。昨年の秋に開かれた最初の会合は，入試事務局長のジャリッド・ホイットニーさんの説明から始まった。

「今年度の受験者は，およそ 6000 名になると予想されます。私たちの仕事は，その中から 240 名の新入生を選ぶことです。ご自分の講義に迎えたい学生を選んでください。」

ホイットニーさんはハーバード大学で教育学の修士号を取得後，アイビーリーグやスタンフォード大学で入試業務に携わってきた入試のプロである。彼を含めた 7 名の専門職員が，日本のセンター入試に当たる SAT や高校の成績をもとに，6000 名の志願者を 2000 名に絞り，これを 20 名の教授が手分けして審査する。

パスワードで保護された入試専用のウェブサイトに行くと，

私のページに志願者のフォルダーが設置されている。その一つひとつに，SAT の成績，高校からの成績表や推薦書，エッセイや課外活動の記録などが入っている。高校といっても名門進学校から貧困地区の公立高校までさまざまなので，志願者の高校のデータも添付されている。専門職員による判定意見書もフォルダーに入っているが，それはまだ見ないことにする。

　書類を丁寧に読むのには，一人当たり 30 分はかかる。私の割り当ては 100 件なので，全部で 50 時間。研究や教育の支障とならないように，平日の夕食後や週末に，自宅のコンピュータで読むことにした。

　カルテクでは，学生の数と教授の数が 3 対 1 という少数精鋭の教育が行われている。学部の間に最先端の研究に参加する機会も多い。このような環境を生かせる学生を選ぶために，SATや高校の成績に表れる基礎学力や，エッセイに書かれた理工系の学問への熱意に注目する。

　小学校のときに母親がガンに罹ったことで，生理学への道を志し，高校生であるにもかかわらず，大学病院で最先端の研究に加わった志願者がいる。予想通りの実験結果にならなかったときの研究指導者の対応を見て，思いがけない発見こそ大切であることを学んだという。

　田舎町の高校生がいる。高校の成績表や推薦書を見る限りでは，飛びぬけた秀才である。しかし，能力に見合う教育が受けられず，課外活動といえばチアリーダーに参加するしかない。カルテクでその才能を伸ばす機会を与えてあげたいが，それを生かす準備はできているのだろうか。

　30 分かけて願書を読むと，彼ら一人ひとりの半生がコンピュータ画面の向こうに浮かび上がってくる。

　合否の判定を決めてから，専門職員の意見書を開くと，高校の成績表の分析や課外活動の評価が詳しく書き込まれている。

内側から見た米国の大学入試制度　305

推薦書やエッセイの読み方にもコツがある。「倫理的な葛藤」を課題とするエッセイでは，人格や判断力を評価する。「なぜカルテクか」では，自らの目標をどれだけ具体的に説得力を持って語ることができるかが問われている。ウェブサーフで集めた浅薄な知識では，経験ある専門職員にすぐに見透かされてしまうのだ。この意見書を読んでもう一度考え直し，合否とその理由を書き込んで，入試事務局に送る。教授と専門職員の合意があれば事務局長のホイットニーさんがそのまま決裁するが，決着のつかないケースのために，秋に1日，冬に2日間，教授と専門職員の合同会議が開かれる。

　カルテクでは20年ほど前に，受験者の面接を義務付けないことにした。試験官によって基準がまちまちであり，労力に比べて得られる情報が少ないと判断されたからである。その代わりに，教授と専門職員が志願書類を徹底的に分析する。私はカルテクで教鞭をとるようになって13年になるが，高い数理的能力を持ち，知的冒険心に富む学生を教えるのは喜びである。膨大なエネルギーを費やし，受験者を一人ひとり丁寧に評価することで，学生の質が支えられていることを，入試委員を務めて実感した。

「現在の基準で過去を裁く」ことの是非

スティーブン・ワインバーグさんは，対称性の自発的破れの機構を素粒子の模型に組み込んで，電磁気力と弱い力を統一する理論を作り，素粒子の標準模型の基礎を築いた素粒子論の研究者です。その彼が，テキサス大学で行ってきた科学史の講義を，"To Explain the World（世界を説明する）" というタイトルの本として 2015 年に出版しました。ワインバーグさんの深い科学的教養や独創的な考え方が表れた本で，英文で 400 ページ以上ありましたが，あまりに面白いので二晩で読んでしまいました。

ところが，この本は，一部の歴史学者の間から激しい非難を浴びました。現代の科学の基準で過去の哲学者や科学者を評価するのは，歴史学の方法として正しくない。過去の人々は，その時代の基準で評価しないといけないというのです。

そこで，この本に触発されて，「現在の基準で過去を裁く」ことの是非について，様々な場面で考えて書いたものがこの記事です。

この記事を書いたご縁で，邦訳が文藝春秋から『科学の発見』という題で出版された時には，巻末に解説文を書かせていただくことになりました。　　　　　　　　　　　　　　　　　　　　難易度：☆

スティーブン・ワインバーグは，素粒子論における業績に対し 1979 年にノーベル賞を受賞した著名な物理学者で，『宇宙創成はじめの 3 分間』(ちくま学芸文庫) をはじめとする一般向けの解説書でもよく知られている。学問上の業績と深い教養によって，米国では最も尊敬されている科学者のひとりである。その彼が，テキサス大学で行ってきた「科学史」の講義に基づいた大著 "To Explain the World" (邦題は『科学の発見』) が，この 2 月にハーパー・コリンズ社から出版されたので，早速読んでみた。

ワインバーグは，現在の科学者の立場から，過去の偉大な哲学者や科学者を情け容赦なく断罪している。しかし，このように「現在の基準で過去を裁く」ことは，歴史学の世界では禁じ手のようで，本書は刊行と同時に，一部の歴史学者から激しい批判を浴びた。今回の論考では，「現在の基準で過去を裁く」ことの是非

を中心に，ワインバーグの科学史観から，日本の戦争責任問題，また，未来から見た私たちの現在の行為までを考えてみよう。

　この新著は，個々の「科学的事実」の発見ではなく，「科学的方法」の発見に重点を置いていることが特徴だ。ワインバーグによると，ターレスからアリストテレスにいたる古代ギリシアの科学哲学者は，「美的効果によって表現を選んだ詩人」であり，観察や実験によって自らの理論を正当化すべきだとは考えなかった。一方，16世紀英国のフランシス・ベーコンは，「極端な経験主義者」であり，「その著作によって，科学者の営みによい影響があったとは思えない」。また，近代合理主義の父とされる17世紀フランスのルネ・デカルトは，「信頼できる知識を得るための真実の方法を見つけたと主張するものにしては，自然の数多くの側面について，驚くほど間違った理解をしていた」。

　科学史の研究者でハーバード大学教授のスティーブン・シャピンは，ウォールストリート・ジャーナル紙に，「なぜ科学者は歴史を書くべきではないか」という挑発的な題名でこの本の書

評を書き，歴史とは過去をそのものとして理解しようとする学問であって，現在の基準で過去の行為を裁いてはいけないと批判した。

これに対しワインバーグは，科学誌「クォンタ」のインタビューで，次のように反論している。「政治や宗教とは異なり，科学的知識は蓄積されていくものである。アリストテレスよりニュートンの方が，またニュートンよりアインシュタインの方が，世界をよりよく理解していたことは，解釈の問題ではなく，明白な事実である。このような進歩をもたらした方法がどのようにして確立したかを理解するためには，過去の科学を現在の基準で評価して，進歩に貢献した思考法は何であったか，発展を妨げた思考法は何であったのかを反省する必要がある。」

フランシス・ベーコン (トリニティ・カレッジの教会で筆者撮影)

この論争の背景には，20世紀の後半に流行したポストモダン哲学がある。ポストモダニズムの影響を受けた科学史や科学哲学の研究者たちは，「科学者が発見したと称する自然界の法則は社会的構築物にすぎず，そこには社会的/文化的な制限を超えた客観的な意味はない」と主張する。彼らは，科学的成果が時代を経るごとに蓄積され，世界をよりよく説明できるようになっていくという進歩主義的な考えを否定し，異なる時代の科

学の優劣を比較することはできないと論じる。科学が社会的構築物にすぎないのであれば，現在の科学の立場から，過去の科学を裁くことはできないというわけだ。

だが，この主張は説得力に欠けると思う。たとえば，電子の磁気的性質を表す g-因子とよばれる物理量は，「量子電磁力学」という理論を使うと，

$$g = 2.0023193043622 \pm 0.0000000000017$$

と計算される。一方，実験では，

$$g = 2.0023193043614 \pm 0.0000000000006$$

と測定されており，理論計算と実験結果とは，有効数字 12 桁で一致している。理論と実験の精度は日々向上しており，しかも，このような精密科学の成果は，日常生活を改善する数多くの技術にも応用されている。自然界の法則が，客観的な実在と無関係な社会的構築物であるのなら，このような成功はどのようにして説明できるのだろうか。

やはり，科学には客観的な価値があり，その知識は進歩するものである。科学については「現在の基準で過去を裁く」ことは正当化されるという点で，私はワインバーグに賛同する。では，道徳のように，時代状況や社会制度に依存した基準については，どうだろう。過去の人々の行為を，現代の倫理基準で批判することには意味はあるか。

18 世紀ドイツの哲学者エマニュエル・カントは，近代の倫理概念に強い影響を与えた『人倫の形而上学の基礎付け』で，道徳は普遍的なものであり，合理的な人なら，誰しも等しく道徳的な能力を持つと論じた。ところが，そのような彼にしても，別な著作では，「女性は高い洞察力を持たず，小心で，重要な仕事には向いていない」と，現在の私たちには承認できない主張をしている。また，米国第 3 代の大統領トーマス・ジェファー

ソンは，自ら起草した『独立宣言』に，「すべての人間が平等で
あることは，自明の真理」と記しているが，彼の快適な生活は，
数百人もの奴隷によって支えられていた。道徳は時代によって
変化していく。

　彼らの行為を，現代の倫理基準で批判することは可能だろう
か。20世紀英国の哲学者バーナード・ウィリアムズは，「道徳的
な運」の概念を提案して，カントの「道徳は普遍的だ」とする
考え方に制限があることを明らかにした。カントやジェファー
ソンの例のように，ある時代の倫理観では許される行為でも，
後世から非難されることがある。また，同じ行動をしていて
も，偶然に左右された結果によって，道徳的な評価に変化が生
じることもある。たとえば，殺人の意図を持ち，実行しようと
しても，成功するか未遂に終わるかにより，罪の重さが異なる
のはその例である。行為者のコントロールできない原因によっ
て評価が影響を受けることを，ウィリアムズは道徳的な運と呼
んだ。

　道徳的な運に直面したときに，私たちはどのように行動すべ
きだろうか。たとえば，あなたが自動車を制限時速内で注意し
ながら運転していたときに，死角から飛び出してきた子供を轢
いてしまったとしよう。過失がなく罪が問われなかったとして
も，後悔の念に囚われるだろう。これも，道徳的な運である。
あなたの友人たちは，「君には落ち度はなかった」と慰めてくれ
るかもしれない。しかし，あなたが責任を感じている様子を示
さず，逆に，飛び出してきた子供の不注意をなじるようなこと
があれば，同情していた友人たちも，あなたに不信感をいだく
ようになるだろう。

　ウィリアムズは，人生は自らコントロールできるものとでき
ないものとが，網の目のように組み合わさって作り上げられて
いくものであり，道徳的な問題を，自らのコントロールできる

範囲に制限することはできないと論じた。私たちは，降りかかる偶然の出来事を，当事者として引き受けていかなければならない。

　道徳的な運の問題は，盧溝橋事件から第2次世界大戦終結にいたる8年間の日本軍の行為を評価する上でも，重要になる。戦時中の日本軍の行為の中には，当時の国内法や国際法に照らしても違法とされるものがあった。その一方で，当時は合法であっても，今日の倫理基準では許されない行為もあった。後者について，戦場の極限状況の中で，当時の倫理観に基づいて最善と思われた判断をした人たちを，非難すべきであろうか。また，戦後に生まれた私たちは，「自らコントロールできない偶然の要素によって」，戦争責任問題の当事者になってしまった。私たちは，先祖の戦時中の行為について謝罪すべきだろうか。

　日本人は，間違いがあったことを認めることと，間違いを謝ることを，一緒にして考えがちだ。これは，子供の頃から，間違ったら謝らないといけない，と教えられているからかもしれない。しかし，米国の大学で20年以上教鞭を執り，また，ヨーロッパの様々な国の研究所に長期滞在して国際共同研究を行った経験からすると，欧米の社会では，この2つの使い分けが重要であると感じる。自らコントロールできない偶然の要素によって起きたことについては，必ずしも謝罪が求められるわけではない。しかし，結果的にでも道徳的な問題が生じたのなら，それを認めない当事者は，倫理基準を共有しない者とみなされ，社会の構成員としての信頼を失うことになる。このような行動規範は，線引きの難しい道徳的な運の問題に，より建設的な対応を可能にする。

　科学的知識と異なり，道徳は社会的構築物である。しかし，文明が機能するためには，社会の構成員が，倫理基準を共有していることが大切である。日本の過去に，現在の倫理基準には

合わない行為があったことを認めることは、そのような行為を
した当時の人々を貶めることにはならない。それは、現代を生
きる私たちが、国際的に広く認められている倫理基準を共有し
ていることを確認するための作業である。歴史的な教訓を生か
し、道徳的な高みに昇り、国際社会において尊敬される行動を
取ることは、私たち自身への課題である。

　最後に、私たち自身の現在の行為について考えてみよう。私
たちは先ほど200年以上前のカントやジェファーソンの行為を
考えた。では、21世紀に生きる私たちの行為を、200年後の倫
理基準から見るとどうだろうか。

　たとえば、化石燃料の消費と、それによって地球環境の大規
模な変化を引き起こしつつあること、また、それに対して効果
的な対策をしていないことが批判される可能性は大いにある
(これは、すでに現在の倫理基準に反しているともいえる)。ま
た、家畜の扱いについて、倫理基準が変化することも考えられ
る。動物の意識のメカニズムが明らかになると、牛や豚などを
食することすら、道徳に反することだと考えられるようになる
かもしれない。

　現在の倫理基準で過去を判断し、将来、それがどのように変
化するかを想像することは、私たちの現在の生き方を考えるヒ
ントにもなると思う。

「現在の基準で過去を裁く」ことの是非　313

用語解説

■AdS/CFT 対応

反ド・ジッター空間上の量子重力理論と，重力を含まない共形場理論とが，量子理論として等価であるという主張。超弦理論のブラックブレーンの事象の地平線近傍の様子を，D ブレーンの低エネルギー有効理論と比較することで発見された。量子重力のホログラフィー原理の例である。

■BCS 理論

超伝導現象を電子間の相互作用を使って説明する微視的理論。この理論に使われたゲージ対称性の自発的破れの考え方は，素粒子の標準模型のヒッグス機構にも応用されている。

■BPS 状態

超対称性をもつ理論では，粒子の状態は超対称性代数の表現をなす。拡張された超対称性の場合に，表現の次元が特に小さいものを BPS 状態と呼ぶ。BPS 状態の粒子は，質量が量子効果による補正を受けないなどの特別な性質をもつ。

■D ブレーン

超弦理論において，開いた弦の端点が移動できる空間。超弦理論の双対性の理解や，ブラックホールの情報問題の解決に使われ，また AdS/CFT 対応の発見にも重要な役割をした。

■KAGRA

日本の神岡鉱山の地下に建設中の重力波天文台。

■LHC

Large Hadron Collider (大型ハドロン衝突型加速器) の略。ジュネーブの CERN (欧州原子核研究機構) にある高エネルギー物理学

実験のための円形加速器。周囲 27 km のトンネルの中で 7 TeV (陽子質量の約 1 万倍) まで加速した 2 本の陽子ビームを正面衝突させる。2012 年 7 月には標準模型が予言するヒッグス粒子を発見したことを発表した。

■ LIGO

カリフォルニア工科大学とマサチューセッツ工科大学が共同で運営している重力波天文台。2015 年 9 月にブラックホールの連星の合体によって発せられた重力波を直接観測した。

■ M 理論

IIA 型の超弦理論は，結合定数が大きくなる極限で 11 次元の超重力理論の古典極限と一致すると予想されている。IIA 型理論の結合定数が有限の場合には，対応するのは 11 次元の超重力理論を古典極限とする量子理論であり，これを M 理論と呼ぶ。1995 年にエドワード・ウィッテンによって予想され，第 2 次超弦理論革命 (双対性革命) の始まりとなった。

■ アインシュタイン–ローゼン–ポドルスキーの論文

アインシュタインらが，量子力学への疑問を表現するため，1935 年に発表した論文。2 個の粒子の量子状態がもつれているときに (「量子もつれ」の項を参照)，この 2 個を引き離し別々に観測を行うと，相対論的に因果関係を持ちえない状況であっても，一方の粒子についての観測の仕方が，もう一方の粒子の観測結果に影響を与えることを指摘した。このような奇妙なことが起きるので，量子力学の解釈は不完全だというのがこの論文の主張であったが，その後の実験で，この現象は実際に起きることが確認された。この論文で議論された量子もつれの状態は，筆者らの頭文字をとって，「EPR 状態」と呼ばれる。

■ 暗黒エネルギーと暗黒物質

宇宙に満ち溢れているが，まだその正体がわかっていないエネルギーや物質。銀河系の回転運動や宇宙の構造形成の時間発展の様子，重力レンズの観測による質量分布の観測，遠方の超新星爆発の観測による宇宙膨張の加速度の測定，さらに宇宙マイクロ波背景放射の温度分布の精密観測などにより，宇宙の 96% は原子以外の何かででき

ていることが明らかになった。これらは光を発しないので，暗黒エ
ネルギー，暗黒物質と呼ばれている。暗黒物質は，宇宙の22%をな
し，個々の銀河をまとめる働きをする。残りの74%をなす暗黒エネ
ルギーは，逆に，銀河たちをばらばらに引き離そうとしている。

■ インスタントン
4次元のゲージ場の曲率に自己双対条件を課すと，ヤン-ミルズ理論
の運動方程式の解となる。このような解をゲージ場のインスタント
ンと呼ぶ。一般の古典力学系についても，時間を虚数軸に解析接続
した場合の運動方程式の解をインスタントンと呼び，対応する量子
力学系の準古典近似の計算に使われる。

■ インフレーション宇宙論
宇宙の初期に，暗黒エネルギーによって宇宙の大きさが指数関数的
に膨張した時期があったとする理論。佐藤勝彦とアラン・グースに
よって独立に提唱された。宇宙が統計的に高い精度で一様かつ等方
であること，空間方向がほとんど平坦であること，磁気単極子 (モノ
ポール) の密度が低いことなどを説明する。また，インフレーション
の時期に物質場や時空間のゆらぎが生成され，これが宇宙全体と共
鳴することで宇宙マイクロ波背景放射温度に高低のパターンができ
ることが，理論的に予言されていた。この10年ほどの間にこのゆ
らぎのパターンが正確に測定され，インフレーション理論の証拠と
なった。

■ 宇宙マイクロ波背景放射
宇宙を一様等方に満たしているマイクロ波。宇宙のビッグバンの残
り火が，宇宙の膨張によって絶対温度3Kまで冷やされたものと考
えられている。

■ エンタングルメント・エントロピー
量子状態のもつれ (エンタングルメント) の大きさを測る量。2つの
系の複合系の量子状態について，まず一方の系について量子平均を
とって得られる混合状態を考え，その状態のフォン・ノイマン・エン
トロピーとして定義される。

カイラル対称性
時空間の次元が偶数の時には，スピノル表現が右手と左手に分解する。そのどちらかの自由度だけに作用する対称性のこと。

カラビ–ヤウ多様体
丘成桐 (シン・トゥン・ヤウ) によって証明されたカラビ予想によると，第 1 チャーン類が自明なケーラー多様体には，リッチ・テンソルがゼロとなる計量テンソルがただ 1 つ存在する。このような多様体を，カラビ–ヤウ多様体と呼ぶ。超弦理論のコンパクト化に使われる。

共形場理論
共形変換のもとで不変な場の量子論。2 次元の相対論的場の量子論では，スケール不変であれば共形不変なことが知られているが，高次元での状況は不明。2 次元の共形場理論は，弦理論の世界面を記述するのに使われる。

クォークの閉じ込め
量子色力学 (QCD) によるクォークと反クォークの間の引力は長距離で減衰することがなく，その間のポテンシャルは距離に比例して増加するという主張。QCD の漸近自由性と表裏の関係にある。クォークは陽子，中性子，中間子などの複合粒子の中に閉じ込められていて，単体では検出されていないという実験事実を説明する。

くりこみ
場の量子論の計算に現れる無限大の問題を解消する方法。場の理論の有限個のパラメータを調節することで無限大を相殺することができる場合，その理論はくりこみ可能であると呼ぶ。

グリーン–シュワルツ機構
10 次元の超弦理論やその低エネルギー極限の超重力理論の量子異常を相殺する機構。この発見により，カイラル・フェルミオンをもつ超弦理論の構成が可能になり，超弦理論から素粒子の標準模型を導出する道筋ができた。

■ グロモフ–ウィッテン不変量

2次元面からシンプレクティック多様体への擬正則写像を数える不変量。超弦理論では，カラビ–ヤウ多様体を使ったコンパクト化によって得られる4次元低エネルギー有効理論の導出に使われる。

■ 経路積分

量子力学の振幅を，(運動方程式を満たすとは限らない) 可能なすべての経路の和として計算する方法。ポール・ディラックによって発想され，リチャード・ファインマンによって定式化された。

■ ゲーデルの不完全性定理

ゲーデルが1930年に証明した定理で，「有限な数の文字で表現できる矛盾のない公理で，自然数とその算術を含むようなものがあるとすると，自然数についての主張で，その公理だけからは証明も反証もできないものが必ず存在する」という第1定理と，「有限な数の文字で表現できる矛盾のない公理で，自然数とその算術を含むようなものがあるとすると，その公理だけを使って，公理自身の無矛盾性を証明することはできない」という第2定理からなる。数学の形式化によって，数学全体の完全性と無矛盾性を示すことを目標としていたヒルベルトの計画に深刻な影響を与えた。

■ コバノフ・ホモロジー

3次元空間における結び目の不変量であるジョーンズ多項式をオイラー標数として与えるホモロジー。同時期に筆者とバッファが定義した超弦理論の状態数と密接な関係があることが，その後のウィッテンらの仕事によって明らかになった。

■ 小林–益川理論

第3世代のクォークを使って，CP の対称性を破る相互作用を導入する理論。

■ ザイバーグ–ウィッテン解

4次元の $N = 2$ 超対称性をもつゲージ理論の低エネルギー有効理論は，プレポテンシャルと呼ばれる関数で定まる。ネーサン・ザイバーグとエドワード・ウィッテンは，プレポテンシャルがリーマン面の周期積分を使って計算できることを示した。プレポテンシャルの数学

的定義は，ニキータ・ネクラソフによって与えられた。

▨ 種の問題
「ベッケンシュタイン限界」への反例であると考えられた議論。カシーニの論文によって解決された。

▨ シュバルツシルト解
第 1 次世界大戦中の 1915 年に，ドイツの東方戦線に従軍していたカール・シュバルツシルトが発見した，アインシュタインの重力方程式の厳密解。球対称なブラックホールの時空間を表す。

▨ 漸近自由性
量子色力学 (QCD) によるクォーク間の力が短距離になると弱くなり，高エネルギー粒子衝突実験ではクォークが自由粒子のように振る舞うという性質。

▨ 素粒子の標準模型
現在知られているすべての素粒子とその間の相互作用を支配する法則をまとめたもの。標準模型で説明のできない素粒子現象は，これまでのところ，ニュートリノの種類が変化するニュートリノ振動だけである。この現象は，ニュートリノが質量をもつことを意味するが，狭義の標準模型ではニュートリノは質量をもてない。このために，標準模型の修正が提案されている。

▨ 対称性の自発的破れ
ある対称性を持った系が，エネルギー的に安定な状態に落ち着くことで，対称性が小さくなる現象。物性物理学における相転移 (たとえば超伝導) や，場の量子論におけるヒッグス機構の理解において，核心的な役割をした。

▨ チャーン–サイモンズ理論
3 次元空間上の非可換ゲージ場のチャーン–サイモンズ汎関数を作用とするゲージ理論。3 次元のトポロジカルな場の量子論の基本的な例である。物性物理学の分数量子ホール効果の理解にも使われる。

用語解説　319

■超弦理論

すべての素粒子と，その間の重力を含む相互作用を統一的に記述する究極の理論の最有力候補。バイオリンの弦のように振動する弦を最小単位とし，その振動状態から，素粒子やその間の相互作用を媒介するゲージ場や重力場が現れるとする。超弦理論は 9 次元の空間と 1 次元の時間を使って定義されている。そこで，我々が経験している縦・横・高さの 3 次元のほかに，6 次元の空間が余剰次元として隠されていると考える。

■超対称性

ボーズ粒子とフェルミ粒子を入れ替える変換を含む対称性。相対論的場の量子論では，スピンと統計の関係のためにボーズ粒子とフェルミ粒子とは必ず異なるスピンをもつので，超対称性の生成子自身もスピンをもちローレンツ変換の生成子と交換しない。したがって，超対称性はローレンツ対称性の非自明な拡張になる。逆に，3 次元以上の時空間の場の量子論で非自明な S 行列をもつものについては，ローレンツ対称性の非自明な拡張は超対称性に限られていることが証明されている。標準模型の典型的なエネルギーと一般相対論と量子力学が統合するプランク・エネルギーが，なぜ 17 桁も違うのかを説明するのが，超対称性を考える主要な動機である。また，超対称性をもつように素粒子の標準模型を拡張すると，3 種類の力 (電磁相互作用，強い相互作用，弱い相互作用) の強さを表す結合定数が，高エネルギーで見事に一致することも魅力である。

■超リーマン面

リーマン面とは，複素 1 次元の複素多様体のことである。これを，超弦理論の量子計算に使うために，超対称性が明示的になるように，グラスマン数に値を持つ座標を付け加えた超多様体を，超リーマン面と呼ぶ。

■トポロジカルな弦理論

超弦理論にトポロジカルなひねりを入れて，世界面上の局所的な自由度が観測可能でなくなるように簡単化した弦理論。特に，標的空間がカラビ–ヤウ多様体の場合は，トポロジカルな弦理論には A 模型と B 模型の 2 種類があり，A 模型はカラビ–ヤウ多様体のグロモフ–ウィッテン不変量を，B 模型はカラビ–ヤウ多様体上の周期写像

やその量子化を与える。

▨ 人間原理
知的生命の存在が可能となることを条件として，自然界の基本法則
のパラメータの値を説明する考え方。たとえば，太陽と地球との距
離は，人間原理によって説明される。

▨ 非可換ゲージ理論
電磁場の概念の拡張。電磁場は，4 次元ベクトルポテンシャルの
$U(1)$ ゲージ対称性のもとで不変である。楊振寧 (ヤン・ジェンニー
ン) とロバート・ミルズ，またこれと独立に内山龍雄は，一般のコン
パクトなリー群をゲージ群とするゲージ理論を考えた。ゲージ群が
非可換な場合に，これを非可換ゲージ場と呼ぶ。素粒子の標準模型
の基礎となる概念である。

▨ ヒッグス粒子
素粒子の標準模型のもつ $SU(2) \times U(1)$ のゲージ対称性を電磁場の
$U(1)$ ゲージ対称性にまで自発的に破り，クォークやレプトンに質量
を与える役割をもつ素粒子。スイスのジュネーブにある欧州原子核
研究機構 (CERN) の大型ハドロン衝突型加速器 (LHC: the Large
Hadron Collider) を使った実験で，2007 年に発見された。

▨ ブラックホールのエントロピー
ヤコブ・ベッケンシュタインは，アインシュタイン方程式の古典解の
一般的な性質と熱力学の基本法則との類似から，ブラックホールが
事象の地平線の面積に比例するエントロピーをもつことを 1973 年
に予想した。翌年，スティーブン・ホーキングは，事象の地平線の近
傍での量子場の振る舞いから，ブラックホールが温度をもつことを
発見した。これに通常の熱力学公式を当てはめることで，ブラック
ホールのエントロピー公式が得られた。こうして得られたエントロ
ピー公式を微視的状態数の数え上げとして説明することは，量子重
力理論の長年の課題であった。1996 年にアンドリュー・ストロミン
ジャーとカムラン・バッファは，ある種のブラックホールについて，
D ブレーンの集団座標を量子化することでエントロピー公式を微視
的に導出した。

用語解説　321

■ ブラックホールの情報問題

ブラックホールからの脱出速度は光速を超えるので，ブラックホールの事象の地平線の内側に落ちたものは，二度と外に出てくることはできない。一方，ホーキングの計算によると，事象の地平線の近くでの量子効果により，ブラックホールは温度を持ち，熱放射をする (「ホーキング放射」の項を参照)。しかも，このホーキング放射の温度は，ブラックホールが小さくなるほど高い。したがって，ブラックホールは，放射によって徐々にエネルギー (すなわち，質量) を失い，最後には高温になって蒸発してしまうと考えられる。では，ブラックホールに落ちたもののになっていた情報はどこに行ってしまったのかというパラドックスが「情報問題」である。

■ プランク長

ニュートン定数 G，プランク定数 $\hbar$，光速 c の組み合わせ $\sqrt{\hbar G / c^3}$ によって決まる長さのこと。およそ 1.6×10^{-35} m である。

■ ベッケンシュタイン限界

場の量子論において，ある領域内のエントロピーの上限を与える公式。ベッケンシュタインがブラックホールの性質から予想した。当初は，「種の問題」などにより，重力理論と整合性のある場の量子論についてだけ成り立つと考えられた。しかし，カシーニの論文により，場の量子論の普遍的な性質であることが明らかになった。

■ ホーキング放射

ブラックホールの事象の地平線の近傍で対生成された粒子と反粒子のどちらか一方が地平線の中に落ちて，残されたほうが実体のある (反) 粒子として無限遠点に飛び去る現象。半古典近似の計算では，放射は有限温度の分布に従うことが示される。

■ ホログラフィー原理

量子重力理論において，ある領域内の物理現象は，その領域を囲む表面に局在した重力を含まない理論で記述できるという原理。トフーフトとサスキントが，ブラックホールのエントロピー公式の性質から予想した。1997 年にマルダセナが発表した AdS/CFT 対応は，ホログラフィー原理が超弦理論の中で理論的に実現していることを示した。

ミラー対称性

カラビ–ヤウ多様体の対 (M, W) について，M を標的空間とする A 型のトポロジカルな弦理論が W を標的空間とする B 型のトポロジカルな弦理論と等価であるとき，(M, W) をミラー対と呼び，この対応をミラー対称性と呼ぶ。この場合，M を使った IIA 型の超弦理論のコンパクト化で得られる 4 次元の素粒子模型と，W を使った IIB 型の超弦理論のコンパクト化で得られる素粒子模型もまったく同じものになる。

モントネン–オリーブ双対性

4 次元の $N = 4$ 超対称ヤン–ミルズ理論が，結合定数の反転のもとで不変であるという予想。ゲージ理論の S–双対性の最初の例である。発表当時は懐疑的に受け止められたが，90 年代前半のセンによる磁気単極子 (モノポール) の複合状態やバッファ–ウィッテンによる分配関数の計算により多くの研究者に受け入れられるようになり，1995 年のいわゆる「双対理論革命」によって，素粒子論や超弦理論の研究で重要な位置を占めるようになった。

余剰次元

我々が経験する縦・横・高さの 3 次元のほかに隠された次元があると考えこと。

ラングランズ対応

そもそもは，整数論においてガロア理論を保型形式の理論などと結びつけるために提案された。カプスティンとウィッテンは，この対応の幾何学バージョンが，4 次元の $N = 4$ 超対称ゲージ理論の S–双対性 (モントネン–オリーブ双対性) として解釈できることを指摘した。

ランドスケープ

超弦理論には膨大な数の安定もしくは準安定な真空状態があるとの予想がある。たとえば 10 次元の時空間を 4 次元にコンパクト化する場合に，余剰次元としてのカラビ–ヤウ多様体やその上の様々な場の配位に様々な選択肢があり得る。その各々について，4 次元の低エネルギー有効理論が導出される。ランドスケープとは，このような有効理論の総体のこと。素粒子や宇宙の模型の説明に人間原理を当てはめる根拠とされることもある。

量子異常

古典力学系のもつ対称性が，量子効果によって破られること。特に対称性がゲージ変換に使われる場合には，量子異常があると，量子力学的に計算した確率が負の値になったり，くりこみの方法が破綻するなど，理論に様々な矛盾が起きる。

量子色力学

素粒子の強い相互作用の基本理論。クォークは 3 つの「色の自由度」をもつと考えられており，この色が電磁気学における電荷に対応する役割を果たしている。Quantum Chromodynamics の頭文字をとって QCD と呼ばれる。

量子エンタングルメント

「量子もつれ」の項を参照。

量子コンピュータ

量子力学的状態の重ね合わせや絡み合いなどの性質を利用して計算を行う機械。素因数分解などのある種の問題については，古典的コンピュータよりも素早く解くことができるとされる。

量子電磁気学

電磁気理論を量子化して得られる相対論的場の量子論。荷電をもつ粒子と光子との相互作用を記述する。Quantum Electrodynamics の頭文字をとって QED と呼ばれる。

量子ホール効果

2 次元電子系のホール伝導率が，e^2/h を単位に量子化される現象。ここで，e は電子の電荷，h はプランク定数である。ホール伝導率が e^2/h の整数倍になる場合を整数量子ホール効果，分数倍になる場合を分数量子ホール効果と呼ぶ。整数量子ホール効果は電子の 1 粒子状態の波動関数の様子から理解できるが，分数量子ホール効果では電子間の相互作用による集団効果が重要になる。

量子もつれ

複数の系の複合系の量子状態が，各々の系の量子状態の積として表現できない場合に，その状態はもつれているという。アインシュタ

イン‒ローゼン‒ポドルスキーの論文で使われた「EPR状態」のことを，シュレディンガーが「エンタングルメント」があると言ったのが初出で，もつれとはエンタングルメントの和訳である。

人名索引

あ 行

アインシュタイン（Albert Einstein）　5–8, 19, 23, 26, 28–29, 32, 56–57, 66–67, 69, 118–123, 129, 132–133, 135, 148, 157–158, 160, 181, 183, 205, 228, 279, 309, 315

アショク・セン（Ashoke Sen）　84

アスピンウォール（Paul Stephen Aspinwall）　92

アスペ（Alain Aspect）　57

アティヤー（Micael Atiyah）　85, 103-104, 266, 277

アポロニウス（Apollonius）　278

アリストテレス（Aristotle）　5, 27, 34, 42, 170-172, 308-309

アリンキン（Dima Arinkin）　106

アンダーソン（Philip Warren Anderson）　167

ウィッテン（Edward Witten）　62–63, 78–79, 83, 96–97, 100, 263, 269, 277, 315, 318, 323

ウィリアムズ（Sir Bernard Arthur Owen Williams）　311

ウィルソン（Allan Charles Wilson）　161

ウィルチェック（Frank Wilczek）　217, 224, 240

ウェスト（Geoffrey Brian West）　165

ウェーバー（Joseph Weber）　124

梅沢博臣　58

江口徹　80, 82, 113, 214, 222

オイラー（Leonhard Euler）　16

大江健三郎　34, 38

オッペンハイマー（Julius Robert Oppenheimer）　209

オネス（Heike Kamerlingh Onnes）　167, 232

オリーブ（David Ian Olive）　84–86

オンサーガー（Lars Onsager）　207

か 行

ガイオット（Davide Silvano Achille Gaiotto）　101, 103

カシーニ（Horacio German Casini）　98–99, 319, 322

カーディ（John Lawrence Cardy）　270

カムニツァー（Joel Kamnitzer）　102

亀淵迪　58

ガリレオ・ガリレイ（Galileo Galilei）　26, 28, 30, 45, 119, 121, 129, 135, 168, 182

カルペンティエール（Alejo Carpentier y Valmont）　39

カント（Immanuel Kant） 158, 310–311, 313

キャン（Rebecca L. Cann） 161

グーコフ（Sergei Gukov） 101

クーパー（Leon Neil Cooper） 167, 215, 232

久保亮五 207

グラッドストーン（William Ewart Gladstone） 246

クーリ（Ramzi Khuri） 93

グリーン（Michael Boris Green） 87, 92, 109

グロス（David Jonathan Gross） 217, 219, 224, 240

ケヴィン・コステロ（Kevin Costello） 80

ゲルマン（Murray Gell-Mann） 164, 221, 223, 280–281

ゴダード（Peter Goddard） 263, 265

コーツ（John Henry Coates） 266

コーティス（Sabin Cautis） 102

木庭二郎 206

小林誠 195

ゴールドバーガー（Marvin Leonard Goldberger） 210–211

ゴレスキー（Robert Mark Goresky） 106

さ 行

ザイバーグ（Nathan Seiberg） 85, 88–89, 318

坂田昌一 58

サスキント（Leonard Susskind） 64, 70, 322

サラム（Abdus Salam） 201–203

サルピーター（Edwin Ernest Salpeter） 208

シェルク（Joel Scherk） 61, 65

四方幸子 284, 286

シャピン（Steven Shapin） 308

シャモー（Jean-Lou Chameau） 246–247

シュウィンガー（Julian Seymour Schwinger） 206, 236

シュガー（Robert Sugar） 270

シュリーファー（John Robert Schrieffer） 167, 215, 232

シュワルツ（Albert Solomonovich Schwarz） 101

シュワルツ（John Henry Schwarz） 61, 65, 84, 87–88

シュワルツシルト（Karl Schwarzschild） 23, 25, 132

ジョンソン（Christopher William Johnson） 271

ストロミンジャー（Andrew Eben Strominger） 90–92, 321

ストーン（Edward Carroll Stone） 301

ズミノ（Bruno Zumino） 224

ソーン（Kip Stephen Thorne） 123–124, 136

た 行

ダイソン（Freeman John Dyson） 236–238, 277

タウンゼント（Paul Kingsley Townsend） 87, 89

高柳匡 67, 72, 98

ダフ（Michael James Duff） 87, 93

ツビッキー（Fritz Zwicky） 12

テイラー（Joseph Hooton Taylor,

Jr.） 119, 123, 133–134

ディラック（Paul Dirac） 145, 278, 318

デカルト（Rene Descartes） 51, 138–139, 141, 143, 255, 308

デモクリトス（Democritus） 43, 155

ドーキンス（Richard Dowkins） 161

戸田幸伸 78, 82

ドナギ（Ron Donagi） 112

トフーフト（Gerardus't Hooft） 64, 70, 277, 322

朝永振一郎 41, 144, 206, 208, 213, 236

ドリーニュ（Pierre Deligne） 269

ドリンフェルト（Vladimir Gershonovich Drinfeld） 105, 110, 113

ドレーバー（Ronald William Prest Drever） 124

な 行

中島啓 82

ナーム（Werner Nahm） 103

南部陽一郎 61, 161, 166–167, 189–190, 195–196, 201, 204, 224, 232

ニュートン（Isaac Newton） 5–7, 26–27, 45–46, 51, 168, 244, 278–279, 309

は 行

ハイゼンベルグ（Werner Karl Heisenberg） 145, 148, 233

バッファ（Cumrun Vafa） 84–85, 88, 94, 101, 318, 321

バーディーン（Tohn Bardeen） 167, 215, 232

ハートル（James Burkett Hartle） 270

原広司 34, 36

ハル（Christopher Michael Hull） 89

ハルス（Russell Alan Hulse） 119, 123, 133–134

ハーン（Otto Hahn） 57

ヒッグス（Peter Ware Higgs） 190

ヒッチン（Nigel James Hitchin） 105

ビルドステン（Lars Bildsten） 270

ヒルベルト（David Hilbert） 139–142, 318

広中平佑 146

ファインマン（Richard Phillips Feynman） 133, 206, 223, 236, 318

ファラデー（Michael Faraday） 245–246, 258

フェルミ（Enrico Fermi） 166, 213

深谷賢治 96, 98

プラトン（Plátōn） 170–171

フレンケル（Edward Vladimirovich Frenkel） 106

ヘイデン（Patrick James Nielsen Hayden） 73

ベイリンソン（Alexander A. Beilinson） 105, 110, 113

ベーコン（Francis Bacon） 308–309

ベッケンシュタイン（Jacob Bekenstein） 70, 98, 321–322

ベーテ（Hans Albrecht Bethe）　208

ベル（John Stewart Bell）　57

ベルタランフィ（Ludwig von Bertalanffy）　150

ベン‐ツビ（David Ben-Zvi）　106–107

ボーア（Niels Henrik David Bohr）　57, 145

ポアンカレ（Jules-Henri Poincare）　88, 247, 293

ホイヤー（Rolf-Dieter Heuer）　192

ホイーラー（John Archibald Wheeler）　136

ホーキング（Stephen Hawking）　17–18, 24, 32, 64–65, 69–70, 73, 128, 243, 321–322

ポドルスキー（Boris Podolsky）　57, 69, 315

ポリツァー（Hugh David Politzer）　217, 224, 240

ポルチンスキー（Joseph Polchinski）　25, 63, 66, 92, 270

ボルツマン（Ludwig Eduard Boltzmann）　41, 177

ま　行

マイケルソン（Albert Abraham Michelson）　7

マクスウェル（James Clerk Maxwell）　246, 276, 279

益川俊英　195

マゼオ（Rafe Mazzeo）　103, 112

マルコーニ（Guglielmo Marconi）　181, 246

マルダセナ（Juan Martin Maldacena）　63–64, 70–71, 95, 98, 322

三浦雅士　34, 40, 137–138

ミシェル（John Michell）　22–23

ミスナー（Charles W. Misner）　136

ムカージー（Madhusree Mukerjee）　209–211

モーリー（Edward Williams Morley）　7

森重文　146

モントネン（Claus Montonen）　84-85

や　行

山崎正和　34, 168

山崎雅人　78, 82

湯川秀樹　4, 11, 54, 150, 166, 241

米谷民明　61

ら　行

ラプラス（Pierre-Simon Laplace）　23

ラングランズ（Robert Phelan Langlands）　104

ランダウ（Lev Davidovich Landau）　238

ランドスホフ（Peter Vincent Landshoff）　266, 272

リース（Martin John Rees）　266–267, 272

笠真生　67, 72, 98

ルービン（Vera (Cooper) Rubin）　12–13

ローゼン（Nathan Rosen）　57, 69, 315, 325

わ　行

ワイス（Rainer Weiss）

人名索引　329

123–124

ワインバーグ (Steven Weinberg)
159, 161, 170–172, 190,

201–203, 307–310

事項索引

☆ボールド体の数字は「用語解説」のページ表す。

英数字

AdS/CFT 対応　63–64, 66, 70–72, 75–77, 243–244, **314**, 322

AdS 時空間　64, 71–73

ATLAS　188, 191–192

BCS 理論　189–190, **314**

BICEP2 望遠鏡　68, 131

BPS 状態　96, **314**

CERN 35, 49, 188, 191-192, 195, 228–229, 282, 314, 321

CFT → 共形場理論

CMS　188, 191–192

D ブレーン　63–64, 96, **314**, 321

GPS　7–8, 29, 229

IAS　267

IHES　264, 267

ITP　264, 268–270

KAGRA　30, 120–121, 129, 136, 183–184, **314**

KamLAND　194

LHC　35, 188, 191–194, 281, **314**, 321

LIGO　26, 118–128, 130–132, 136, 180, **315**

LiteBIRD　131, 180

MIT　123–124, 180, 303

MSRI　264, 267

M 理論　89, **315**

SuMIRe　194

XMASS　194

X 線天文学　182

あ 行

アインシュタイン係数　57

アインシュタインとローゼンの橋　71

アインシュタイン–ヒルベルト・ラグランジアン　89

アインシュタイン方程式　56, 63–64, 70, 184–185, 321

アインシュタイン–ローゼン–ポドルスキーの論文　**315**, 325

アスペン物理学センター　188, 260–262

アフィン・リー代数　94

天の川銀河　17, 23, 126, 128, 131, 300

アルファ碁　166

331

暗黒エネルギー　13, 33, 35, 42, 45–47, 49–50, 194, 228–229, 316

暗黒エネルギーと暗黒物質　**315**

暗黒物質　13, 33, 35, 42, 45–47, 49–50, 194, 228–229, 315–316

イジング模型　80, 207–208, 216

一般相対論　7, 10, 23–25, 29, 42, 56–61, 63, 65, 67, 69, 73, 87, 134, 204–205, 219, 320

茨城県北芸術祭　284

イプシロン　302

色の自由度　217, 324

インスタントン　84, **316**

インスタントン解　82, 94

インフレーション宇宙論　50, **316**

インフレーション模型　67

ウォルター・バーク理論物理学研究所　263

宇宙項　63, 70, 111

宇宙マイクロ波背景放射　67, 233, **316**

運動方程式　14, 22, 46, 234, 316, 318

エンタングルメント・エントロピー　99, 315, **316**

オイラー指標　84-85, 87, 94, 318

欧州原子核研究機構 → CERN

大型ハドロン衝突型加速器 → LHC

か　行

カイラル・フェルミオン　61, 317

カイラル対称性　190, 201–202, **317**

確率論的レブナー発展方程式　104

可視光　119–120, 129, 135

加速膨張　228

カブリ数物連携宇宙研究機構　78, 194, 263–264

カラー自由度　204, 211, 216

カラビ‐ヤウ多様体　88, 90, 242, 290–291, **317–318**, 320, 323

カリフォルニア工科大学　26, 68, 118–119, 122, 132, 134, 204, 221, 245–246, 248, 250, 263, 301, 303, 315

幾何学的ラングランズ双対性　106–107

幾何学的ラングランズ対応　101–102, 105–110

幾何学的ラングランズ・プログラム　100

共形場理論　63, 71, 76–77, 83, 104–105, 109–110, 241–243, 263, 314, **317**

京都賞　78–79, 83, 94, 114

曲芸師型　221, 223

極限時空シミュレーション　127, 134

クォーク　11, 14–15, 31, 45, 59, 61–62, 143, 151, 178,

189–190, 197, 208, 217, 241,
280, 317–319, 321, 324

クォークの閉じ込め **317**

グラスゴー大学 124

くりこみ 58–60, 87, 164–166,
206, 235–236, 238, **317**, 324

グリーン–シュワルツ機構 **317**

グルーオン 189

グロモフ–ウィッテン不変量
242, **318**, 320

クーロン力 237

計量テンソル 59, 317

経路積分 233, **318**

ゲージ階層性問題 86

ゲージ対称性 61, 91–92, 280,
314, 321

ゲージ理論 63–64, 82–83,
85–86, 92–93, 96, 102–104,
107–109, 113, 189–190, 193,
204, 211, 216, 219, 242, 263,
277–278, 318–319, 321, 323

ゲーデルの不完全性定理 141, 157,
318

ケーニヒスベルクの7つの橋 16

ケプラー衛星 51

ケプラーの法則 234

弦 3, 14, 18, 31, 38, 111, 137,
147, 178, 285, 314, 320

賢者型 221, 223

ケンブリッジ大学 96, 263–265,
269–273, 276

格子ゲージ理論 62, 240–241

光電効果 57, 69

国際数学者会議 80

コーネル大学 127, 134

ゴパクマー–バッファと大栗–バッ
ファの公式 110

コバノフ・ホモロジー 100–103,
108, 113, **318**

小林–益川理論 **318**

コロイドディスプレイ 285–287

さ 行

サイエンス・カフェ 282

ザイバーグ–ウィッテン解 **318**

ジェームズ・ウェッブ宇宙望遠鏡計
画 302

紫外発散 58, 234–235, 238

磁気双極モーメント 236, 239

磁気単極子 103, 316, 323

シグマ模型 88, 90

事象の地平線 18–20, 23–25,
64–66, 70–71, 73, 128, 314,
321–322

重力子 31

重力波 26, 30, 33, 68, 118–137,
180–185, 188, 302, 314–315

重力場 56, 128–129, 134, 320

重力理論 13, 23, 28, 30–31,
46, 58, 69, 72–73, 76–77,
136, 148, 322

種の問題 99, **319**, 322, 324

シュバルツシルト解 **319**

準惑星 300

スイングバイ 299

数理科学研究所 → MSRI

事項索引 333

ストレンジネス　208, 280

スーパーカミオカンデ　193

スーパー・メンブレーン　87

スピン　167, 193, 199, 320

正則性　85

赤外発散　235

絶対空間／絶対時間　5–6, 42

摂動展開　62, 87, 111, 232,
　　234–238, 240–241

セルフデュアル格子　173–174

漸近自由性　83, 217, 219, 224,
　　240–241, 317, **319**

セント・ジョンズ・カレッジ
　　265, 271

全米科学財団　123

双対性　57, 82–89, 91–95, 98,
　　102–104, 106–109, 114, 144,
　　174, 314–315, 323

双対対応　62–63

相転移　44, 88, 319

ソリトン　87–88

素粒子の標準模型　11, 15, 33,
　　47, 58–59, 61, 141, 178,
　　189–190, 193, 215–217, 219,
　　227, 239–240, 277, 307, 314,
　　317, **319**–321

た　行

対称性の自発的破れ　161,
　　166–167, 187, 189–190,
　　195–197, 199, 201–204,
　　207–208, 211, 214–215,
　　217–219, 307, 314, **319**

知的生命体　50

チャーン・サイモンズ理論　80,
　　96, 112, **319**

中性子　3–4, 11, 14, 45, 59, 61,
　　178, 189, 197–198, 217, 241,
　　317

中性子星　126–127, 134, 181

超重力理論　95, 315, 317

超弦理論　2–5, 7, 10–11, 14–16,
　　19–20, 25, 30–33, 44–45,
　　49–50, 56, 58, 61–62, 65,
　　67–69, 71, 74, 78–79, 82–83,
　　88–89, 92–93, 100, 109, 111,
　　137, 143–145, 148, 163, 172,
　　178, 180, 183–185, 194, 205,
　　220, 229, 242, 275, 278, 285,
　　290, 314–315, 317–318, **320**,
　　322–323

超弦理論革命　62, 78, 87, 315

超弦理論国際会議　81–82, 87,
　　91

超新星爆発　23, 120–121, 126,
　　129, 135, 233, 315

超対称ゲージ理論　85, 110, 323

超対称性　86, 89, 314, 318, **320**

超伝導　167, 189–190, 194,
　　207–208, 215, 217, 232, 314,
　　319

超リーマン面　100, 110–112,
　　320

調和振動子　234

強い力　11, 33, 58–59,
　　189–190, 194, 197, 203, 211,

216–217, 219, 224

デカップリング　153

デュアリティ　144–145,
　　174–175

統一理論　31–32, 44, 56, 60,
　　67, 129, 135, 190, 205

等価原理　19, 66–67, 73

特異点　19, 24, 63, 65, 90–92,
　　238–240, 277

特殊相対論　6, 10, 29, 42, 190,
　　193, 204–205

ドナルドソン−トーマス不変量
　　96

トフーフト作用素　102, 107

トポロジー　16, 37, 146–147,
　　242

トポロジカルな弦理論　14–16,
　　242–243, **320**, 323

トリニティ・カレッジ　263, 265

な　行

ナビエ−ストークス方程式　239

ナーム極境界条件　103, 112

南部−ゴールドストーン粒子
　　215–216

二進法　254

ニュートリノ　12, 15, 31, 61,
　　189, 192–194, 197, 213, 319

人間原理　**321**, 323

熱力学　41, 70, 98, 128, 177,
　　321

は　行

はくちょう座 X-1　23

ハッブル宇宙望遠鏡　302

場の量子論　10, 58–59, 62, 97,
　　99, 107, 114, 189, 205–209,
　　216–217, 219, 232–234, 236,
　　238, 240–244, 317, 319–320,
　　322, 324

バリオン　61, 217, 241

パリティ　193, 198–199,
　　201–202

パルサー　130

反ド・ジッター時空間　63, 70,
　　76, 243, 314

ハンフォード　124–127

反粒子　205, 208, 237, 322

非可換ゲージ理論　240, **321**

非摂動効果　62, 234, 238, 241

非摂動的双対性　83, 88, 91–92

非摂動論的ゲージ対称性　91

非摂動論的な量子効果　90

ビッグ・データ　164

ヒッグス機構　61, 314, 319

ヒッグス粒子　2, 12, 26, 33, 35,
　　188–189, 191–193, 195–197,
　　202–203, 215, 217, 227–229,
　　281, 315, **321**

ビッグバン　46–47, 121, 130,
　　158, 179, 316

ヒッチン・ファイバー　106

標準模型　2–3, 5, 11–13, 15–16,
　　39, 59, 152, 161, 188–190,
　　192–194, 227, 232, 240, 277,

事項索引　335

315, 319, 320

ビラソロ代数　242

ヒルベルトの23の問題　141

ファインマン図形　62, 219

不確定性原理　8–9, 175, 177

複雑系　152, 163–166, 172

ブートストラップ　207

プラズマ　30, 121, 131, 179, 287–288, 300

ブラックホール　3, 17–20, 22–25, 30, 56, 60, 63–66, 70–73, 76, 90, 98, 121, 126–130, 132, 134–136, 180–185, 242, 244, 314–315, 319, 321–322

ブラックホールのエントロピー　70, 98, 128, **321**, 322

ブラックホールの情報問題　18, 32, 64, 66, 244, 314, **322**

ブラックホールの防火壁問題　19, 73

プランク・エネルギー　60, 65, 320

プランク・スケール　67

プランク長　60, **322**

フランス高等科学研究所 → IHES

プリンストン高等研究所　104, 106, 213, 246, 264–265

ヘッケ変換　102

ベッケンシュタイン限界　98–99, **322**

ベッケンシュタイン–ホーキング・エントロピー　98

ベーテ–サルピーター方程式　208

ヘテロティック・ストリングの双対性　89, 91

ボーア–ゾンマーフェルト量子化条件　57

ボイジャー　298–302

ホーキング放射　17, 69, **322**

ボーズ–アインシュタイン凝縮　57

ボルツマン方程式　239

ホログラフィー原理　18, 20, 63–64, 67, 70, 72–74, 98, 314, **322**

ホワイトノイズ　180

ま　行

マイクロ波　119, 121, 129, 131, 135, 180, 316

膜の理論　87

マサチューセッツ工科大学 → MIT

末端衝撃波面　300–301

魔法使い型　223

光子の裁判　144–145, 156

ミトコンドリア・イブ　161

ミラー対称性　82–84, 106–107, 242–243, **323**

ミラー多様体　242–243

ミンコフスキー空間　61

無限次元　233, 235, 242, 279

モジュライ空間　82, 84, 90, 94, 105, 111–112, 242

モジュラー形式　93–94, 109

モントネン–オリーブ双対性
　89, 91–95, 104, 106, **323**

モントネン–オリーブ予想　104

や 行

ヤン–バクスター方程式　81

ヤン–ミルズ理論　84–85, 89,
　92, 100, 240–241, 316, 323

有効理論　59, 80, 84, 239–241,
　314, 318, 323

ユークリッド幾何学　141, 146,
　158

ユニタリー変換　65

陽子　3–4, 11–12, 14, 45, 49,
　59, 61, 178, 188–189, 191,
　194, 197–198, 217, 232, 241,
　315, 317

余剰次元　280, 290, 320, **323**

弱い力　10–12, 33–34, 58, 161,
　189–190, 194–195, 197–203,
　307

ら 行

ライゴ → LIGO

ライトバード → LiteBIRD

ラングランズ対応　103–108,
　323

ランダウの特異点　238–240

ランドスケープ　**323**

リビングストン　124–127

リーマン・テンソル　109

リーマン予想　94–95

量子誤り訂正符号　76–77

量子異常　317, **324**

量子色力学　317, 319, **324**

量子エンタングルメント → 量子も
　つれ

量子カオス　57

量子コンピュータ　**324**

量子重力理論　58, 61, 64–65,
　67, 69, 73, 77, 175, 243, 314,
　321–322

量子電磁気学　232, 236, **324**

量子波動関数　44

量子ビット　77

量子複製の不可能性定理　76

量子ホール効果　319, **324**

量子もつれ　56–58, 66–67, 69,
　71–74, 77, 98, 100, 315, **324**

量子力学的な揺らぎ　45

量子力学の一夫一婦制　19

レーザー干渉型重力波天文台 →
　LIGO

レーザー干渉計　124, 130

レプトン　61, 189–190, 192, 321

連続極限　232, 235, 238–241,
　244

わ 行

ワインバーグ–サラム理論　190

惑星直列　299

ワームホール　71–72

初出一覧

第 I 部　重力と超弦理論を語る

- 超弦理論が予言する驚異の宇宙 (『大学ジャーナル』，2013 年 10 月号〜2014 年 10 月号全 6 回)
- ブラックホールに落ちるとどうなるか？(『科学』，2014 年 6 月号)
- 重力とは何か (『學士會会報』，第 900 号，2013 年 5 月 1 日発行)
- 大江健三郎，三浦雅士，原広司との座談会：空間像の変革に向けて (『世界』，2015 年 1 月号)
- 一般相対論と量子力学の統合に向けて (『日本物理学会誌』，2015 年 2 月号)
- 重力理論と量子もつれ (『パリティ』，2016 年 1 月号)
- 誤り訂正符号と AdS/CFT の関係 (『日経サイエンス』，2017 年 4 月号)
- エドワード・ウィッテン京都賞受賞記念座談会：超弦理論の 20 年を振り返る (『Kavli IPMU News』，Vol.28 (Dec.2014)/『数学セミナー』，2015 年 4-5 月号)

第 II 部　重力波の観測

- アインシュタインの予言が実証されるか (『文藝春秋オピニオン 2016 年の論点 100 』，文藝春秋，2015)
- 重力波の直接観測で宇宙の新しい窓が開いた (『WEBRONZA』，2016 年 02 月 12 日号)
- 重力波の直接観測 3 つの意義 (『日経サイエンス』，2016 年 5 月号)
- 三浦雅士との対談：世界の見方を変える (『こころ』，Vol.31, 2016)

第 III 部　ヒッグス粒子と対称性の自発的破れ

- ヒッグス粒子とみられる新粒子ついに「発見」(『科学』，2012 年 8 月号)

- ヒッグス粒子と対称性の自発的破れ (『milsil(ミルシル)』, 2013 年 3 月 (第 32) 号, 特集「対称と非対称—対称性で世界を見る」)
- 追悼 南部陽一郎博士 (『日経サイエンス』, 2015 年 10 月号)
- ヒッグス粒子発見の次に来るもの (『これからどうする—未来のつくり方』, 岩波書店, 2013)

第 IV 部　数学との関係

- 場の量子論 (『数学セミナー』, 2012 年 5 月号)
- 役に立たない研究の効能 (『数学通信』, 2012 年夏季号)
- 杉山明日香との対談:科学を知れば, もっと豊かになれる (『DRESS』, 2015 年 11 月号)

第 V 部　研究所の運営, 異分野との交流

- アスペン物理学センター (『中日新聞』, 2016 年 7 月 27 日「心のしおり」)
- ピーター・ゴダード, 村山斉との鼎談:研究所の役割, 数学と物理学の関係 (『Kavli IPMU News』, Vol.26（Jun 2014)-Vol.27(Sep 2014)/『数学セミナー』, 2014 年 12 月号)
- 落合陽一, 四方幸子との鼎談:アートとサイエンスの可能性 (『KEN-POKU ART 2016　茨城県北芸術祭公式ガイドブック』生活の友社, 2016)

第 VI 部　朝日新聞 WEBRONZA

- ついに太陽系脱出　ボイジャー 36 年の強運 (『WEBRONZA』, 2013 年 9 月 17 日号)
- 内側から見た米国の大学入試制度 (『群像』, 2013 年 6 月号/『WEBRONZA』, 2013 年 10 月 29 日号)
- 「現在の基準で過去を裁く」ことの是非 (『WEBRONZA』, 2015 年 4 月 6 日号)

大栗博司

おおぐり・ひろし

略 歴

1962 年生まれ.

京都大学理学部卒業.

京都大学大学院理学研究科修士課程修了.

東京大学理学博士,専門は素粒子論.

東京大学助手,プリンストン高等研究所研究員,

シカゴ大学助教授,京都大学数理解析研究所助教授,

カリフォルニア大学バークレイ校教授などを歴任した後,

現在　米国カリフォルニア工科大学フレッド・カブリ冠教授
　　　およびウォルター・バーク理論物理学研究所所長.
　　　東京大学カブリ数物連携宇宙研究機構教授.
　　　米国アスペン物理学センター理事長,終身名誉理事.

受賞　紫綬褒章,仁科記念賞,中日文化賞,
　　　アメリカ数学会アイゼンバッド賞,
　　　フンボルト賞,ハンブルク賞,サイモンズ賞,
　　　アメリカ芸術科学アカデミー会員,
　　　グッゲンハイム・フェローシップなど多数.

著書　『重力とは何か』『強い力と弱い力』『真理の探究』(ともに幻冬舎新書)
　　　『大栗先生の超弦理論入門』(ブルーバックス,講談社科学出版賞受賞)
　　　『数学の言葉で世界を見たら』(幻冬舎)
　　　『探究する精神』(幻冬舎新書)
　　　『素粒子論のランドスケープ』(数学書房) など.

　　　監修を務めた科学映像作品『9 次元からきた男』(日本科学未来館) は
　　　国際プラネタリウム協会の最優秀教育作品賞を受賞.

素粒子論のランドスケープ 2

2018 年 4 月 15 日 第 1 版第 1 刷発行
2023 年 11 月 25 日 第 1 版第 2 刷発行

著者	大栗博司
発行者	横山 伸
発行	有限会社 数学書房
	〒101-0051 東京都千代田区神田神保町 1-32-2
	TEL 03-5281-1777
	FAX 03-5281-1778
	mathmath@sugakushobo.co.jp
	振替口座 00100-0-372475
印刷 製本	精文堂印刷（株）
組版	アベリー
装幀	岩崎寿文
編集協力	黒田健治

©Hirosi Ooguri 2018　Printed in Japan
ISBN 978-4-903342-87-0

数学書房

素粒子論のランドスケープ
大栗博司 著
素粒子論研究でトップランナーである著者が, 雑誌などに執筆した
アウトリーチをまとめた. 素粒子論, 場の理論, 超弦理論の過去・現在・未来をみる.
四六判／2900円＋税／978-4-903342-67-2

連接層の導来圏に関わる諸問題
戸田幸伸 著
この20年間のめざましい現象を解説し, 問題・予想, 今後の方向性を提示する.
A5判／3000円＋税／978-4-903342-41-2

幾何光学の正準理論
山本義隆 著
数理物理学の先端につながる豊饒な内容.
A5判／3900円＋税／978-4-903342-77-1

教室からとびだせ物理　物理オリンピックの問題と解答
江沢 洋・上條隆志・東京物理サークル 編著
国際物理オリンピックの問題の中から精選をして, 詳細な解答と考察を加えた.
問題の立て方や解答, とりわけ考察, 解説は大学生にも興味があるに違いない.
A5判／2800円＋税／978-4-903342-66-5

この定理が美しい
数学書房編集部 編
「数学は美しい」と感じたことがありますか？
数学者の目に映る美しい定理とはなにか？ 熱き思いを20名が語る.
A5判／2300円＋税／978-4-903342-10-8

この数学書がおもしろい〈増補新版〉
数学書房編集部 編
数学者・物理学者など51名が, お薦めの書, 思い出の一冊を紹介.
A5判／2000円＋税／978-4-903342-64-1

この数学者に出会えてよかった
数学書房編集部 編
16人の数学者が, 人との出会いの不思議さ・大切さを自由に語る.
A5判／2200円＋税／978-4-903342-65-8